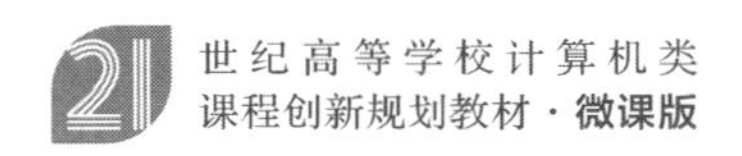

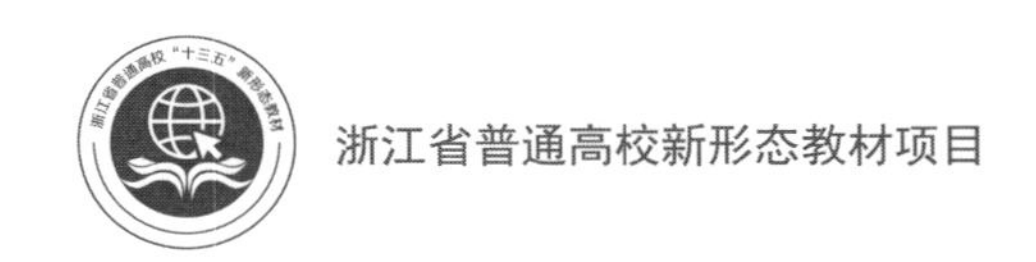

数据库应用技术教程

（SQL Server 2017）微课视频版

郑冬松 / 主编　王贤明 郑文华 吴宗大 / 副主编

清华大学出版社
北京

内容简介

本书介绍了数据库系统的各种知识，简明扼要地阐释了数据库管理的基本概念。全书内容翔实，不仅讨论了关系数据模型、数据库设计原理和过程，还以 SQL Server 2017 为例，介绍了数据存储结构、数据存取技术、数据查询方法、数据备份和恢复技术、数据库应用系统设计和开发等内容，是作者多年“数据库原理与应用”课程教学实践的总结。本书以典型数据库“学生选课”为例，全面地介绍了应用 SQL Server 2017 数据库管理系统进行数据库管理和维护的各种操作以及进行数据库应用系统开发所需的各种知识和技能。通过对本书的学习和操作实践，学生可以快速、全面地了解数据库相关的基本原理和概念，掌握 SQL Server 2017 数据库管理系统中常用的技术，为后续学习信息系统开发、大数据处理技术等打下坚实的基础。

本书主要作为应用型本专科计算机及相关专业的“数据库原理与应用”课程的教材或参考书，也可作为以实用性为主的培训机构的参考书。

图书在版编目（CIP）数据

数据库应用技术教程：SQL Server 2017：微课视频版 / 郑冬松主编. —北京：清华大学出版社，2021.3（2022.1重印）
21 世纪高等学校计算机类课程创新规划教材：微课版
ISBN 978-7-302-57100-1

Ⅰ. ①数… Ⅱ. ①郑… Ⅲ. ①关系数据库系统–高等学校–教材 Ⅳ. ①TP311.138

中国版本图书馆 CIP 数据核字（2020）第 251184 号

责任编辑： 黄 芝 张爱华
封面设计： 刘 键
责任校对： 白 蕾
责任印制： 杨 艳

出版发行： 清华大学出版社
网　　址：http://www.tup.com.cn，http://www.wqbook.com
地　　址：北京清华大学学研大厦 A 座　　邮　　编：100084
社 总 机：010-62770175　　邮　　购：010-83470235
投稿与读者服务：010-62776969，c-service@tup.tsinghua.edu.cn
质 量 反 馈：010-62772015，zhiliang@tup.tsinghua.edu.cn
课 件 下 载：http://www.tup.com.cn，010-83470236
印 刷 者： 北京富博印刷有限公司
装 订 者： 北京市密云县京文制本装订厂
经　　销： 全国新华书店
开　　本： 185mm×260mm　　**印　　张：** 20　　**字　　数：** 484 千字
版　　次： 2021 年 3 月第 1 版　　**印　　次：** 2022 年 1 月第 3 次印刷
印　　数： 3501～5500
定　　价： 59.80 元

产品编号：084938-01

前　言

《数据库应用技术教程》出版于2016年，至今已经过去4年有余，在这4年里，数据库技术的应用范围日益广泛和深入，结合社会需求，数据库课程教学内容也应该有所调整。另外，数据库管理系统发展也非常迅速，以SQL Server为例，现在微软（Microsoft）公司已经发布SQL Server 2019，新产品意味着新的技术发展趋势和更强大的功能。综合这些原因，并结合使用该书的师生的建议和新时期新形态教材建设的需要，作者决定对原书进行修订，出版《数据库应用技术教程（SQLServer2017）——微课视频版》。

本书共12章，内容包括数据库基本概念和SQL Server 2017的开发环境，数据库种类，数据库的存储结构，创建和管理数据库，数据表的创建与管理，数据库的约束和完整性，数据的增、删、改，数据的简单查询，集合查询，连接查询，过滤数据以及数据排序、分组、统计、子查询、多表连接、视图和索引的创建和维护，T-SQL编程基础，存储过程，触发器，数据库安全管理，数据库的备份和恢复，数据导入和导出，数据库应用系统开发等，另外，还对关系规范化理论和数据库设计做了介绍，包括关系数据库规范化理论简介和关系数据库设计。

本书在编写过程中注重循序渐进，由浅入深，将理论与实践相结合。本书提供了丰富的实例，通过这些实例的分析和实现，引导读者学习和掌握本课程的知识体系和操作技能。作者力求体现数据库课程的性质、任务和培养目标，坚持以能力培养为方向，突出教材的实用性。为了加强对学生的学习检验和知识巩固，书中还安排了适量的课后习题和上机练习。

本书中所有例子均基于SQL Server 2017简体中文开发版测试通过，所使用的系统平台为Windows 10+SQL Server 2017开发版。在这些例子中用到的一些人名、电话号码和电子邮件地址均为虚构，如有雷同，实属巧合。

本书的主要特点如下：

（1）内容全面，理论部分简洁，以实用为主，不追求理论深度。

（2）理论和实践联系更加紧密，适合应用型计算机专业2+2的培养方案安排。

（3）相对同类教材，上机实验内容有较大加深，实践用例来源于企业数据库，比较贴近现实。

（4）每个例题都给出分析思考过程，便于学生自学。

本书由温州大学瓯江学院郑冬松担任主编，吴宗大参与本书第1章的编写，邓文华参与本书第11章的编写，王贤明参与本书第12章的编写，其他章节由郑冬松负责编写。姜丽素参与本书编写、资料收集、文字录入和案例测试。本书的出版得到了温州大学瓯江学院领导的支持，在此一并表示感谢。

本书可作为应用型本专科计算机及相关专业“数据库原理与应用”课程的教材，也可作为以实用性为主的培训机构的教材，对于从事信息处理的人员也有一定的参考价值。

由于作者水平所限，书中疏漏和不足之处在所难免，恳请广大读者提出宝贵意见。

本书配套教学大纲、实验大纲、实验数据库、教学课件等相关教学资料，可从清华大学出版社官方网站下载。本书还配套微课视频，读者可用手机微信扫一扫封底刮刮卡内二维码，获得权限，再扫描正文中二维码即可观看视频。

作者

2020 年 10 月

于温州大学城

目　　录

第1章 数据库概述和 SQL Server 2017 开发环境

学习目标

理解并掌握数据库的基本概念和基本理论；了解 SQL Server 2017 数据库引擎、分析服务、报表服务和集成服务 4 种服务；了解 SQL Server 2017 数据库的新特性；掌握 SQL Server 2017 的安装方法；熟悉 SQL Server Management Studio 18 的工作界面。

1.1 数据与数据联系的描述

1.1.1 信息与数据的描述

与能源类似，信息也是人类可利用的重要资源。能源可转换为动力，而信息可提炼成知识和智慧。那么，什么是信息？通常说，信息是用来反映客观世界中各种事物状态及状态变化方式的一种抽象，是经过加工的、有意义的数据。而数据是对客观事物记录下来的事实，是信息的具体反映，可以被收集、存储、处理（加工、分类、计算等）、传播和使用。从计算机的角度来看，数据是指一切能被计算机存储和处理，反映客观实体信息的物理符号，如数字、文字、表格、图形，以及声音、图像和动画等。

数据处理是指对数据进行分类、组织、编码、存储、检索和维护等一系列活动的总和，其目的是从大量原始数据中提取、推导出对人们有价值的信息，以便作为管理者行动和决策的依据。在数据处理中，数据描述涉及不同的范畴，从客观事物的特性到计算机中的数据表示共经历了 3 个领域：现实世界、信息世界和机器世界。

现实世界是存在于人们头脑之外的客观世界。在现实世界中，一个实际存在、可以相互识别的事物称为个体，如一个学生、一台计算机、一座仓库等。每个个体都具有自己的具体特征，如某个学生叫张山，男，20 岁，计算机应用专业等。相同性质的同一类个体的集合称为总体，如某校的所有学生可以作为一个总体。并且，每个个体总有一个或几个特征项的组合，根据它们的不同取值，可以将这类事物集合中的某一个具体事物区别开来，这样的特征项叫作标识特征项。

信息世界又称为“观念世界”，是现实世界在人们头脑中的反映，人们通常用文字和符号将它们记载下来。人们对观察到的现实世界进行综合分析，形成一套对应的概念，即进入了信息世界。在信息世界中，将现实世界中的个体称为实体，总体称为实体集，个体的特征项称为属性。每个属性所取值的变化范围称为该属性的值域（Domain），其类型可以是整型、实型、字符串型等，如学生有学号、姓名、年龄等属性，相应的值域类型可为字符串型、字符串型和整型。而其中能唯一标识每个实体的一个属性或一组属性称为实体标识符，如学生的学号可以作为学生的实体标识符。

机器世界是信息世界的信息在计算机中的数据存储形式，又称为“数据世界”。无论是何种类型的属性，在计算机中都以二进制数的形式表示。在机器世界中，标记信息世界中实体属性的命名单位称为字段或数据项，字段的有序集合称为记录，它能完整地描述一个实体。同一类记录的汇集称为表，它能描述一个实体集的所有记录。而能唯一标识表中每个记录的字段或字段集称为关键码，它对应于实体标识符。

1.1.2 数据联系的描述

现实世界中的事物是相互联系的，这种联系反映到信息世界中成为实体间的联系。实体间的联系有两类：一类是实体内部各属性之间的联系，反映在数据上是一条记录中各字段间的联系，如在“学生”实体的属性（学号、姓名、年龄等）中，一旦学号被确定，则该学号对应的学生“姓名”“年龄”等属性也就确定了；另一类是实体与实体之间的联系，反映在数据上是记录之间的联系。下面重点讨论实体与实体之间的联系。

不同实体间的联系有以下 3 种情况。

（1）一对一联系：如果实体集 A 中的每个实体最多和实体集 B 中的一个实体有联系，反之亦然，则称实体集 A 和实体集 B 具有“一对一联系”，记为 1∶1。例如，“学生”实体与“教室座位”实体间就是一对一联系。

（2）一对多联系：如果实体集 A 中的每个实体与实体集 B 中的 N（$N \geqslant 0$）个实体有联系，而实体集 B 中的每个实体最多和实体集 A 中的一个实体有联系，则称实体集 A 和实体集 B 具有“一对多联系”，记为 1∶N。例如，“班级”实体与“学生”实体间就是一对多联系。

（3）多对多联系：如果实体集 A 中的每个实体与实体集 B 中的 N（$N \geqslant 0$）个实体有联系，而实体集 B 中的每个实体也与实体集 A 中的 M（$M \geqslant 0$）个实体有联系，则称实体集 A 和实体集 B 具有“多对多联系”，记为 M∶N。例如，“学生”实体与“课程”实体间就是多对多联系。

1.2 数据模型

1.2.1 数据模型的概念

数据模型是对现实世界的抽象，是一种表示客观事物及其联系的模型。根据模型应用的目的不同，可将数据模型分为两类：概念数据模型和组织数据模型。前者是按用户的观点对数据建模，后者是按计算机系统的观点对数据建模。

概念数据模型用于信息世界的建模，它是现实世界的第一层抽象，是用户和数据库设计人员之间交流的语言，其数据结构不依赖于具体的计算机系统。目前，人们常用“实体-联系（Entity-Relationship）”方法（简称为 E-R 方法）来建立此类模型。

组织数据模型用于机器世界的建模，它是现实世界的第二层抽象。这类模型要用严格的形式化定义来描述数据的组织结构、操作方法和约束条件，以便在计算机系统中实现。而按数据组织结构及其之间的联系方式的不同，常将组织数据模型分为层次模型、网状模型、关系模型和面向对象模型 4 种。其中，关系模型的存储结构与人们平常使用的二维表格相同，容易被人们理解，已成为目前数据库系统中流行的数据模型。

1.2.2 关系数据模型简介

关系数据模型是以集合论中的关系（Relation）概念为基础发展起来的数据模型。它把记录集合定义为一张二维表，即关系。表的每一行都是一条记录，表示一个实体；每一列都是记录中的一个字段，表示实体的一个属性。关系数据模型既能反映实体之间的一对一联系，也能反映实体之间的一对多和多对多联系。如表 1-1～表 1-3 构成了一个典型的关系模型实例。

表 1-1　student（学生表）

Sno	Sname	Ssex	Sage	Sdept
95001	刘超华	男	22	计算机系
95002	刘晨	女	21	信息系
95003	王敏	女	20	数学系
95004	张海	男	23	数学系
95005	陈平	男	21	数学系
95006	陈斌斌	男	28	数学系
95007	刘德虎	男	24	数学系
95008	刘宝祥	男	22	计算机系
95009	吕翠花	女	26	计算机系
95010	马盛	男	23	数学系
95011	吴霞	男	22	计算机系
95012	马伟	男	22	数学系
95013	陈冬	男	18	信息系
95014	李小鹏	男	22	计算机系
95015	王娜	女	23	信息系
95016	胡萌	女	23	计算机系
95017	徐晓兰	女	21	计算机系
95018	牛川	男	22	信息系
95019	孙晓慧	女	23	信息系

表 1-2　course（课程表）

Cno	Cname	Cpno	Credit	Semester
1	数据库	5	5	4
10	C++		3	4
11	网络编程		2	5
2	高等数学		1	1
3	信息系统	1	1	3

续表

Cno	Cname	Cpno	Credit	Semester
4	操作系统	6	1	2
5	数据结构	7	1	3
6	数据处理		1	2
7	C 语言	6	3	1
8	Java		3	3
9	网页制作		2	5

表 1-3　sc（选课表）

Sno	Cno	Grade	Sno	Cno	Grade
95001	1	87	95004	2	56
95001	2	76	95005	1	89
95001	3	79	95006	1	54
95001	4	80	95006	2	77
95001	5	81	95010	1	56
95001	6	82	95013	3	80
95001	7	67	95013	5	90
95002	1	89	95014	2	
95002	2	81	95015	2	
95004	1	83			

注意：后续内容中“学生表”即为 student，“课程表”即为 course，“选课表”即为 sc。

1.3　数据库与数据库管理系统

1.3.1　数据库及数据库系统

1. 数据库

数据库（Database，DB）可以简单地理解为存放数据的仓库。严格来讲，数据库是按一定的数据模型组织，长期存放在某种存储介质上的一组具有较小的数据冗余度和较高的数据独立性、安全性和完整性，并可为多个用户所共享的相关数据集合。通常这些数据是面向一个单位或部门的全局应用的。

在计算机中，数据库是由很多数据文件及相关辅助文件所组成的，这些文件由一个称为数据库管理系统（Database Management System，DBMS）的软件统一管理和维护。数据库中除了存储用户直接使用的数据外，还存储“元数据”，它们是有关数据库的定义信息，如数据类型、模式结构、使用权限等。这些数据的集合称为数据字典（Data Dictionary，DD），是数据库管理系统工作的依据，数据库管理系统通过数据字典对数据库中的数据进行管理和维护。

2. 数据库系统

数据库系统（Database System，DBS）是指具有管理和控制数据库功能的计算机应用系统，主要包括计算机支持系统、数据库、数据库管理系统、建立在该数据库上的应用程序集合及有关人员等部分。

（1）计算机支持系统：主要有硬件支持环境和软件支持环境（如操作系统及开发工具等）。

（2）数据库：按一定的数据模型组织，长期存放在外存上的一组可共享的相关数据集合。

（3）数据库管理系统：一个管理数据库的软件，也是数据库系统的核心部件。

（4）数据库应用程序：指满足某类用户要求的操纵和访问数据库的程序。

（5）人员：包括数据库系统分析设计员、系统程序员、用户等。其中，用户又可分为两类：一类是批处理用户，也称为应用程序用户，这类用户使用程序设计语言编写的应用程序，对数据进行检索、插入、修改和删除等操作，并产生数据输出；另一类是联机用户，也称为终端用户，他们使用终端命令或查询语言直接对数据库进行操作，这类用户通常是数据库管理员或系统维护人员。

3. 数据库系统的体系结构

数据库系统的体系结构是指数据库系统的总框架，虽然实际的数据库系统种类各异，但它们基本上都具有三级模式的结构特征，即外模式（External Schema）、概念模式（Conceptual Schema）和内模式（Internal Schema）。这个三级模式结构也称为“数据抽象的三个级别”。在数据库系统中，不同的人员涉及不同的数据抽象级别，具有不同的数据视图（Data View），如图 1-1 所示。

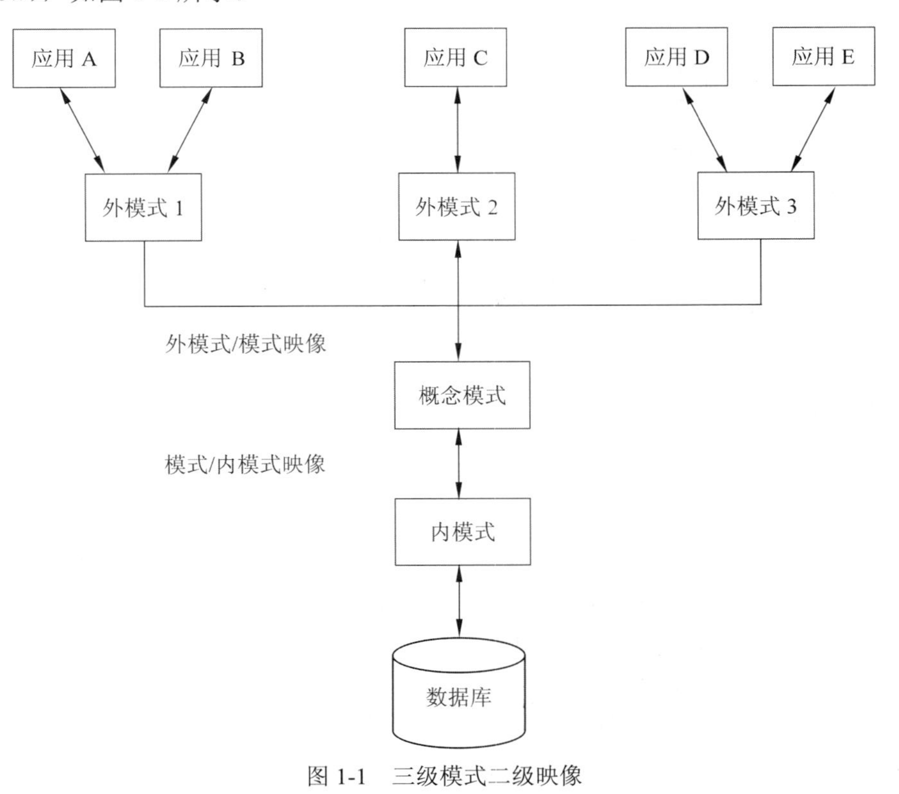

图 1-1　三级模式二级映像

（1）外模式：又称用户模式，是数据库用户看到的数据视图。

（2）概念模式：又称逻辑模式，简称模式，是数据库中全体数据的整体逻辑结构的描述，是所有用户的公共数据视图。

（3）内模式：又称存储模式，是对数据库中数据的物理结构和存储方式的描述。

数据库系统的三级模式结构是对数据的 3 个抽象层次，它把数据的具体组织留给数据库管理系统管理，用户只需抽象地处理数据，而不必关心数据在计算机中的表示和存储，从而减轻了用户使用系统的负担。为了实现这 3 个抽象层次的联系和转换，数据库系统在三级模式中提供了两级映像。

（1）模式/内模式映像：用于定义概念模式和内模式间的对应关系。当内模式（即数据库的存储设备和存储方式）改变时，模式/内模式映像也要做相应的改变，以保证概念模式保持不变，从而使数据库实现物理数据独立性。

（2）外模式/模式映像：用于定义外模式和概念模式间的对应关系。当概念模式改变（如增加数据项）时，外模式/模式映像也要做相应的改变，以保证外模式保持不变，从而使数据库实现逻辑数据独立性。

正是由于数据库系统的三级模式间存在着两级映像功能，才使数据库系统具有较高的数据独立性——逻辑数据独立性和物理数据独立性。

另外，需要说明的是，上述数据库系统的三级模式结构是从数据库管理系统的角度来考查的，它是数据库系统内部的体系结构；如果从数据库最终用户的角度看，数据库系统的结构则可分为集中式结构、分布式结构和客户机/服务器结构，这是数据库系统外部的体系结构。

1.3.2 数据库管理系统

数据库管理系统（DBMS）是一个在特定操作系统支持下，帮助用户建立和管理数据库的系统软件，它能有效地组织和存储数据、获取和管理数据，接收和执行用户提出的访问数据的各种请求。它能将用户程序的数据操作语句转换为对系统存储文件的操作；它又像一个向导，将用户对数据库的一次访问，从用户级带到概念级，再导向物理级。数据库管理系统是用户或应用程序与数据库间的接口。

1. DBMS 的主要功能

1）数据定义功能

DBMS 提供了数据定义语言（DDL），数据库设计人员通过它可以方便地对数据库中的相关内容进行定义。例如，设计人员可以对表、索引及数据完整性进行定义。

2）数据操纵功能

DBMS 提供了数据操纵语言（DML），用户通过它可以实现对数据库的基本操作。例如，用户可以查询、插入、删除和修改表中的数据。

3）数据库运行控制功能（保护功能）

这是 DBMS 的核心部分，包括并发控制（即处理多个用户同时使用某些数据时可能产生的问题）、安全性检查、完整性约束条件的检查和执行、数据库的内部维护（如索引的自动维护）等。所有数据库的操作都要在这些控制程序的统一管理下进行，以保证数据的安全性、完整性以及多个用户对数据库的并发使用。

4）数据库的建立和维护功能

数据库的建立和维护功能包括数据库初始数据的输入、转换功能，数据库的转储、恢复功能，数据库的重新组织功能和性能监视、分析功能等。这些功能通常是由一些实用程序完成的。它是数据库管理系统的一个重要组成部分。

2. DBMS的组成

DBMS 主要由数据库描述语言及其编译程序、数据库操作语言及其翻译程序、数据库管理和控制例行程序 3 部分组成。数据库描述语言及其编译程序主要完成数据库数据的物理结构和逻辑结构的定义，数据库操作语言及其翻译程序完成数据库数据的检索和存储，而数据库管理和控制例行程序则完成数据的安全性控制、完整性控制、并发性控制、通信控制、数据存取、数据修改以及工作日志、数据库转储、数据库初始装入、数据库恢复、数据库重新组织等公用管理。

3. DBMS与数据模型的关系

前已述及，数据库中的数据是根据特定的数据模型来组织和管理的。与之对应，DBMS 总是基于某种数据模型，可以把 DBMS 看成是某种数据模型在计算机系统上的具体实现。根据数据模型的不同，DBMS 可以分为层次型、网状型、关系和面向对象型等。例如，利用关系模型建立的数据库管理系统就是关系数据库管理系统。目前，商品化的数据库管理系统主要为关系，如大型系统中使用的 Oracle、DB2、Sybase 及微机上使用的 Access、Visual FoxPro 和 SQL Server 系列产品。需要说明的是，在不同的计算机系统中，由于缺乏统一的标准，即使是基于同一种数据模型的数据库管理系统，它们在用户接口、系统功能等方面也常常是不同的，本书以 SQL Server 2017 系统为介绍对象。

1.4 SQL Server 2017 开发环境

1.4.1 SQL Server 2017 系统简介

SQL Server 是 Microsoft 公司推出的适用于大型网络环境的数据库产品，它一经推出，很快得到广大用户的积极响应并迅速占领了 Windows 环境下的数据库领域，成为数据库市场上的又一个重要产品。Microsoft 公司经过对 SQL Server 的不断更新，目前已经推出 2019 版，这里以 SQL Server 2017 版本为基础介绍这个数据库管理系统的基本功能，对于这些基本功能，SQL Server 2017 前后的版本相差不大。

SQL Server 2017 是一款专业的数据库管理软件，是用于大规模联机处理（OLTP）、数据仓库和电子商务应用的数据库平台，也是用于数据集成、分析和报表解决方案的商业智能平台。SQL Server 2017 主要包括 4 大部分，分别是数据库引擎（SQL Server Database Engine，SSDE）、分析服务（Analysis Services）、集成服务（Reporting Services）和报表服务（Integration Services）。

（1）数据库引擎。是 SQL Server 2017 系统的核心服务，负责完成业务数据的存储、处理、查询和安全管理。

（2）分析服务。为商业智能提供联机分析处理和数据挖掘功能。

（3）报表服务。基于服务器的新型数据报表服务平台。

（4）集成服务。是一个数据集成平台，用户可以使用它从不同的数据源提取、转换和合并数据，并将其移至单个或多个目标。

相对早期版本，SQL Server2017 增加了一些最新的数据服务和分析功能，包括强大的 AI 功能、对 R 语言和 Python 语言的支持。以下是 SQL Server2017 平台新功能的重点。

1. 存储和管理数据更智能

SQL Server 2017 改变了人们查看数据的方式。事实上平台的新功能将使数据科学家和企业通过数据进行交互时，能够检索不同的算法来应用和查看已经被处理和分析的数据。Microsoft 将其 AI 功能与下一代 SQL Server 引擎集成，可以实现更智能的数据传输。

2. 跨平台支持

SQL Server 2017现在无论是安装在本地Linux上，还是只需要在Mac上使用SQL Server做数据库引擎，新一代的 SQL Server 都可以支持，它现在可以在 Linux 上完全运行、完全安装，或运行在 Mac OS 的 Docker（容器）上。SQL Server 的跨平台支持将为许多使用非 Windows 操作系统的公司提供机会，来部署数据库引擎。

3. 先进的机器学习功能

SQL Server 2017 支持 Python 语言，希望利用机器学习的高级功能的企业可以使用 Python 和 R 语言。这为数据科学家提供了利用所有现有算法库或在新系统中创建新算法库的机会。集成是非常有价值的，这样企业不需要支持多个工具集，就能通过数据完成其高级分析目标。

4. 增强数据层的安全性

在 SQL Server 2017 中，企业可以直接在数据层上增加新的增强型数据保护功能。行级别安全控制、始终加密和动态数据屏蔽在 SQL Server 2016 中已经存在，但在 SQL Server 2017 中许多工具进行了改进，包括企业不仅可以确保行级别，而且还可以确保列级别数据保护功能。

5. 提高了 BI 分析能力

分析服务也有改进。企业通常使用这些服务来处理大量数据。一些新功能包括新的数据连接功能、数据转换功能、Power Query 公式语言的混搭，增强了对数据中的不规则层级（Ragged Hierarchies）的支持，并改进了使用的日期/时间维度的时间关系分析。

企业客户认识到围绕 BI（商业智能）的战略和通过数据获取洞察力需要对高级分析数据平台进行大量投资。获取数据，管理它，对其应用高级预测算法并将其数据可视化工具的过程，时间太长并且复杂。

因此，类似于 Microsoft 在 SQL Server 2017 中突出显示的整合解决方案可能是一个很好的案例，可以最终改善和简化从数据中获取结果的过程，而不会太复杂。

1.4.2 SQL Server 2017 的安装

1. SQL Server 2017 的版本

SQL Server 2017 提供了 5 个不同的版本：企业版（Enterprise Edition）、标准版（Standard Edition）、网页版（Web Edition）、开发版（Developer Edition）和精简版（Express Edition），各版本的特性如表 1-4 所示。

表 1-4　SQL Server 2017 各版本特性

版　　本	特　　性
企业版	作为高级产品/服务，SQL Server 企业版提供了全面的高端数据中心功能，性能极为快捷、无限虚拟化，还具有端到端的商业智能，可为关键任务工作负荷提供较高服务级别并且支持最终用户访问数据
标准版	SQL Server 标准版提供了基本数据管理和商业智能数据库，使部门和小型组织能够顺利运行其应用程序并支持将常用开发工具用于内部部署和云部署，有助于以最少的 IT 资源获得高效的数据库管理
网页版	对于为从小规模至大规模 Web 资产提供可伸缩性、经济性和可管理性功能的 Web 宿主和 Web VAP 来说，SQL Server 网页版是一项总拥有成本较低的选择
开发版	SQL Server 开发版支持开发人员基于 SQL Server 构建任意类型的应用程序。它包括企业版的所有功能，但有许可限制，只能用作开发和测试系统，而不能用作生产服务器。SQL Server 开发版是构建和测试应用程序的人员的理想之选
精简版	SQL Server 精简版是入门级的免费数据库，是学习和构建桌面及小型服务器数据驱动应用程序的理想选择。它是独立软件供应商、开发人员和热衷于构建客户端应用程序的人员的最佳选择。如果需要使用更高级的数据库功能，则可以将 SQL Server 精简版无缝升级到其他更高端的 SQL Server 版本。 SQL Server Express LocalDB 是精简版的一种轻型版本，该版本具备所有可编程性功能，在用户模式下运行，并且具有快速的零配置安装和必备组件要求较少的特点

本书所有实例均在 SQL Server 2017 开发版上运行通过。

2. SQL Server 2017 的安装环境要求

不同版本的 SQL Server 2017 对环境的要求稍有不同，下面以 SQL Server 2017 开发版为例介绍安装环境需求，具体如表 1-5 所示。

表 1-5　SQL Server 2017 安装的环境要求

组　　件	要　　求
处理器	x64 处理器：AMD Opteron、AMD Athlon 64、支持 Intel EM64T 的 Intel Xeon 和支持 EM64T 的 Intel Pentium IV； 最低要求：x64 处理器，1.4GHz； 建议：2.0 GHz 或更快
内存	最低要求：1GB； 建议：至少 4GB，并且应随着数据库大小的增加而增加来确保最佳性能
硬盘	SQL Server 要求最少 6GB 的可用硬盘空间
驱动器	从磁盘进行安装时需要相应的 DVD 驱动器
监视器	要求有 Super-VGA（800×600）或更高分辨率的显示器
.NET Framework	.NET Framework 4.6 才能运行数据库引擎、Master Data Services 或复制。SQL Server 安装程序自动安装 .NET Framework
网络软件	SQL Server 支持的操作系统具有内置网络软件。独立安装项的命名实例和默认实例支持以下网络协议：共享内存、命名管道、TCP/IP 和 VIA（不推荐使用 VIA 协议。此功能处于维护模式并且可能会在 SQL Server 将来的版本中被删除）
操作系统	所有 SQL Server 2017 版本在服务器操作系统 Windows Server 2012 以上都可以安装，除企业版和网页版外，其他版本都支持在 Windows 10 家庭版、专业版、企业版上安装；32 位系统仅支持部分 SQL Server 功能，64 位客户端操作系统支持所有 SQL Server 功能

3. Windows 10 环境下 SQL Server 2017 的安装

下面以在 Windows 10 专业版 64 位系统下安装 SQL Server 2017 开发版为例，介绍 SQL Server 2017 的安装和设置。

具体操作步骤如下。

（1）从微软官方网站下载 SQL Server 2017 开发版安装文件 SQLServer2017-SSEI-Dev.exe，运行程序，如图 1-2 所示，选择“下载介质”选项，这样完整的安装程序（SQLServer2017-x64-CHS-Dev.iso）就下载到本地，可以稍后在特定的计算机上离线安装。

图 1-2 运行 SQL Server 2017 的安装程序

（2）双击加载镜像文件，然后运行 setup.exe 文件，系统会弹出“用户账户控制”对话框，单击“是”按钮，如图 1-3 所示。

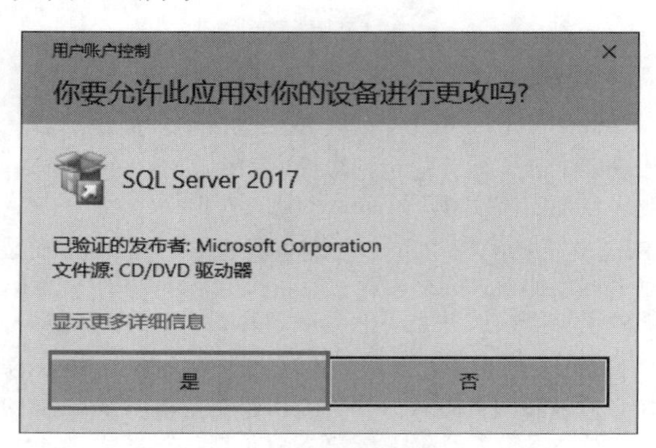

图 1-3 “用户账户控制”对话框

（3）接下来在打开的“SQL Server 安装中心”窗口（见图 1-4）中从左边的选项卡中选择“安装”，出现如图 1-5 所示的界面。选择“全新 SQL Server 独立安装或向现有安装添加功能”，开始安装 SQL Server 2017。

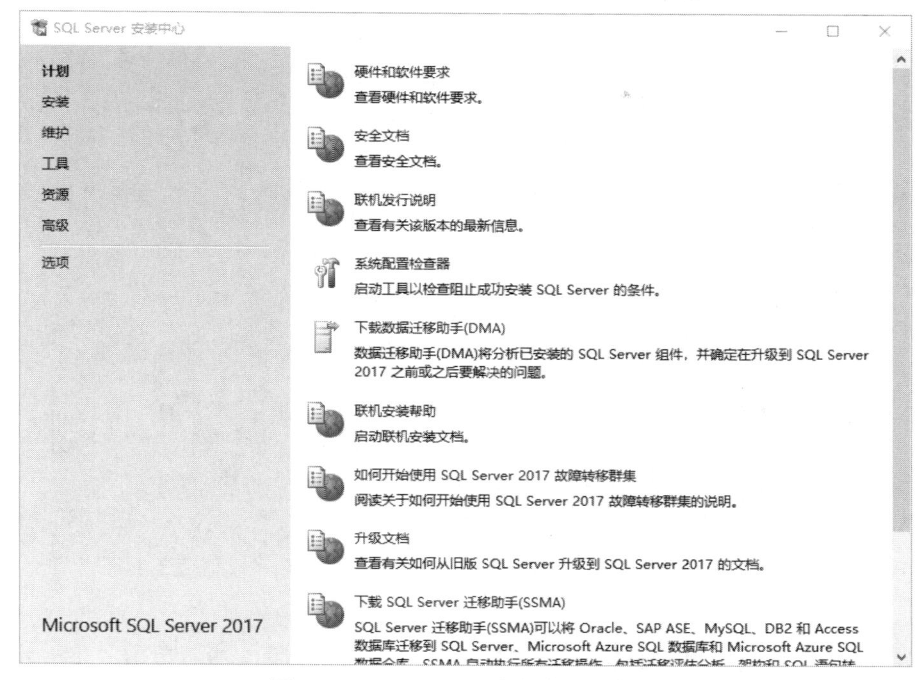

图 1-4 “SQL Server 安装中心”窗口

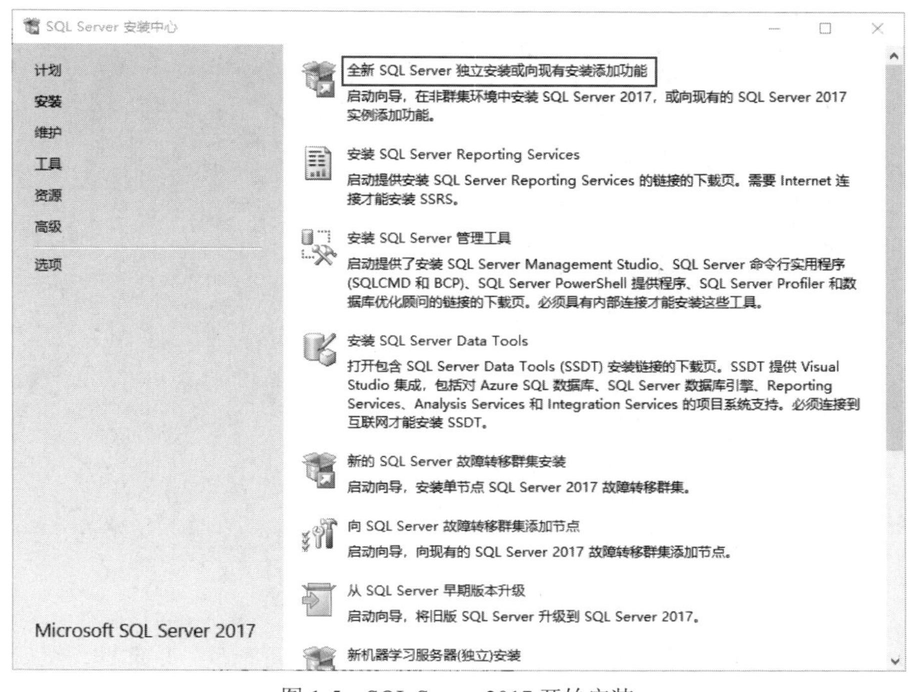

图 1-5 SQL Server 2017 开始安装

（4）弹出“Mcrosoft 更新”界面，如图 1-6 所示，不要勾选“使用 Microsoft Update 检查更新”复选框，然后单击“下一步”按钮。

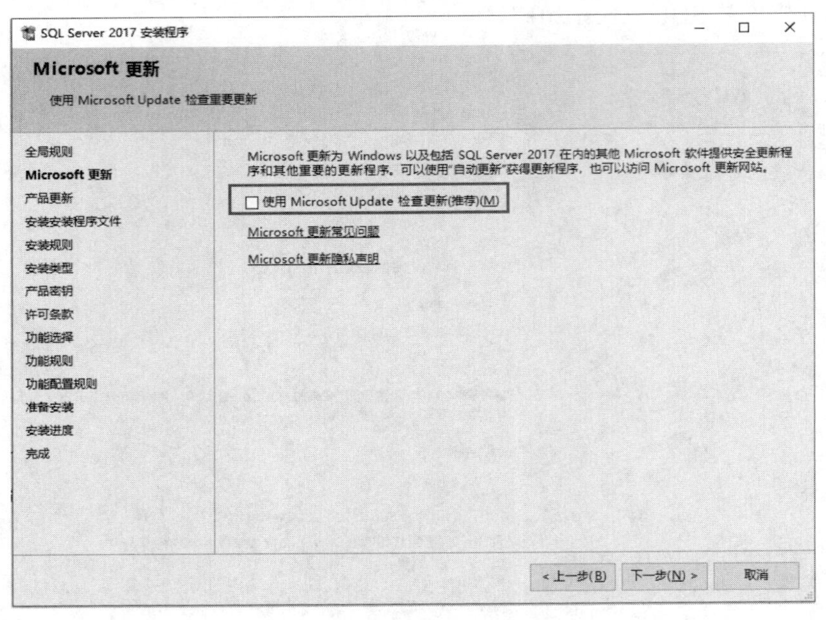

图 1-6 “Mcrosoft 更新”界面

（5）在“产品密钥”界面（见图 1-7）选择 Developer 版，然后单击“下一步”按钮。

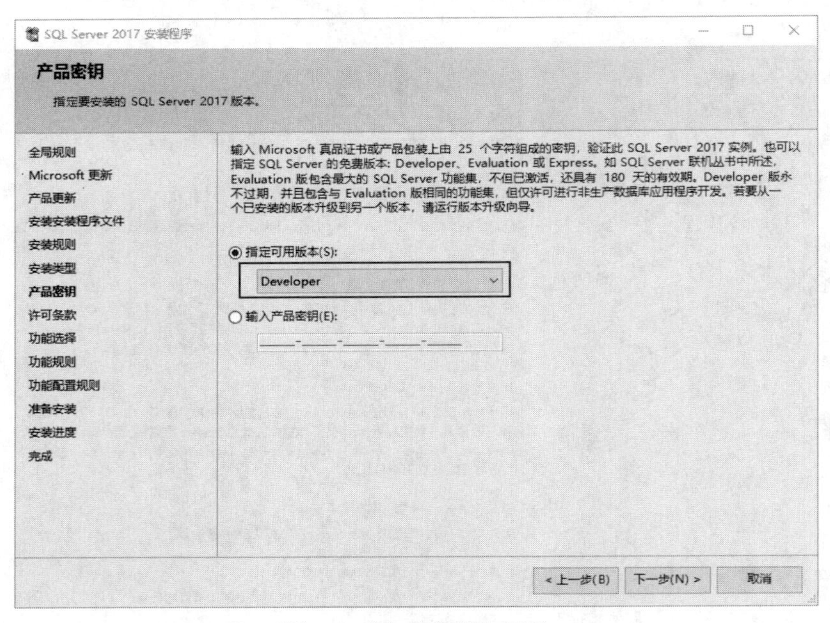

图 1-7 “产品密钥”界面

（6）在“许可条款”界面（见图 1-8）勾选“我接受许可条款”复选框，然后单击“下一步”按钮。

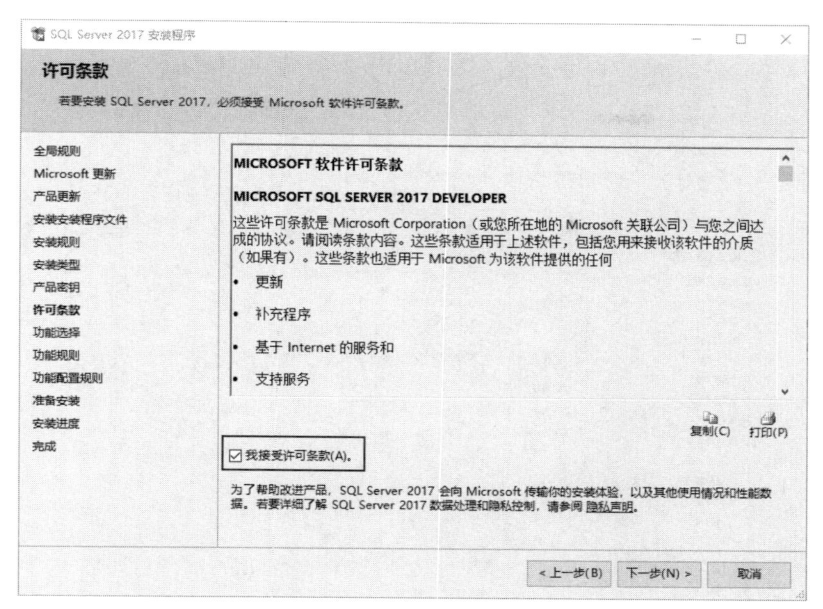

图 1-8 “许可条款”界面

（7）在“功能选择”界面，根据需要，建议至少勾选“数据库引擎服务”和“客户端工具连接”复选框，若无需要暂不勾选 R 和 Python 复选框，按照默认安装路径，然后单击“下一步”按钮，如图 1-9 所示。

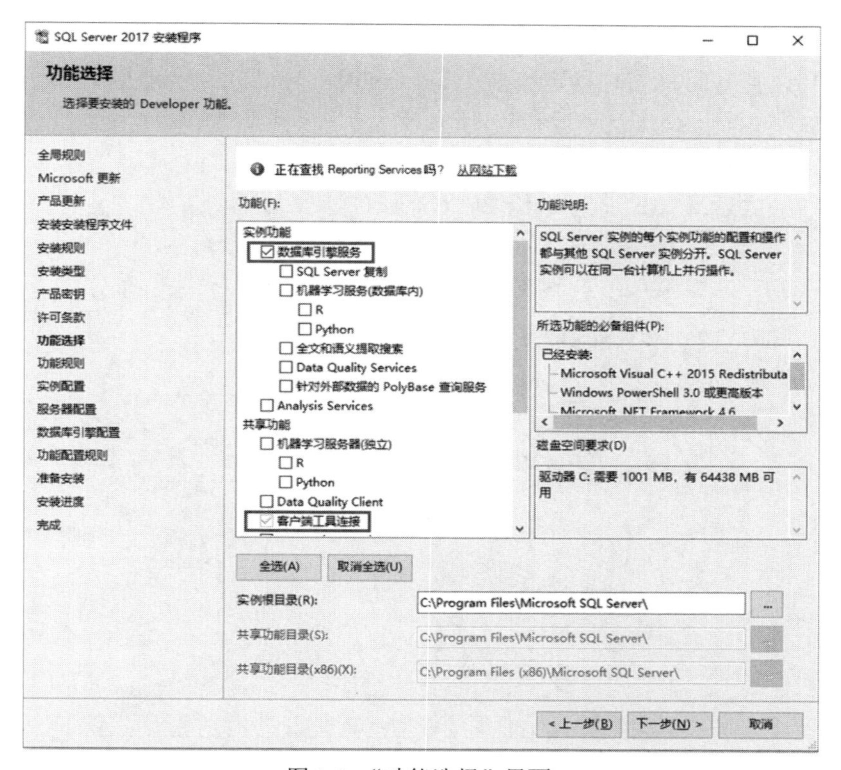

图 1-9 “功能选择”界面

（8）在“实例配置”界面，首次安装选择“默认实例”单选按钮，如图 1-10 所示，非首次安装选择“命名实例”单选按钮，然后单击“下一步”按钮。

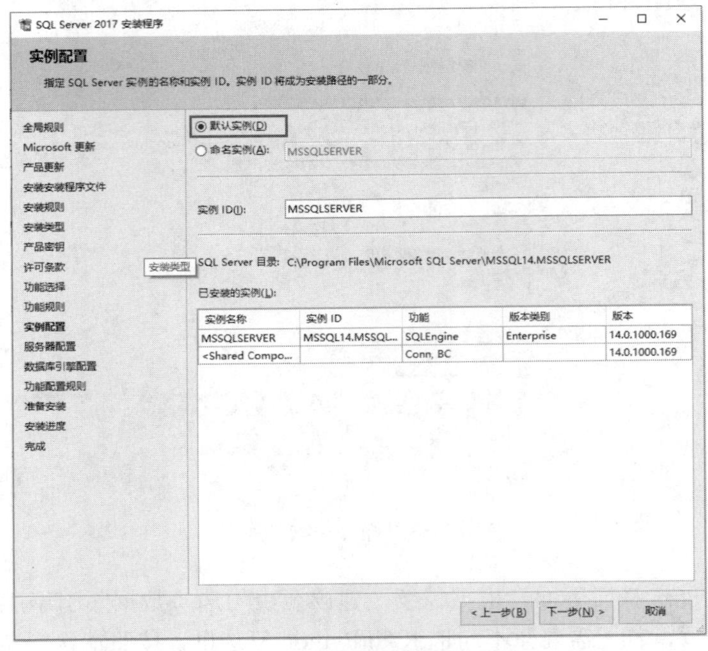

图 1-10 “实例配置”界面

（9）在“数据库引擎配置”界面，选择“混合模式”单选按钮，并为 SQL server 系统管理员（sa）设置密码，同时指定当前 Windows 用户为 SQL server 管理员，如图 1-11 所

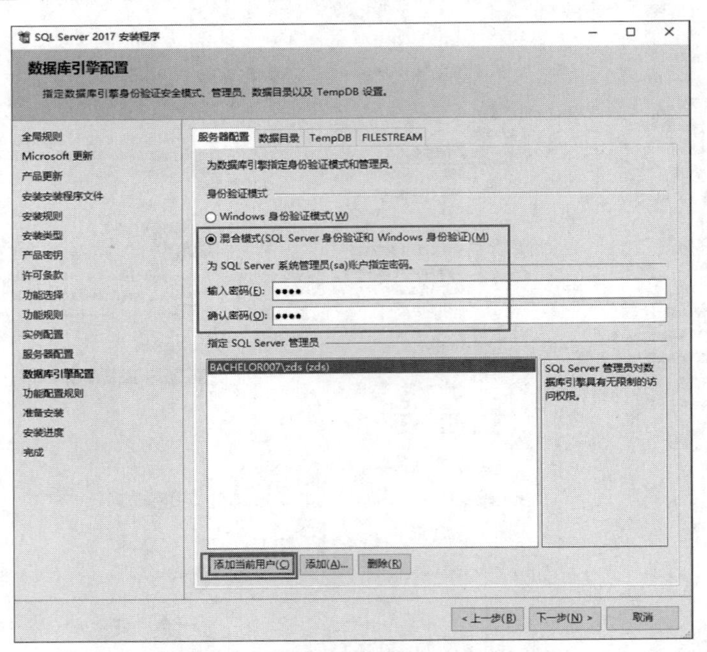

图 1-11 “数据库引擎配置”界面

示。单击“下一步”按钮，出现安装进度条，如图 1-12 所示。稍后，出现安装“完成”界面，如图 1-13 所示。单击“关闭”按钮，结束安装。

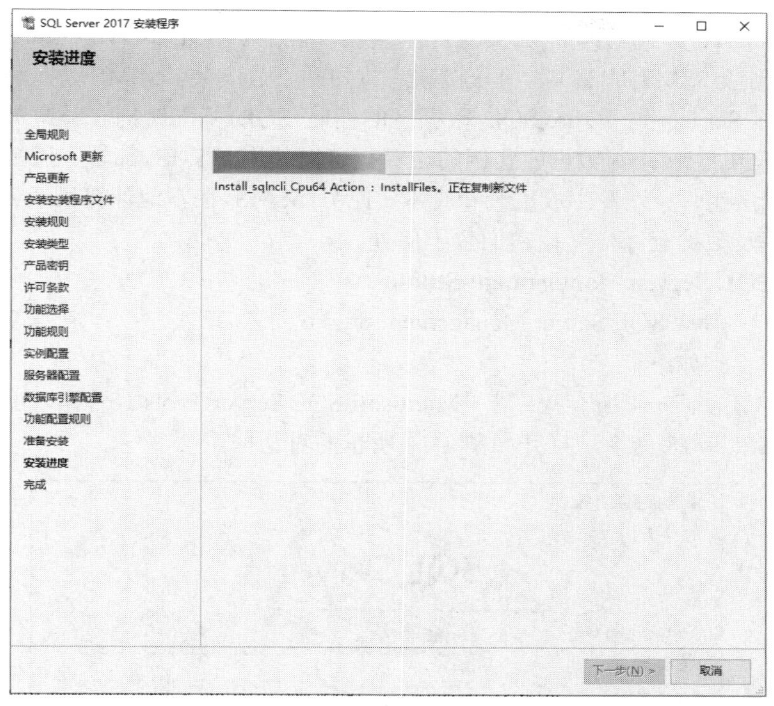

图 1-12 “安装进度”界面

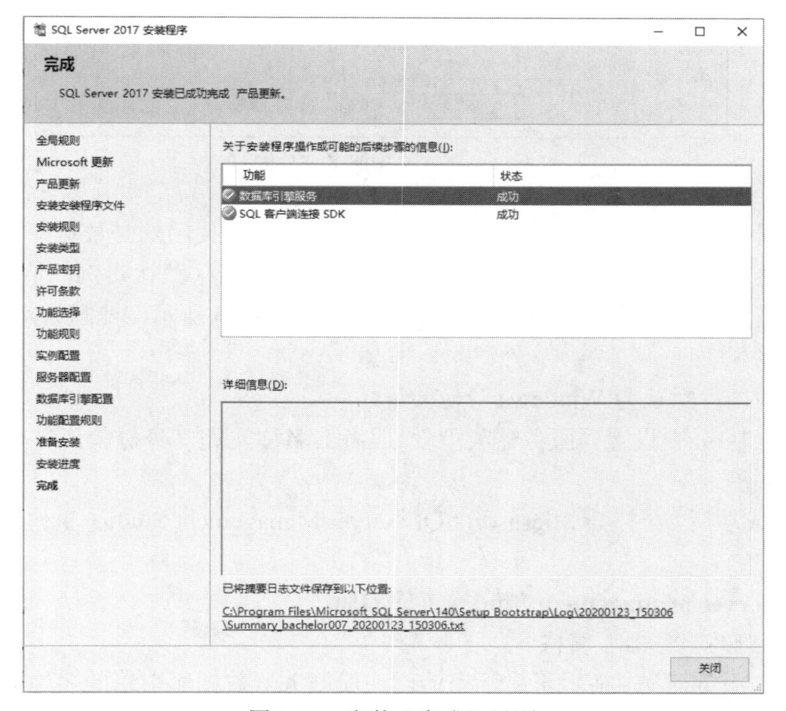

图 1-13 安装“完成”界面

1.4.3 SQL Server Management Studio 简介

从 SQL Server2016 开始，默认不再安装管理工具 SQL Server Management Studio（SSMS），最新版 SSMS 是 18.4，可从微软官方网站下载安装。SSMS 是一种集成环境，用于管理从 SQL Server 到 Azure SQL 数据库的任何 SQL 基础结构。SSMS 提供用于配置、监视和管理 SQL Server 与数据库实例的工具。可以使用 SSMS 部署、监视和升级应用程序使用的数据层组件，以及生成查询和脚本。使用 SSMS 在本地计算机或云端查询、设计和管理数据库及数据仓库，无论它们位于何处。

1. 启动 SQL Server Management Studio

【例 1-1】 启动 SQL Server Management Studio。

具体操作步骤如下。

（1）选择“开始”→“所有程序”→Microsoft SQL Server Tools 18→Microsoft SQL Server Management Studio 18 命令，打开如图 1-14 所示的对话框。

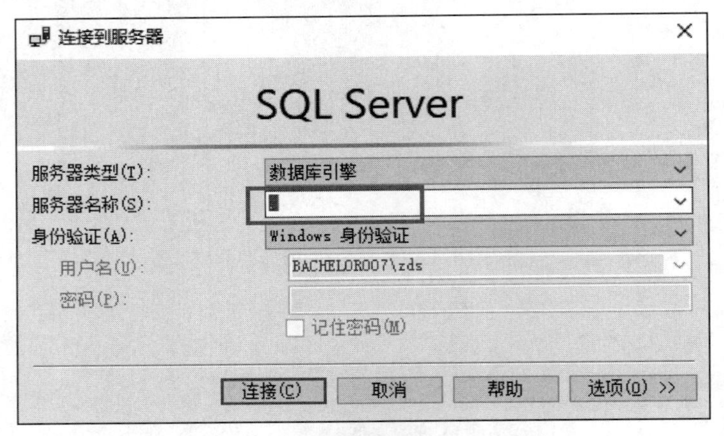

图 1-14 “连接到服务器”对话框

- 服务器类型：选择“数据库引擎”选项，表示当前使用的是数据库服务器。
- 服务器名称：安装的实例名，多数为本机的机器名（默认实例的情况下），也可以输入英文状态下的“.”，或者“(local)”，如图 1-14 所示，非默认实例则为机器名\实例名。
- 身份验证：默认为 Windows 身份验证。

（2）在图 1-14 中设置“服务器类型”“服务器名称”和“身份验证”等选项，然后单击“连接”按钮。

（3）连接成功后，会打开 Microsoft SQL Server Management Studio 工作界面，如图 1-15 所示。

2. SQL Server Management Studio 工作界面

1）“已注册的服务器”窗格

“已注册的服务器”窗格用于显示当前已注册服务器数据库引擎的名称信息，如图 1-16 所示。

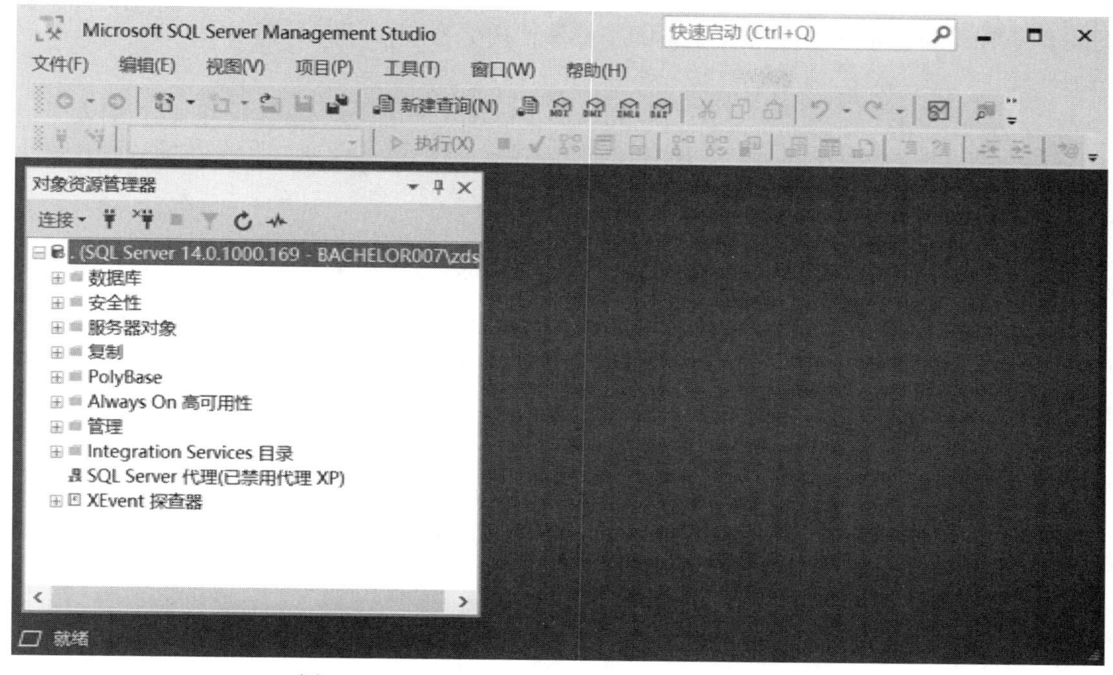

图 1-15　SQL Server Management Studio 工作界面

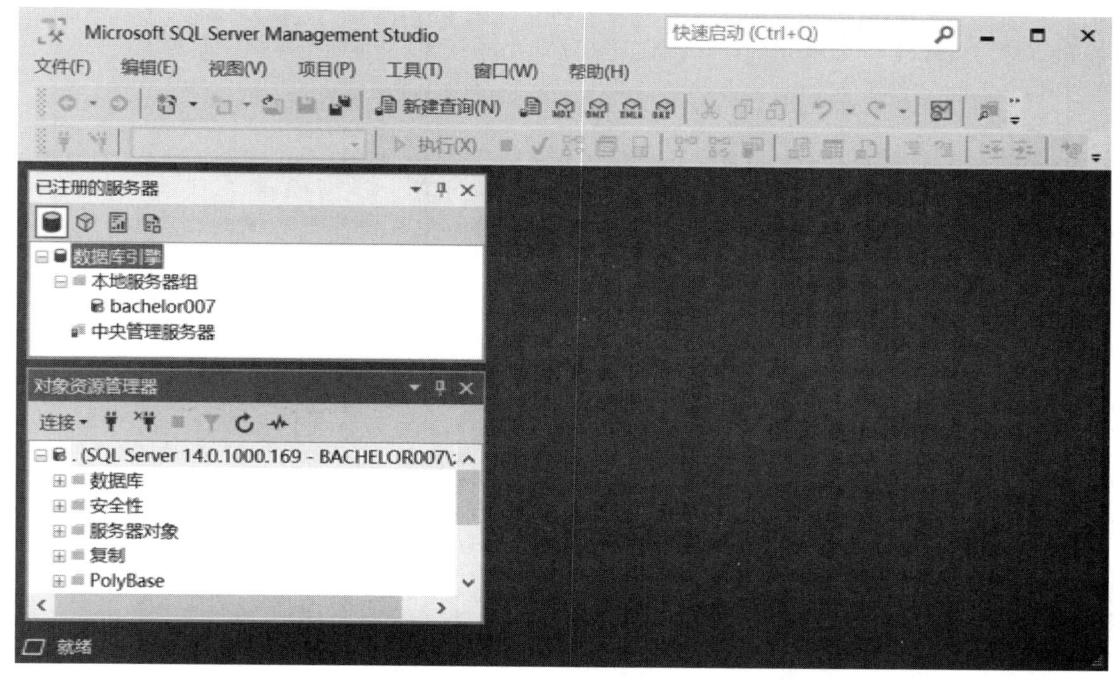

图 1-16　“已注册的服务器”窗格

2）“对象资源管理器”窗格

“对象资源管理器”窗格用于显示服务器中所有对象的树状目录结构图，如图 1-17 所示。

利用“对象资源管理器”窗格可以完成以下操作：注册服务器，启动和停止服务器，配置服务器属性，创建数据库、数据表、视图、存储过程等数据库对象，生成 Transact-SQL Server 脚本，管理数据库对象权限，创建登录账户等。

3）“模板浏览器”窗格

SQL Server Management Studio 提供了大量脚本模板，如图 1-18 所示。模板中包含了许多常用任务的 Transact-SQL 语句。

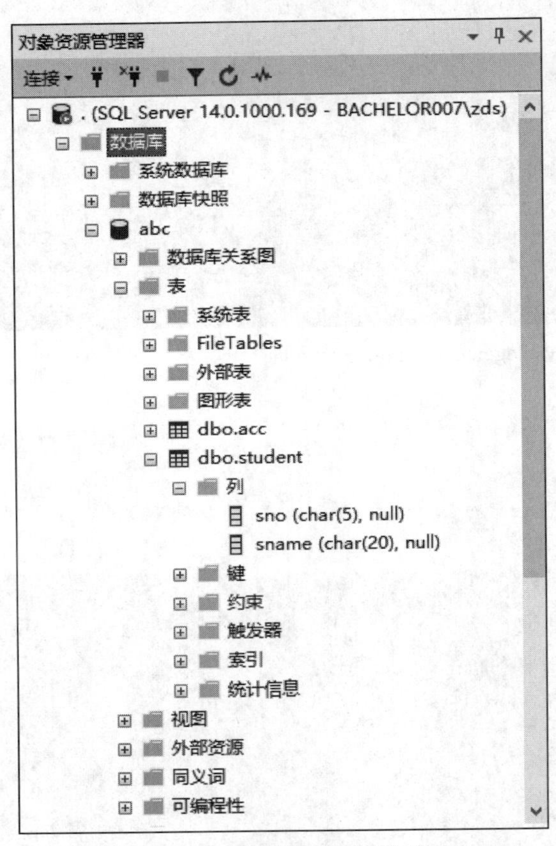

图 1-17 “对象资源管理器”窗格

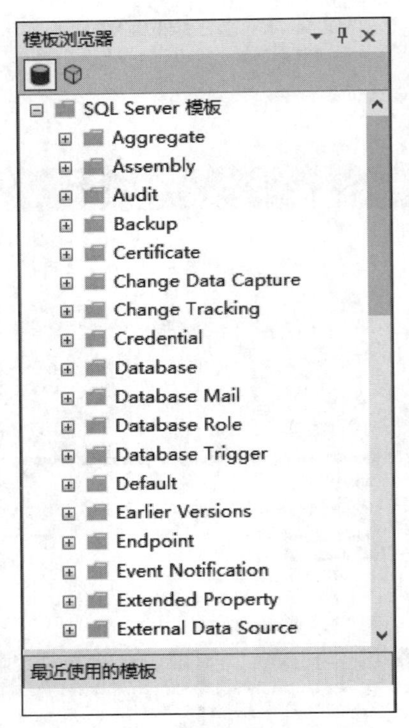

图 1-18 “模板浏览器”窗格

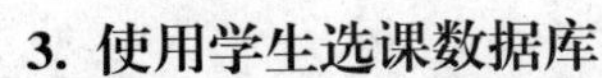

3. 使用学生选课数据库

【例 1-2】 附加学生选课管理数据库。

（1）在“对象资源管理器”窗格中，右击“数据库”选项，在弹出的快捷菜单中选择“附加”命令，如图 1-19 所示，执行命令后将弹出“附加数据库”对话框。

（2）单击“添加”按钮，出现“定位数据库文件”窗口，如图 1-20 所示。从中选择要附加的数据库的主要数据文件“学生选课.mdf”，单击“确定”按钮，返回“附加数据库”窗口。

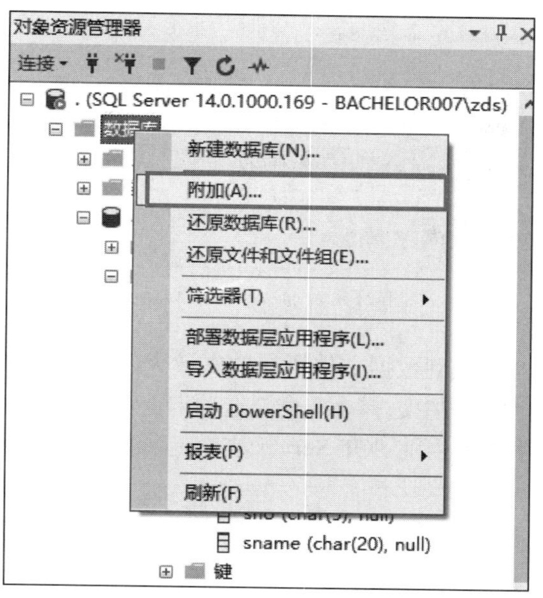

图 1-19　准备附加数据库

图 1-20　附加数据库

（3）单击“确定”按钮，出现错误提示，单击“消息”弹出对话框如图 1-21 所示。

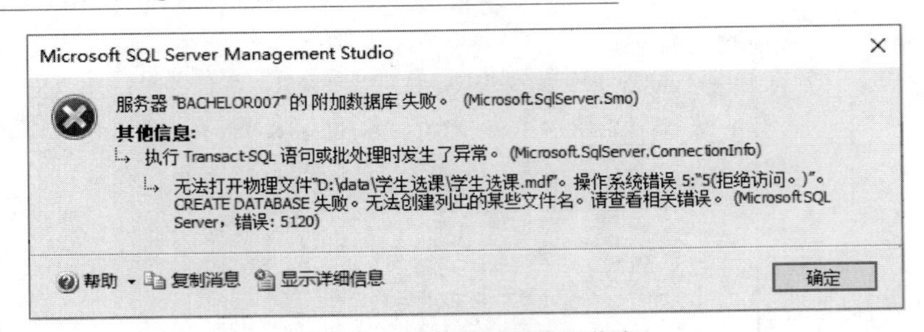

图 1-21　附加数据库错误信息

（4）通过资源管理器，找到数据文件所在的文件夹，右击，在弹出的快捷菜单中选择“属性”命令，在弹出的对话框中选择“安全”选项卡，给授权用户完全控制权限，即可把所选的学生选课数据库附加到当前 SQL Server 实例上，如图 1-22 所示。

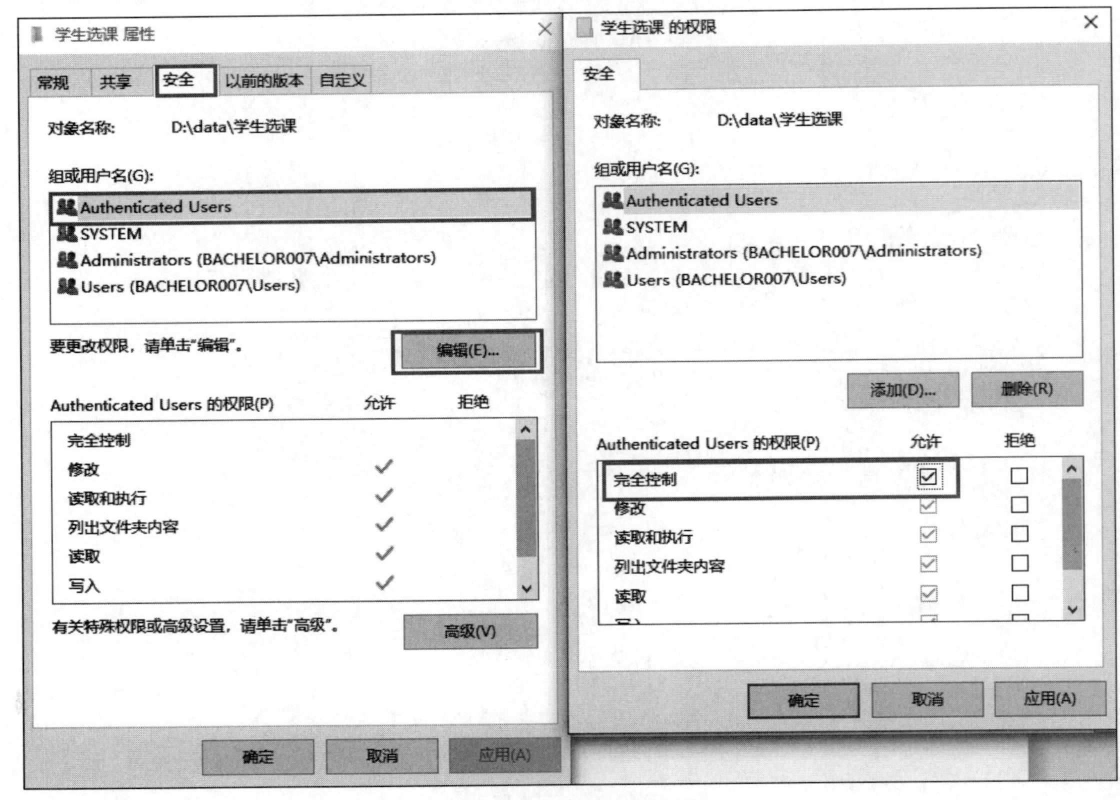

图 1-22　文件夹权限设置

【例 1-3】　创建一个查询。

具体操作步骤如下。

（1）单击工具栏上的“新建查询”按钮，在查询编辑器窗口中输入脚本，单击工具栏上的“分析”按钮，分析脚本语法。

（2）按 F5 键，或者单击工具栏上的“执行”按钮，执行脚本，也可以在菜单栏中选择“查询”→“执行”命令，执行脚本，如图 1-23 所示。

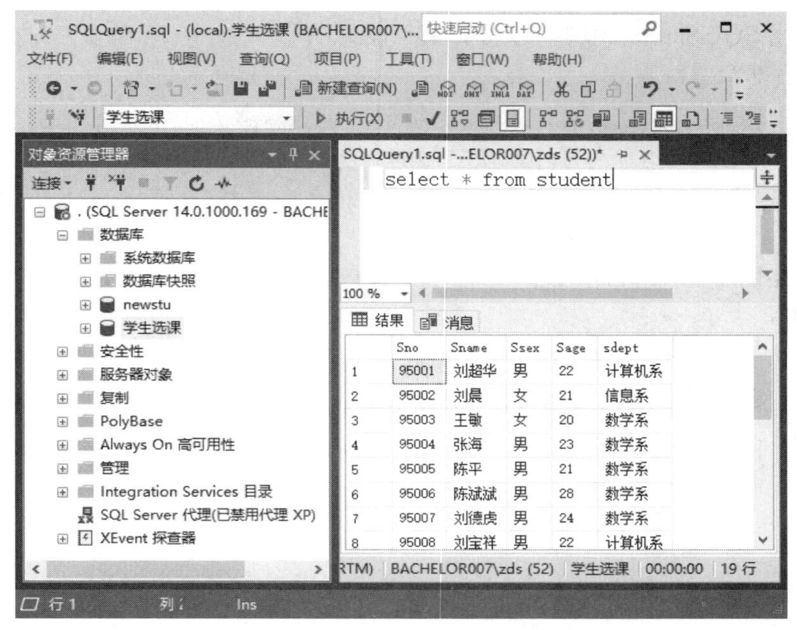

图 1-23 创建一个查询语句

4. 联机帮助文档

SQL Server 2017 提供了完整的文档和教程。用户只需安装相应的软件包即可，可以到微软网站免费下载软件包。在 SQL Server 2017 的工作界面，也可以按 F1 键打开联机帮助网页。

习 题 1

一、选择题

1. 属性所取的值的变化范围，即同一实体集中各实体同一属性具有的值在一定范畴之间，这一范畴被称属性的（ ）。

A. 键 B. 值域 C. 实体 D. 项

2. 储蓄所有多个储户，储户能够在多个储蓄所存取款，储蓄所与储户之间是（ ）。

A. 一对一的联系 B. 一对多的联系

C. 多对一的联系 D. 多对多的联系

3. 保持数据库的完整性属于数据库管理系统（ ）的功能。

A. 数据定义 B. 数据操纵

C. 数据库的运行控制 D. 数据库的建立和维护

4. 物理独立性是依靠（ ）映像实现的。

A. 模式/内模式映象 B. 外模式/内模式映象

C. 外模式/模式映象 D. 内模式/模式映象

5. 对于大型企业而言，应该采用（ ）版本的 SQL Server 2017。

A. 企业版 B. 标准版 C. 开发版 D. 精简版

6．要使用 SQL Server 2017，必须至少启动以下（　　）。

A．数据库引擎服务　　B．分析服务

C．报表服务　　D．集成服务

7．（　　）是位于用户与操作系统之间的一层数据管理软件，属于系统软件，它为用户或应用程序提供访问数据库的方法。数据库在建立、使用和维护时由其统一管理、统一控制。

A．DBMS　　B．DB　　C．DBS　　D．DBA

二、思考题

1．试解释 DB、DBMS 和 DBS 3 个概念。

2．什么是数据库的逻辑独立性和物理独立性？

第2章 数据库的创建与管理

学习目标

掌握数据库的存储结构；掌握创建数据库的多种方法；掌握管理和维护数据库的方法；了解数据库属性。

2.1 数据库种类

1. 系统数据库

系统数据库包括 master、model、msdb、tempdb 等数据库。

master 数据库是 SQL Server 系统最重要的数据库，用于记录 SQL Server 系统的所有系统级信息。

model 数据库是用户创建新数据库的模板。

msdb 数据库是代理服务器数据库。它为报警、任务调度和记录操作员的操作提供存储空间。

tempdb 数据库是一个保存临时表、临时数据和临时创建的存储过程等临时对象的工作空间。

2. 示例数据库

示例数据库包括 AdventureWorks 和 AdventureWorksDW 数据库。

3. 用户自定义数据库

用户自定义数据库是指用户自行创建的数据库。

2.2 数据库的存储结构

数据库的存储结构分为逻辑结构和物理结构两种。数据库的逻辑结构指的是数据库由哪些性质的信息所组成。SQL Server 的数据库由表、视图、存储过程等各种不同的数据库对象所组成，如图 2-1 所示。数据库的物理结构讨论的是数据库文件在磁盘上如何存储的问题，数据库在磁盘上是以文件为单位存储的。

2.2.1 数据库文件

SQL Server 2017 数据库中的所有数据和对象（如表、存储过程、触发器和视图）都存储在数据库文件中，数据库文件分为主要数据文件、次要数据文件和事务日志文件。

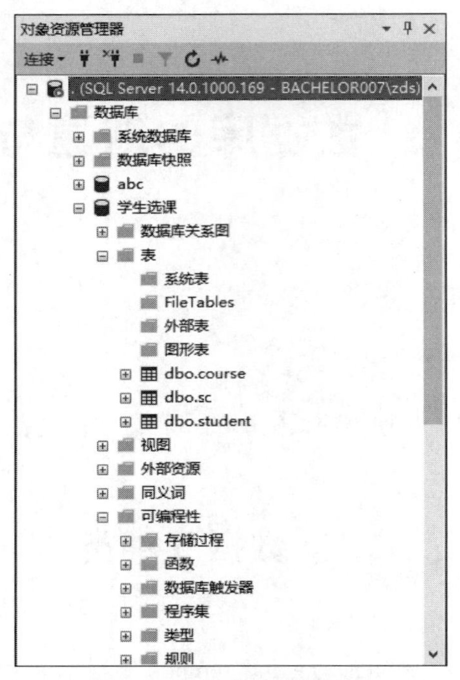

图 2-1　数据库的逻辑组成

1. 主要数据文件

每个数据库都有且只能有一个主要数据文件，它包含数据库的启动信息，并用于存储数据。主要数据文件的扩展名为.mdf。

2. 次要数据文件

每个数据库都可以有一个或多个次要数据文件，也可以没有次要数据文件。次要数据文件的扩展名为.ndf。

3. 事务日志文件

每个数据库都必须至少有一个事务日志文件，这些文件记录了 SQL Server 所有的事务和由这些事务引起的数据库的变化信息，以用于恢复数据库。事务日志文件的扩展名为.ldf。

日志文件是维护数据完整性的重要工具。如果某一天，由于某种不可预料的原因使得数据库系统崩溃，但仍然保留有完整的日志文件，那么数据库管理员就可以通过日志文件完成数据库的恢复与重建。另外，在执行数据库修改操作时，SQL Server 总是遵守“先写日志再进行数据库修改”的原则。

2.2.2　文件组

为了更好地实现数据库文件的组织，可以把多个数据库文件组成一个组，以便对它们整体进行管理。通过设置文件组，可以有效地提高数据库的读写速度。例如，有 3 个数据文件分别存放在 3 个不同的硬盘上，如将这 3 个文件组成一个文件组，则在创建表时，可以指定将表创建在该组上，从而使该表的数据分布在 3 个硬盘上。这样当对该表执行查询操作时，就可以并行操作，能极大地提高查询效率。SQL Server 2017 的文件组有以下 3 种类型。

（1）主文件组：包含主要数据文件和所有没有被包含在其他文件组中的文件。SQL Server 数据库的系统表都被包含在主文件组中。

（2）用户定义文件组：包含所有在执行 CREATE DATABASE 或 ALTER DATABASE 命令时使用 FileGroup 关键字进行约束的文件。

（3）默认文件组：包含所有在创建时没有指定文件组的表、索引，以及 text、ntext、image 数据类型的数据。

在创建数据库文件组时，需要遵循以下原则。

（1）一个文件或文件组只能被一个数据库使用。

（2）一个文件只能属于一个文件组。

（3）数据和事务日志不能共存于同一个文件或文件组上。

（4）日志文件不能属于文件组。

2.3　创建学生选课管理数据库

可以使用以下 3 种方法创建数据库。

（1）使用 SQL Server Management Studio 创建数据库。

（2）使用 CREATE DATABASE 语句创建数据库。

（3）使用模板创建数据库。

2.3.1　使用 SQL Server Management Studio

【例 2-1】　创建名为“学生选课”的学生选课管理数据库。

具体操作步骤如下。

（1）在“对象资源管理器”窗格中，右击“数据库”，在弹出的快捷菜单中选择“新建数据库”命令，打开“新建数据库”窗口，如图 2-2 所示。

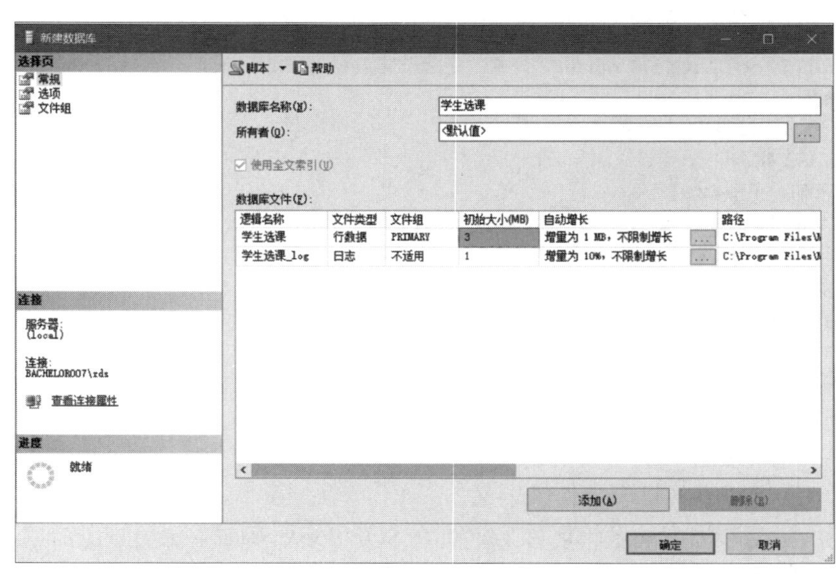

图 2-2　“新建数据库”窗口

（2）在“新建数据库”窗口的“数据库名称”文本框中将输入数据库名“学生选课”。单击“确定”按钮，创建学生选课数据库。

（3）在“对象资源管理器”窗格中，即会显示学生选课数据库，如图 2-3 所示。

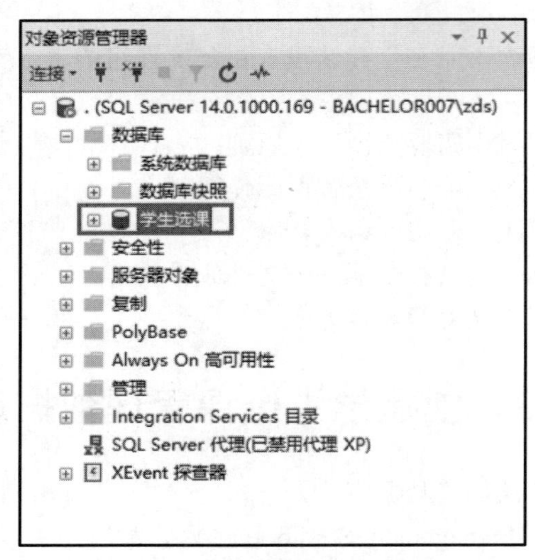

图 2-3　学生选课数据库

注：为执行例 2-2，完成本例后请在“学生选课”数据库上右击，删除该数据库。

2.3.2　使用 CREATE DATABASE 语句

CREATE　DATABASE 语句的语法格式如下。

```
CREATE  DATABASE database_name
[ON   [PRIMARY] [<filespec> [, ...n]
[,<filegroup>[, ...n] ]]
[LOG ON {<filespec>[,...n]}] ]
[ COLLATE collation_name ][ WITH <external_access_option> ]
<filespec> ::=
(NAME = logical_file_name ,
   FILENAME = 'os_file_name'
   [,SIZE = size]
   [,MAXSIZE = { max_size| UNLIMITED } ]
   [,FILEGROWTH = growth_increment [ KB|MB|GB|TB| % ] ]
)[,...n ]
<filegroup> ::= FILEGROUP filegroup_name [DEFAULT] <filespec> [,...n]
```

参数说明如下。

ON：指定显示定义用来存储数据库部分的磁盘文件（数据文件）。

PRIMARY：该选项是一个关键字，指定主文件组中的文件。

LOG ON：指明事务日志文件的定义。

NAME：指定数据库的逻辑名称，它是在 SQL Server 系统中使用的名称，是数据库在 SQL Server 中的标识符。

FILENAME：指定数据库文件名和存储路径。

SIZE：指定数据库的初始容量大小，可以使用 KB、MB、GB 或 TB 为计量单位。

MAXSIZE：指定文件可增长到的最大值，可以使用 KB、MB、GB 或 TB 为计量单位，也可以为 UNLIMTED，和没有指定同义，即文件可以不断增长直到充满磁盘。

FILEGREOWTH：指定文件每次增加容量的大小，当指定数据为“0”时，表示文件不增长。计量单位除 KB、MB、GB 或 TB 外，还可以使用百分比。

【例 2-2】 创建学生选课数据库。将该数据库的数据文件存储在 D:\data 下，数据文件的逻辑名称为 Stu_data，文件名为 Stu_data.mdf，初始大小为 10MB，最大为无限大，增长速度为 10%；该数据库的日志文件的逻辑名称为 Stu_log，文件名为 Stu_log.ldf，初始大小为 3MB，最大为 5MB，增长速度为 1MB。

具体操作步骤如下。

（1）在 SQL Server Management Studio 中，单击工具栏上的“新建查询”按钮，或选择“文件”→“新建”→“数据库引擎查询”命令，打开一个新的查询编辑器窗口。

（2）在查询编辑器中输入以下语句。

```
CREATE DATABASE 学生选课
ON
( NAME =Stu_data,                       /*注意有逗号分隔*/
  FILENAME='D:\data\Stu_data.mdf',      /*注意用半角状态下的引号，D:\data 文件
                                          夹必须已经存在*/
  SIZE=10MB,
  MAXSIZE = UNLIMITED,
  FILEGROWTH = 10%)                     /*注意没有逗号*/
LOG ON
(NAME= Stu_log,                         /*注意有逗号分隔*/
  FILENAME='D:\data\Stu_log.ldf',       /*注意使用半角状态下的引号*/
  SIZE=3MB,
  MAXSIZE = 5MB ,
  FILEGROWTH = 1MB                      /*注意没有逗号*/
)
```

（3）单击工具栏上的“分析”按钮，进行语法分析，保证上述语句语法的正确性。

（4）按 F5 键或单击工具栏上的“执行”按钮，执行上述语句。

（5）在“结果”窗格中将显示相关消息，告诉用户数据库创建是否成功。

2.3.3 使用模板创建数据库

【例 2-3】 使用模板创建 newstu 数据库。

具体操作步骤如下。

（1）从“模板浏览器”窗格中打开模板。打开“模板浏览器”窗格，选择“SQL Server 模板”，展开 Database 选项，选择 Create Database 模板。

（2）将 Create Database 模板从“模板浏览器”窗格拖放到查询编辑器中，从而添加模板代码。

（3）替换模板参数。选择“查询”→“指定模板参数的值”命令，弹出“指定模板参

数的值”对话框。在“值”栏中输入 newstu，作为数据库名称，如图 2-4 所示。

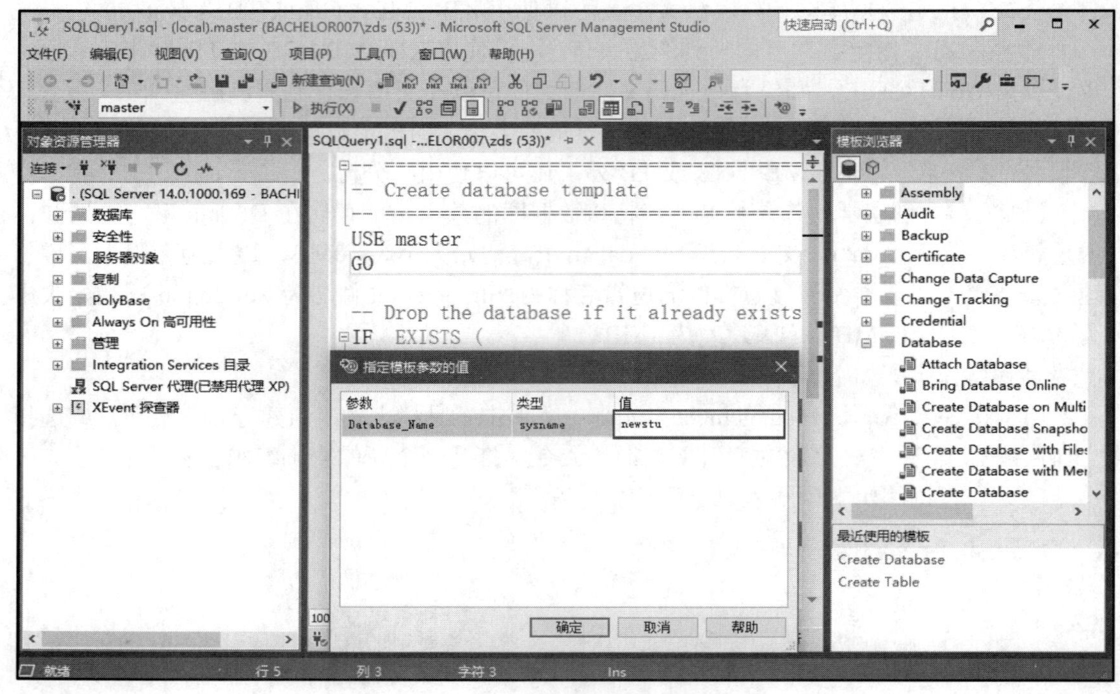

图 2-4 指定数据库创建模板参数值

（4）单击“确定”按钮，关闭“指定模板参数的值”对话框，系统自动修改查询编辑器中的代码。

（5）单击工具栏上的“分析”按钮，进行语法分析，保证上述语句语法的正确性。

（6）按 F5 键或单击工具栏上的“执行”按钮，执行上述语句。

（7）在“结果”窗格中将显示相关消息，告诉用户数据库创建是否成功。

2.4 数据库的管理

数据库创建后，随着数据容量的增加以及实际需求的变化，现有的数据库会逐渐无法满足新的需求，因此，有必要掌握如何对现有的数据库进行修改。数据库的修改包括扩充数据库容量、压缩数据库和数据文件、更改数据库名称和删除数据库等。在 SQL Server 2017 中，管理数据库有两种操作方式：在 SQL Server Management Studio 中修改数据库的各种属性；使用 ALTER DATABASE 语句修改数据库。

ALTER DATABASE 语句的语法格式如下。

```
ALTER DATABASE database_name
{ ADD  FILE  < filespec >  [ ,...n ]
 [ TO FILEGROUP filegroup_name ]                 /*增加数据文件到数据库*/
| ADD  LOG  FILE  < filespec > [ ,...n ]         /*增加事务日志文件到数据库*/
| REMOVE  FILE  logical_file_name                /*删除数据文件，文件必须为空*/
| ADD  FILEGROUP filegroup_name                  /*增加文件组*/
```

```
| REMOVE  FILEGROUP  filegroup_name            /*删除文件组，文件必须为空*/
| MODIFY  FILE  < filespec >                   /*一次只能更改一个文件属性*/
| MODIFY NAME = new_dbname                     /*数据库更名*/
|MODIFY FILEGROUP filegroup_name {filegroup_property | NAME = new_filegroup_
name
| SET < optionspec > [ ,...n ] [ WITH < termination > ]
| COLLATE < collation_name >
}
```

2.4.1 扩充数据文件和事务日志文件的容量

可以使用 SQL Server Management Studio 或 ALTER DATABASE 语句为数据文件和事务日志文件扩容。

【例 2-4】 将学生选课管理数据库的数据文件 Stu_data 的增长速度改为 15%。

分析：修改文件的增量，属于修改数据库的属性，可以用 SQL Server Management Studio 修改 Stu_data 数据库文件的增量。

具体操作步骤如下。

（1）在“对象资源管理器”窗格中展开“数据库”选项。

（2）右击“学生选课”，在弹出的快捷菜单中选择“属性”命令，打开“数据库属性-学生选课”窗口，在窗口左侧的“选择页”列表中选择“文件”选项，在右侧将显示学生选课数据库的文件，如图 2-5 所示。

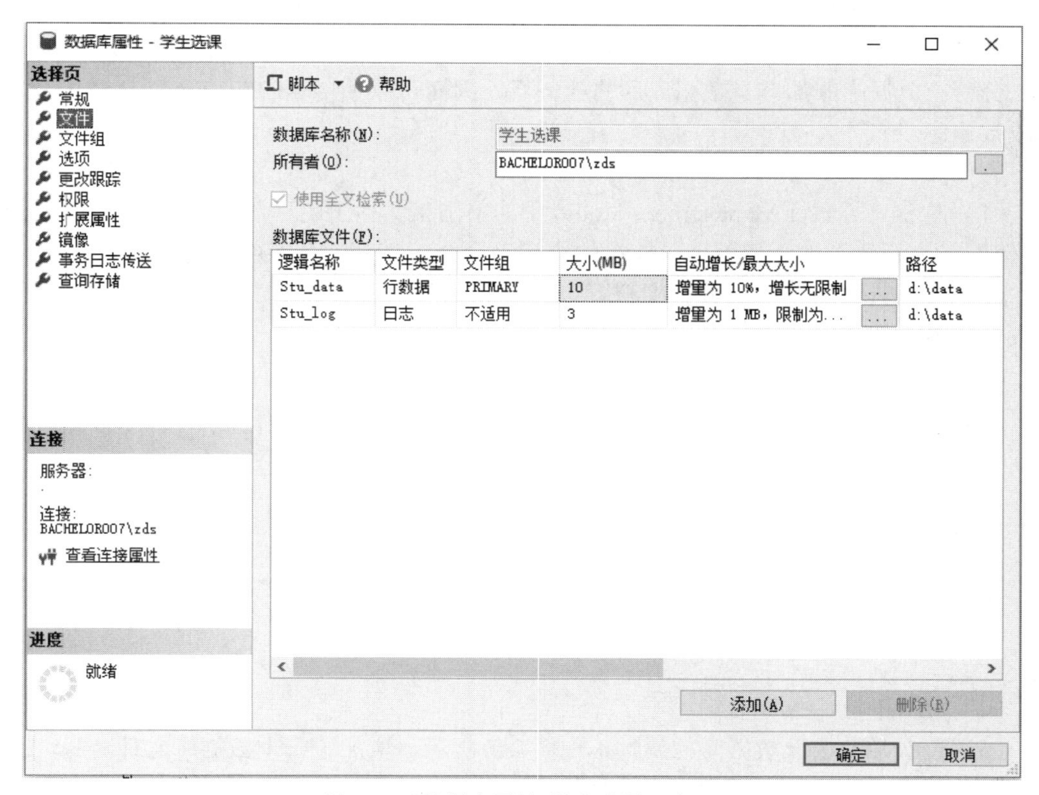

图 2-5 “数据库属性-学生选课”窗口

（3）在窗口右侧的“数据库文件”区域，数据库文件 Stu_data 的“自动增长”栏的内容原为“增量为 10%，增长无限制”。单击该文件“自动增长/最大大小”栏右侧的 ... 按钮，弹出“更改 Stu_data 的自动增长设置”对话框，将“文件增长”设置改为按 15%，如图 2-6 所示。

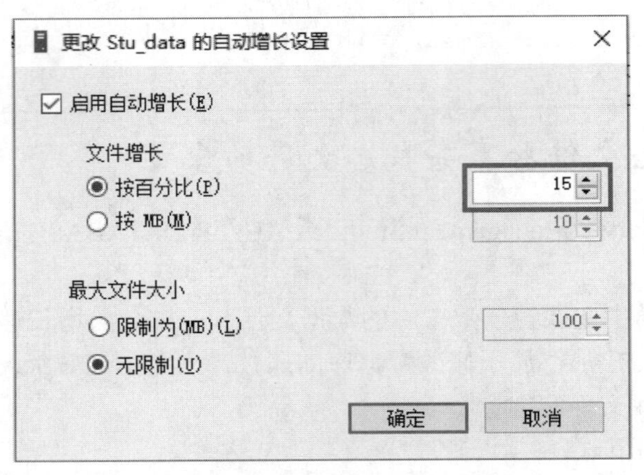

图 2-6　更改 Stu_data 的自动增长设置

（4）单击“确定”按钮，完成设置。

【例 2-5】　学生选课数据库经过一段时间的使用后，随着数据量的不断增大，导致数据库空间不足。现增加一个数据文件，存储在 F:\，逻辑名称为 Stu_Data2，物理文件名为 Stu_data2.ndf，初始大小为 10MB，最大大小为 2GB，增长速度为 10MB。

分析：数据库的扩容是数据库的修改问题，因而可以使用 ALTER DATABASE 语句来修改数据库。

具体操作步骤如下。

（1）在 SQL Server Management Studio 中，单击工具栏上的“新建查询”按钮，或选择“文件”→“新建”→“使用当前连接的查询”命令，打开一个新的查询编辑器窗口。

（2）从工具栏的“可用数据库”下拉列表框中选择学生选课数据库，使学生选课数据库成为当前数据库。

（3）在查询编辑器窗口中输入如下语句。

```
ALTER DATABASE 学生选课
ADD FILE
(
  NAME=Stu_data2,
  FILENAME='F:\Stu_data2.ndf',
  SIZE=10MB,
  MAXSIZE=2GB,
  FILEGROWTH=10MB)
```

（4）分析语法，执行语句。

（5）查看学生选课数据库的属性，如图 2-7 所示，增加了一个数据库文件。

【例 2-6】　为学生选课数据库增加一个事务日志文件，同样存储在 F:\中。

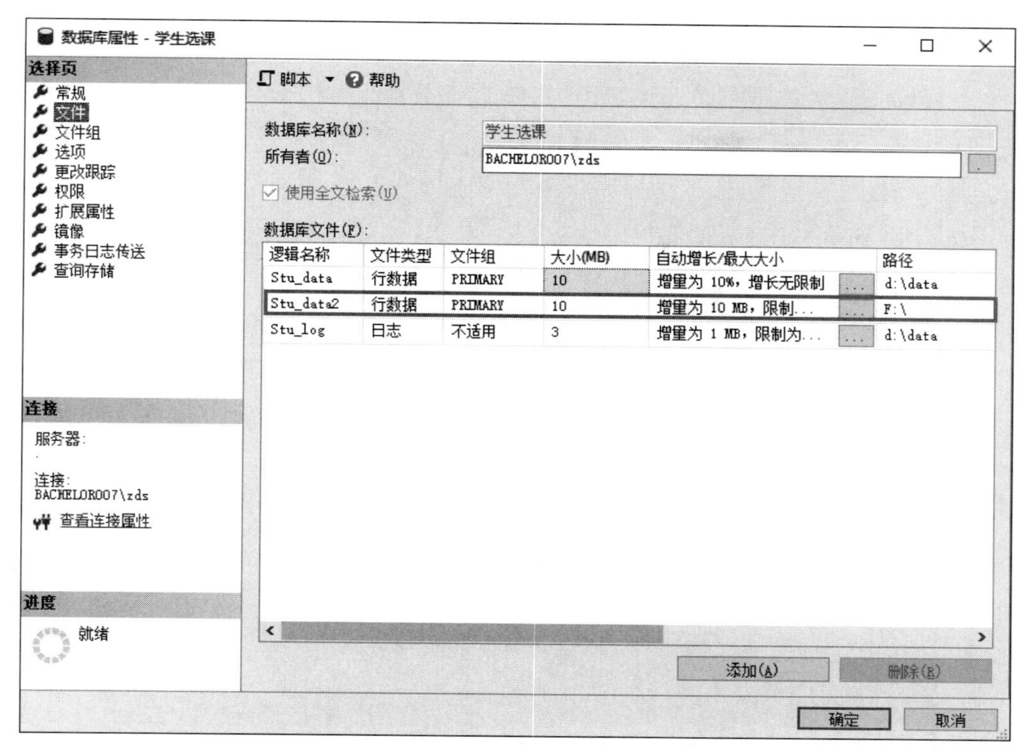

图 2-7　增量为 10MB 的数据库文件

在查询编辑器中输入并执行如下语句。

```
ALTER DATABASE 学生选课
ADD LOG FILE
(
  NAME=Stu_log2,
  FILENAME='F:\Stu_log2.ldf',
  SIZE=10MB
)
```

执行完毕后，查看学生选课数据库的属性，如图 2-8 所示。

2.4.2　修改数据库的初始大小

可以使用 SQL Server Management Studio 或 ALTER DATABASE 语句修改数据文件和事务日志文件的初始大小。

【例 2-7】　创建一个名为 mydb 的数据库，数据库文件的初始大小为 8MB，修改该数据库的数据文件为 10MB。

分析：修改数据库数据文件的初始大小，属于修改数据库的属性，可以用 SQL Server Management Studio 直接进行修改。

具体操作步骤如下。

（1）在 SQL Server Management Studio 的“对象资源管理器”窗格中，右击“数据库”，在弹出的快捷菜单中选择“新建数据库”命令，在“数据库名称”栏中输入数据库名称 mydb。

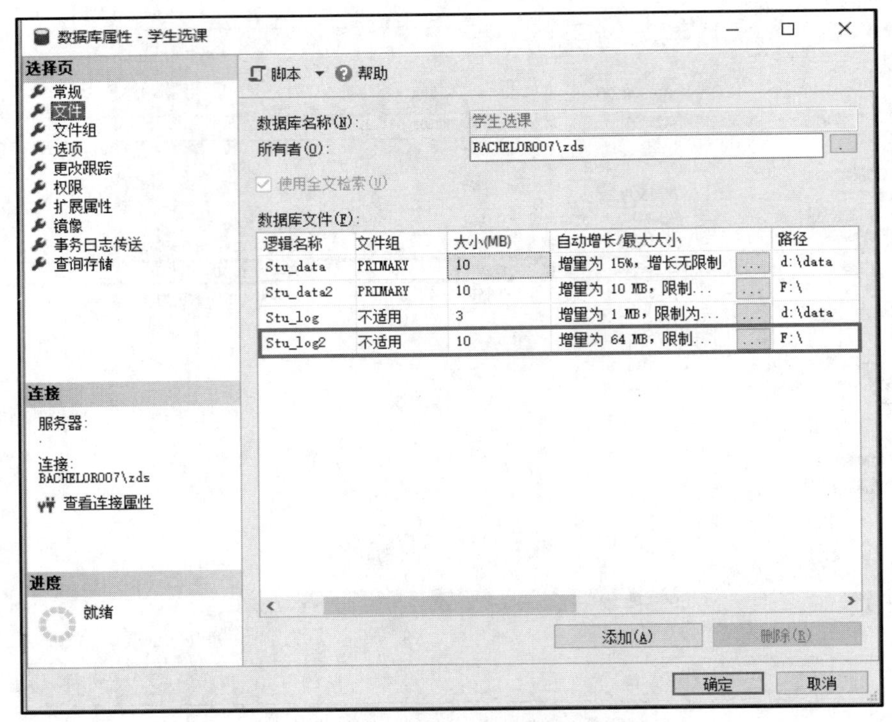

图 2-8　添加日志文件

（2）在“数据库文件”区域修改行数据文件大小为 10MB，如图 2-9 所示。

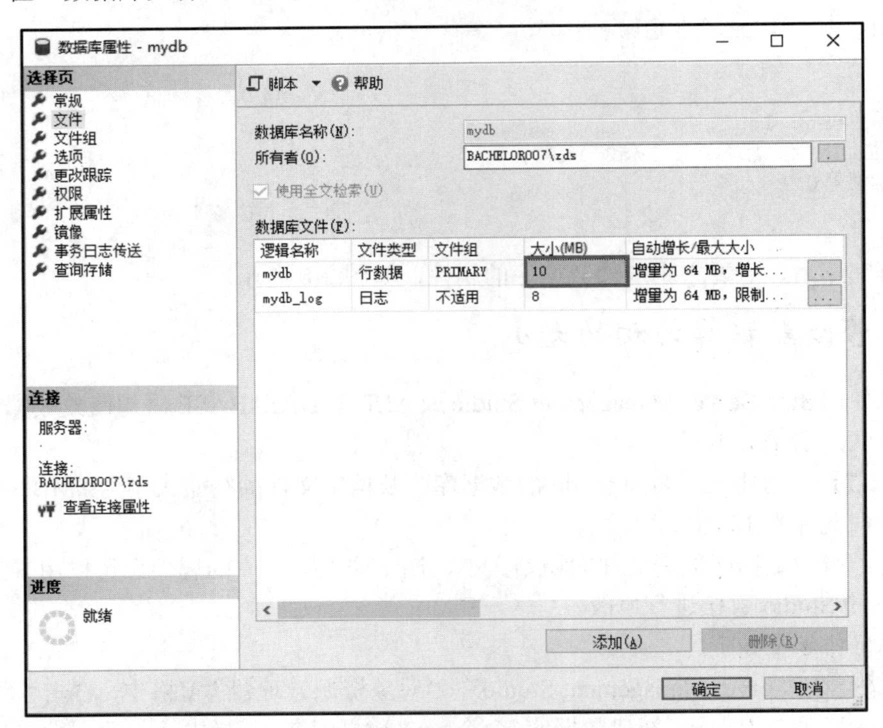

图 2-9　修改数据库初始文件大小

2.4.3 更改数据库名称

在 SQL Server 2017 中，除了系统数据库以外，其他数据库的名称都可以更改。但是数据库一旦创建，就可能被位于任意地方的前台用户连接，因此对数据库名称的处理必须特别小心，只有在确定数据库尚未被使用后，才可对其进行更改或删除操作。

1. 利用 SQL Server Management Studio

【例 2-8】 利用 SQL Server Management Studio 将学生选课数据库改名为学生选课管理。

具体操作步骤如下。

（1）在“对象资源管理器”窗格中，右击“学生选课”数据库，在弹出的快捷菜单中选择“重命名”命令，如图 2-10 所示。

（2）输入新数据库名称“学生选课管理”，按 Enter 键即可。

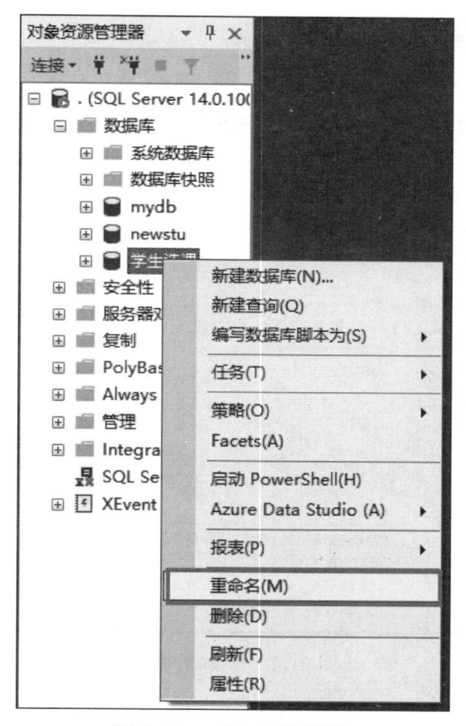

图 2-10　重命名数据库

2. 使用系统存储过程 sp_renamedb

sp_renamedb 的语法格式如下。

```
sp_renamedb 原数据库名，新数据库名
```

【例 2-9】 将学生选课管理数据库改名为学生选课。

在查询编辑器窗口中执行如下语句。

```
sp_renamedb 学生选课管理，学生选课
```

2.4.4 数据库的其他操作

1. 删除数据库

当数据库及其中的数据失去利用价值后，可以删除数据库，以释放被占用的磁盘空间。删除一个数据库会删除数据库中所有的数据和该数据库所使用的所有磁盘文件。删除数据库后，如想恢复是很麻烦的，必须从备份中恢复，或通过它的事务日志文件恢复。所以，删除数据库应格外小心。

【例 2-10】 利用 SQL Server Management Studio 删除学生选课数据库。

具体操作步骤如下。

（1）在“对象资源管理器”窗格中展开“数据库”选项，右击“学生选课”数据库，在弹出的快捷菜单中选择“删除”命令，打开“删除对象”窗口，如图 2-11 所示。

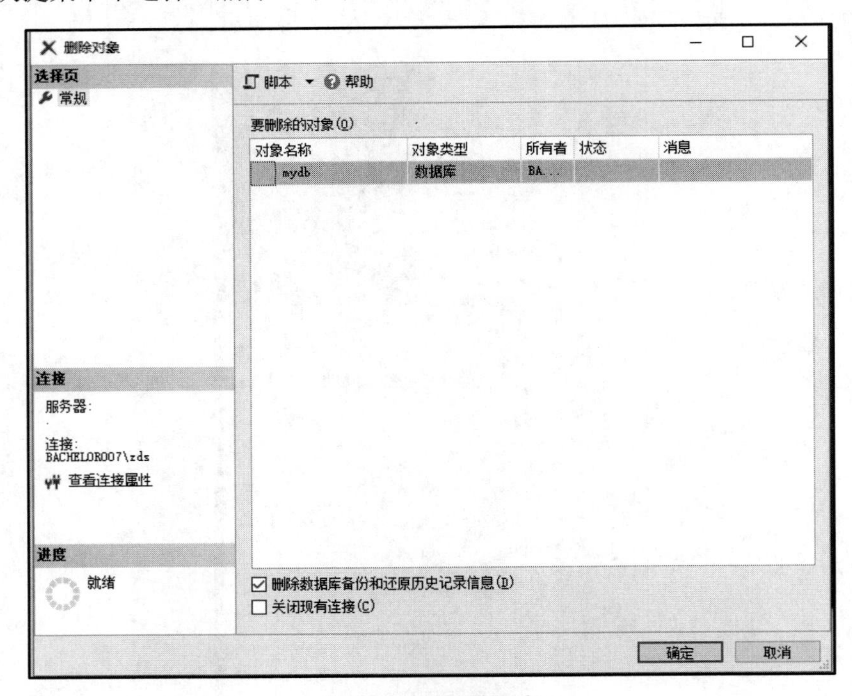

图 2-11 删除数据库

（2）单击“确定”按钮，删除数据库。

2. 查看数据库信息

在查询编辑器窗口中，使用系统存储过程 sp_helpdb 可以查看当前服务器上数据库的信息。如果指定了数据库名，将返回指定数据库的信息。其语法格式如下。

```
sp_helpdb [数据库名]
```

【例 2-11】 查看当前服务器上所有数据库的信息。

在查询编辑器中执行如下语句。

```
sp_helpdb
```

结果如图 2-12 所示。

结果 消息

	name	db_size	owner	dbid	created	status	compatibility_level
1	master	7.38 MB	sa	1	04 8 2003	Status=ONLINE, Updateability=READ_WRITE, UserAc...	140
2	model	16.00 MB	sa	3	04 8 2003	Status=ONLINE, Updateability=READ_WRITE, UserAc...	140
3	msdb	21.25 MB	sa	4	08 22 2017	Status=ONLINE, Updateability=READ_WRITE, UserAc...	140
4	newstu	11.82 MB	BACHELOR007\zds	6	01 25 2020	Status=ONLINE, Updateability=READ_WRITE, UserAc...	140
5	tempdb	72.00 MB	sa	2	01 22 2020	Status=ONLINE, Updateability=READ_WRITE, UserAc...	140
6	学生选课	33.00 MB	BACHELOR007\zds	5	01 26 2020	Status=ONLINE, Updateability=READ_WRITE, UserAc...	140

图 2-12　查看当前服务器上所有数据库的信息

【例 2-12】　查看学生选课数据库的信息。

在查询编辑器中执行如下语句。

```
sp_helpdb 学生选课
```

结果如图 2-13 所示。

结果 消息

	name	db_size	owner	dbid	created	status	compatibility_level
1	学生选课	33.00 MB	BACHELOR007\zds	5	01 26 2020	Status=ONLINE, Updateability=READ_WRITE, UserAc...	140

	name	fileid	filename	filegroup	size	maxsize	growth	usage
1	Stu_data	1	d:\data\Stu_data.mdf	PRIMARY	10240 KB	Unlimited	15%	data only
2	Stu_log	2	d:\data\Stu_log.ldf	NULL	3072 KB	5120 KB	1024 KB	log only
3	Stu_data2	3	F:\Stu_data2.ndf	PRIMARY	10240 KB	2097152 KB	10240 KB	data only
4	Stu_log2	4	F:\Stu_log2.ldf	NULL	10240 KB	2147483648 KB	65536 KB	log only

图 2-13　学生选课数据库信息

3. 分离和附加数据库

在数据库的设计过程中，经常需要将数据库从一台服务器移植到另一台服务器，利用数据库的分离和附加操作，可以保证移植前后数据库状态完全一致。数据库分离就是将用户创建的数据库从 SQL Server 实例中分离，但同时保持其数据文件和事务日志文件不变。之后将分离出来的数据库文件附加到同一或其他 SQL Server 服务器上，可以构成完整的数据库。使用分离和附加操作，能方便地实现数据库的移动。

【例 2-13】　将学生选课数据库从一台计算机移植到另一台计算机上。

具体操作步骤如下。

（1）确定所有的数据文件和事务日志文件保存的路径。

在“对象资源管理器”窗格中，展开“数据库”选项，右击“学生选课”数据库，在弹出的快捷菜单中选择“属性”命令，打开“数据库属性-学生选课”窗口，如图 2-14 所示。从中可以查看学生选课数据库的数据文件的属性，确定所有的数据文件和日志文件的路径。

（2）分离数据库。

在“对象资源管理器”窗格中，展开“数据库”选项，右击“学生选课”数据库，在弹出的快捷菜单中选择“任务”→“分离”命令，打开“分离数据库”窗口，单击“确定”按钮，实现数据库的分离。

说明：在分离学生选课数据库之前，应断开所有与该数据库的连接，包括查询编辑器窗口，否则会出现如图 2-15 所示的提示，无法分离数据库。

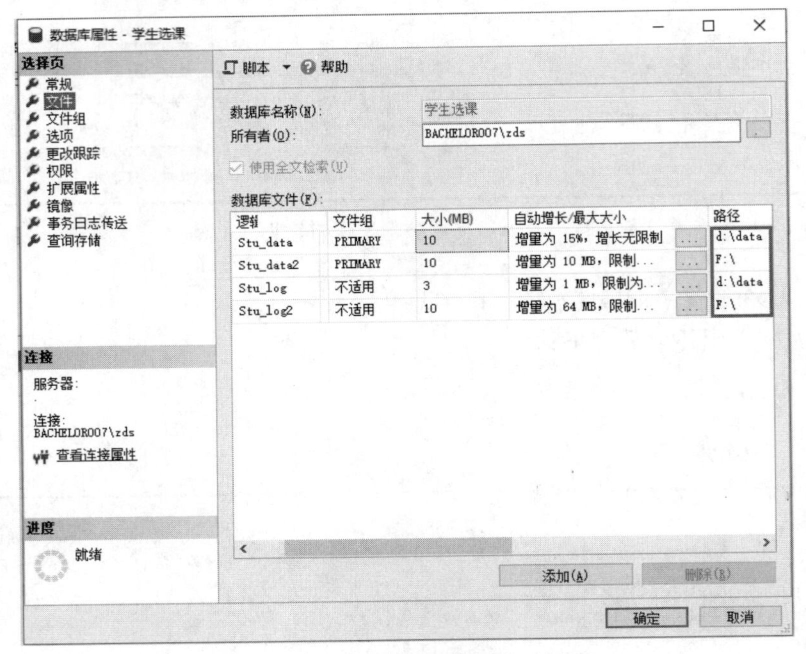

图 2-14　确定数据库文件的保存路径

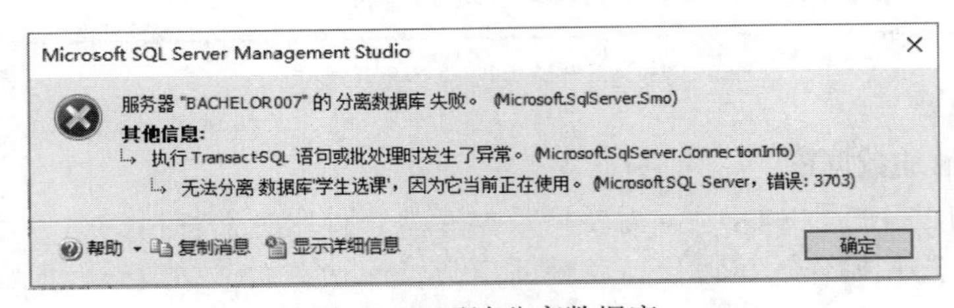

图 2-15　无法分离数据库

（3）复制数据库文件。

将所有的数据文件和事务日志文件（共 4 个文件）复制到目标计算机中（如复制到目标计算机 E:\db 下，如图 2-16 所示）。

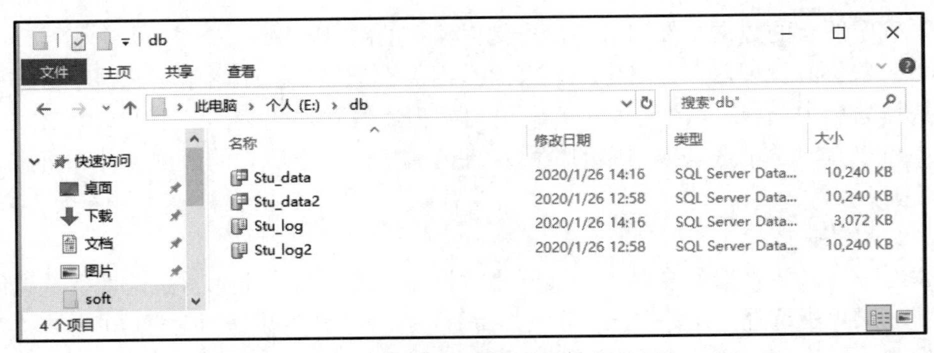

图 2-16　复制到目标计算机目标位置

说明：*在分离学生选课数据库之前，若直接复制数据库文件，则会出现如图 2-17 所示的提示。*

图 2-17　分离数据库之前无法复制文件

（4）在目标计算机上附加学生选课数据库。

在“对象资源管理器”窗格中，右击“数据库”选项，在弹出的快捷菜单中选择“附加”命令，打开“附加数据库”窗口，如图 2-18 所示。

图 2-18　“附加数据库”窗口

单击“添加”按钮，打开“定位数据库文件”窗口，如图 2-19 所示。从中选择要附加的数据库的主要数据文件 Stu_data.mdf，单击“确定”按钮，返回“附加数据库”窗口。

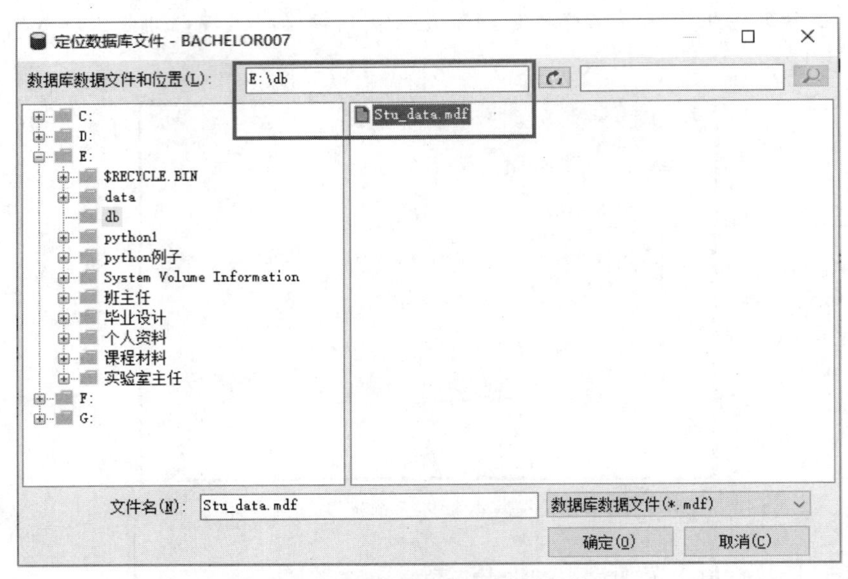

图 2-19 选择要附加的数据库的主数据文件 Stu_data.mdf

在“要附加的数据库”区域和“‘学生选课’数据库详细信息”区域将显示相关信息，如图 2-20 所示。确认无误后，单击“确定”按钮。若出现错误，可修改当前用户对 E:\db 文件夹的权限（仿照图 1-22 操作），即可把所选数据库附加到当前 SQL Server 实例上。

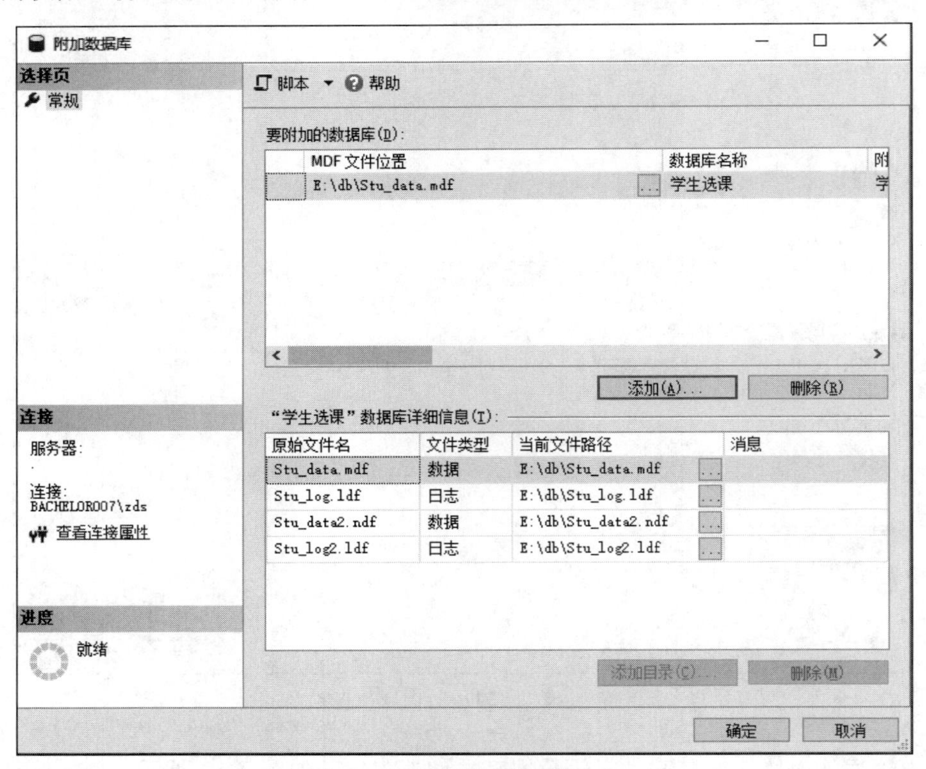

图 2-20 确认附加数据库信息

4. 数据库的联机和脱机

数据库的移植除了可以通过数据库的分离和附加实现之外，还可以通过改变数据库的状态、复制数据库文件来实现。数据库的状态包括联机状态和脱机状态等。数据库处于联机状态时，可以对数据库进行访问，主文件组仍处于在线状态。也就是说，此时用户无法复制数据库文件。数据库处于脱机状态时，数据库无法使用，此时可以将数据库文件复制到新的磁盘中，在完成移动操作后，再使数据库恢复到联机状态。

【例 2-14】 复制学生选课数据库文件到指定路径。

具体操作步骤如下。

（1）使学生选课数据库处于脱机状态。

在“对象资源管理器”窗格中，展开“数据库”选项，右击“学生选课”数据库，在弹出的快捷菜单中选择“任务”→“脱机”命令，实现学生选课数据库脱机，如图 2-21 所示。

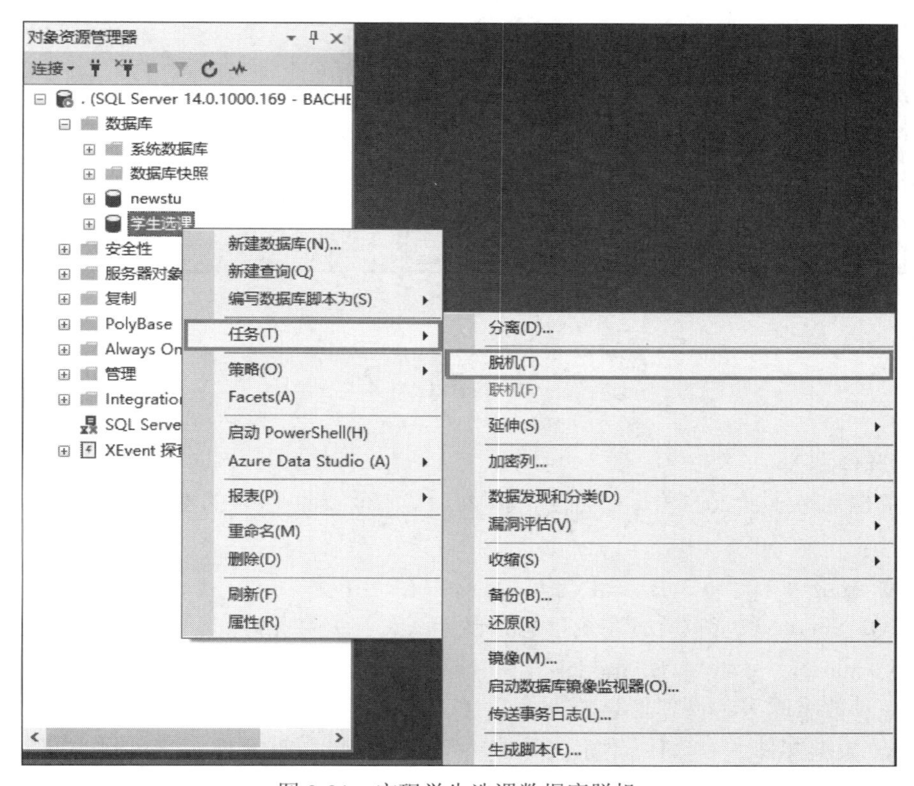

图 2-21 实现学生选课数据库脱机

（2）复制学生选课数据库文件到指定路径，如 D:\data。

（3）恢复学生选课数据库到联机状态。

在“对象资源管理器”窗格中，展开“数据库”选项，右击“学生选课”数据库，在弹出的快捷菜单中选择“任务”→“联机”命令，实现学生选课数据库联机，如图 2-22 所示。

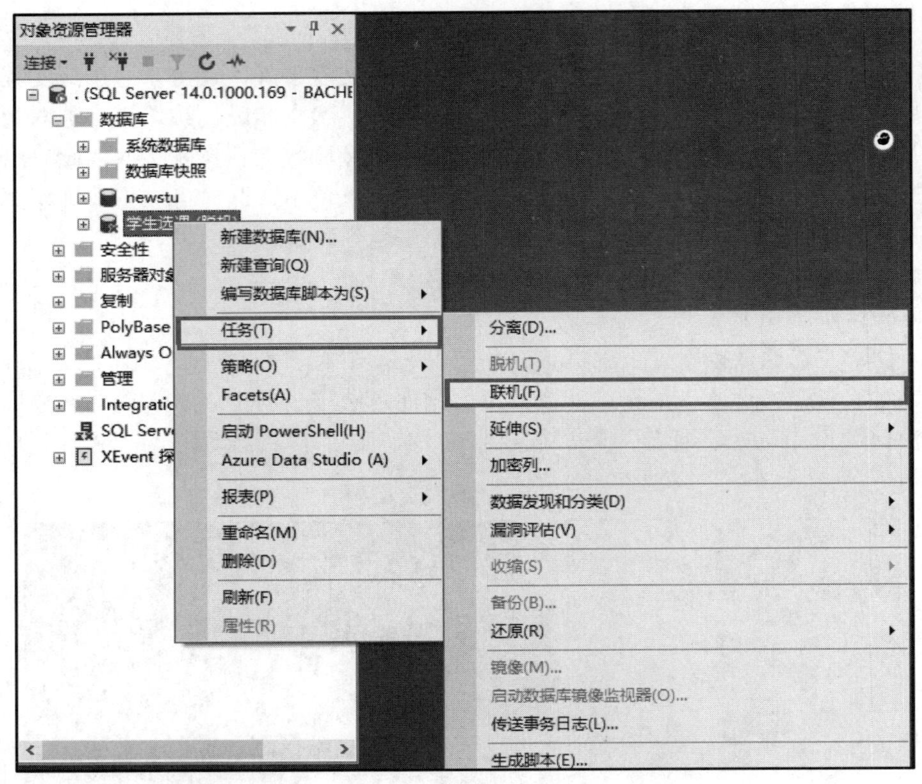

图 2-22　实现数据库联机

习　题　2

一、选择题

1．在 SQL Server 2017 中，下面选项中以（　　）为扩展名的文件不是 SQL 数据库的文件类型。

A．.mdf　　B．.ldf　　C．.tif　　D．.ndf

2．SQL Server 系统中所有系统信息存储于（　　）数据库。

A．master　　B．model　　C．tempdb　　D．msdb

3．记录数据库事务操作信息的文件是（　　）。

A．数据文件　　B．索引文件　　C．辅助数据文件　　D．日志文件

4．在 SQL Server 中，下列关于数据库的说法正确的是（　　）。

A．一个数据库可以不包括事务日志文件

B．一个数据库可以只包含一个事务日志文件和一个数据文件

C．一个数据库可以包含多个数据文件，但只能包含一个事务日志文件

D．一个数据库可以包含多个事务日志文件，但只能包含一个数据文件

5．删除数据库的命令是（　　）。

A．DELETE DATABASE　数据库名　　B．sp_helpdb database 数据库名

C．DROP TABLE　数据库名　　D．DROP DATABASE 数据库名

6．若要使用多个文件，为了便于管理，可使用（　　）。

A. 文件夹　　B. 文件组　　C. 复制数据库　　D. 数据库脱机

7．在 SQL Server 中，用来更改数据库名称的系统存储过程是（　　）。

A. sp_dbhelp　　B. sp_db　　C. sp_help　　D. sp_renamedb

二、思考题

1. SQL Server 2017 数据库由哪两类文件组成？这些文件的推荐扩展名分别是什么？
2. 在定义数据文件和日志文件时，可以指定哪几个属性？
3. 数据库如何扩容？有几种方法？

第3章　数据表的创建和管理

学习目标

掌握 SQL Server 2017 中的各种数据类型；掌握建立数据表的方法；掌握查看、修改和删除数据表的方法；掌握使用主键约束和唯一约束保证数据表的完整性；掌握使用检查约束、默认值约束保证列的完整性；掌握使用外键约束保证数据表之间的完整性；掌握约束禁用和启用的方法；掌握表中数据的添加、修改和删除的方法。

3.1　数据表概述

3.1.1　表的基本概念

数据库中的表是组织和管理数据的基本单位，数据库的数据保存在表中，数据库的管理和开发都依赖于表。表的特性如下。

（1）表是组织和管理数据的基本单位。

（2）表是由行和列组成的二维结构。

（3）表中的一行称为一条记录，表中的一列称为一个字段。

将学生选课数据库恢复到初始状态，打开 student 表，如图 3-1 所示。

Sno	Sname	Ssex	Sage	sdept
95001	刘超华 ...	男	22	计算机系
95002	刘晨	女	21	信息系
95003	王敏	女	20	数学系
95004	张海	男	23	数学系
95005	陈平	男	21	数学系
95006	陈斌斌 ...	男	28	数学系
95007	刘德虎 ...	男	24	数学系
95008	刘宝祥 ...	男	22	计算机系
95009	吕翠花 ...	女	26	计算机系
95010	马盛	男	23	数学系
95011	吴雨	男	22	计算机系
95012	马伟	男	22	数学系
95013	陈冬	男	18	信息系
95014	李小鹏 ...	男	22	计算机系
95015	王娜	女	23	信息系
95016	胡萌	女	23	计算机系
95017	徐晓兰 ...	女	21	计算机系
95018	牛川	男	22	信息系
95019	孙晓慧 ...	女	23	信息系

图 3-1　学生选课数据库的 student 表

说明：每个 SQL Server 数据库可容纳多达 20 亿个表，每个表中至多可以有 1024 列，每一行最多允许有 8086 字节。

3.1.2 SQL Server 2017 的数据类型

在 SQL Server 2017 中，每个列、局部变量、表达式和参数都具有一个相关的数据类型。不同的数据类型能保存不同的数据。常用的数据类型有数字型、货币型、日期和时间型、字符型、二进制和图像型以及其他数据类型等。

1. 数字型

SQLServer2017 支持的数字型数据如表 3-1 所示。

表 3-1 SQL Server 2017 支持的数字型数据

数据类型	说明
bigint	-2^{63}（−1.8E19 ）~ $2^{63}-1$（1.8E19 ）的整型数
int	-2^{31}（−2 147 483 648）~ $2^{31}-1$（2 147 483 647）的整型数
smallint	-2^{15}（−32 768）~ $2^{15}-1$（32 767）的整型数
tinyint	0 ~255 的整型数
float	浮点数，取值范围为–1.79E +308 ～ 1.79E+308
real	浮点精度数，取值范围为–3.40E+38 ～ 3.40E+38
bit	整数，值为 1、0 或 NULL
numeric（p, s）	固定精度和小数的数字数据，取值范围为$-10^{38}+1$～$10^{38}-1$。p 变量指定精度，取值范围为 1～38。s 变量指定小数位数，取值范围为 0～p

2. 货币型

SQL Server 2017 支持的货币型数据如表 3-2 所示。

表 3-2 SQL Server 2017 支持的货币型数据

数据类型	范围
money	−922 337 203 685 477.5808～922 337 203 685 477.5807
smallmoney	−214 748.3648～214 748.3647

3. 日期和时间型

SQL Server 2017 支持的日期和时间型数据如表 3-3 所示。

表 3-3 SQL Server 2017 支持的日期和时间型数据

数据类型	范围	精确度
datetime	1753 年 1 月 1 日～9999 年 12 月 31 日	3.33ms
smalldatetime	1900 年 1 月 1 日～2079 年 6 月 6 日	1min

4. 字符型

SQL Server 2017 支持的字符型数据如表 3-4 所示。

表 3-4　SQL Server 2017 支持的字符型数据

数据类型	说　明
char [(n)]	固定长度的字符数据，长度为 n 字节，n 的取值范围为 1 ~8000
varchar [(n)]	可变长度的字符数据，长度为 n 字节，n 的取值范围为 1~8000
nchar [(n)]	固定长度的 Unicode 字符数据，n 的值为 1~4000
nvarchar [(n)]	可变长度的 Unicode 字符数据，n 的值为 1~4000
text	变长度字符数据，最多达 2 147 483 647 个字符
ntext	变长度的 Unicode 字符数据，最多可达 1 073 741 823 个字符

说明：

（1）n 的默认值均为 1。

（2）对于一个 char 类型字段，不论用户输入的字符串有多长（不大于 n），其长度均为 n 字节。当输入字符串长度大于 n 时，系统自动截取 n 个长度的字符串；而变长字符型 varchar(n) 的长度为输入字符串的实际长度，而不一定是 n。

5. 二进制和图像型

SQL Server 2017 支持的二进制和图像型数据如表 3-5 所示。

表 3-5　SQL Server 2017 支持的二进制和图像型数据

数据类型	说　明
binary [(n)]	固定长度二进制数据，n 的取值范围为 1～8000
varbinary [(n)]	可变长度二进制数据，n 的取值范围为 1～8000
image	可变长度二进制数据，最长为 2 147 483 647 字节

6. 其他数据类型

SQL Server 2017 支持的其他数据类型如表 3-6 所示。

表 3-6　SQL Server 2017 支持的其他数据类型

数据类型	说　明
uniqueidentifier	存储 16 字节的二进制值
timestamp	当插入或者修改行时，自动生成的唯一的二进制数字的数据类型
cursor	允许在存储过程中创建游标变量，游标允许一次一行地处理数据，这个数据类型不能用作表中的列数据类型
sql_variant	可包含除 text、ntext、image 和 timestamp 之外的其他任何数据类型
table	一种特殊的数据类型，用于存储结果集，以进行后续处理
xml	存储 XML 数据的数据类型。可以在列中或者 XML 类型的变量中存储 XML 实例

3.1.3 列的属性

设计数据表，实际上就是设计列的属性，如名称、数据类型、可否为空和数据长度等。

1. 列的为空性

列的为空性是指没有输入的值，输入的值未知或未定义。列值可以接受空值 NULL，也可以拒绝空值 NOT NULL。

NULL 是一个特殊值，它不同于空字符或者 0。空字符和 0 是有效的字符或数字。如图 3-2 所示，NULL 表示这些课程的先行课未知或者不确定。

BACHELOR007.学生选课 - dbo.course

	Cno	Cname	Cpno	Credit	Semester
▶	1	数据库	5	5	4
	10	C++	NULL	3	4
	11	网络编程	NULL	2	5
	2	高等数学	NULL	1	1
	3	信息系统	1	1	3
	4	操作系统	6	1	2
	5	数据结构	7	1	3
	6	数据处理	NULL	1	2
	7	C语言	6	3	1
	8	Java	NULL	3	3
	9	网页制作	NULL	2	5
*	NULL	NULL	NULL	NULL	NULL

图 3-2　NULL

2. IDENTITY 属性

IDENTITY 属性可以使表的列包含系统自动生成的数字，可以唯一地标识表的每一行，即表中数据列上每行的数字均不相同。IDENTITY 属性的语法格式如下。

```
IDENTITY [(s, i)]
```

其中，s(seed)表示起始值；i(increment)表示增量，其默认值都为 1。

只有整数型的数据列可用于标识列，一个表只能有一个标识列。使用该属性可以指定初始值和增量，但不能更新列。

插入数据到含有 IDENTITY 列的表中时，初始值 s 在插入第一行数据时使用，以后就由 SQL Server 2017 根据上一次使用的 IDENTITY 值加上增量 i 得到新的 IDENTITY 值。

3.2　创建学生选课数据库的数据表

3.2.1　使用 SQL Server Management Studio

【例 3-1】 在学生选课数据库中，利用 SQL Server Management Studio 创建学生表。

分析： 使用 SQL Server Management Studio 创建数据表，即利用 SQL Server Management Studio 中的表设计器创建表的结构。表设计器是 SQL Server 2017 提供的可视化创建表的工具，主要部分是列管理。用户可以使用表设计器完成对表中所包含列的管理工作，包括创建列、删除列、修改数据类型、设置主键和索引等。

具体操作步骤如下。

（1）启动 SQL Server Management Studio。

（2）在“对象资源管理器”窗格中，展开“数据库”→“学生选课”选项，右击“表”选项，在弹出的快捷菜单中选择“新建表”命令，打开表设计器。

（3）在表设计器中，在“列名”栏输入字段名 Sno，在同一行的“数据类型”栏中设置该字段的数据类型为 char(5)，并在“允许空”栏设置是否允许该字段为空值。如果允许，则勾选该复选框；如果不允许，则取消勾选该复选框。在学生表中，学号是学生的标识，不能为空，即取消勾选该复选框。

（4）重复步骤（3），设置 Sname 列、Ssex 列、Ssage 列和 Sdept 列。

（5）选择“文件”→“保存”命令或单击工具栏上的“保存”按钮，在弹出的对话框中输入表名 student，新表的相关信息即会出现在“对象资源管理器”窗格中。

3.2.2 使用 CREATE TABLE 语句

使用 CREATE TABLE 语句创建数据表的语法格式如下。

```
CREATE  TABLE  <表名>
(<列名><数据类型>
 [ NULL | NOT NULL ] [ IDENTITY [(seed,increment)]  [{<列约束>}]
 [,...n]
)
```

参数说明如下：

NULL | NOT NULL：指定列的为空性，默认值为 NULL。

IDENTITY (seed, increment)：指定为标识列，seed 为初始值，increment 为增量。

【例 3-2】 在学生选课数据库中，利用 CREATE TABLE 语句创建课程表和选课表。

```
USE  学生选课
GO
CREATE TABLE  course(                    - -创建课程表
  Cno        char(6) NOT NULL,
  Cname      char(20) NOT NULL,
  Credit     tinyint,
  Semester   tinyint)
GO
CREATE TABLE  sc(                         - -创建选课表
  Sno    char(5) NOT NULL,
  Cno    char(6) NOT NULL,
  Grade  tinyint)
GO
```

说明：在此创建的课程表和选课表，没有创建主键约束，不符合数据库设计要求，在后续的内容中将重新创建带主键约束的数据表。

3.3 管理学生选课数据库的数据表

3.3.1 查看表结构

1. 查看数据表的属性

【例 3-3】 利用 SQL Server Management Studio 查看课程表 course 的属性信息和学期 Semester 列的属性信息。

分析：利用 SQL Server Management Studio 可以以图形方式查看数据表的结构。

具体操作步骤如下。

（1）在“对象资源管理器”窗格中，展开“数据库”→“学生选课”→“表”选项。

（2）右击 course 数据表，在弹出的快捷菜单中选择“属性”命令，打开“表属性-course”窗口，如图 3-3 所示。在该窗口中可查看表的创建日期、对表拥有的用户及权限、数据空间大小、所属文件组及扩展属性等。

图 3-3　查看课程表 course 的属性

（3）展开 course→“列”选项，右击 Semester 列，在弹出的快捷菜单中选择“属性”命令，打开“列属性-Semester”窗口，如图 3-4 所示。在该窗口中可查看该列的数据类型、是否为主键、是否允许空等属性。

2. 查看表结构

【例 3-4】 查看学生表 student 的表结构、约束、触发器等信息。

具体的操作步骤是：展开 student 数据库中的“列”“键”“约束”“触发器”和“索引”等对象，即可看到相关信息，如图 3-5 所示。

3. 查看表中数据

【例 3-5】 查看课程表 course 中的记录。

在 SQL Server Management Studio 中，右击 course 表，在弹出的快捷菜单中选择“编辑前 200 行”命令，即会显示该表中的所有数据。在该界面中可以查询、编辑表中的数据。

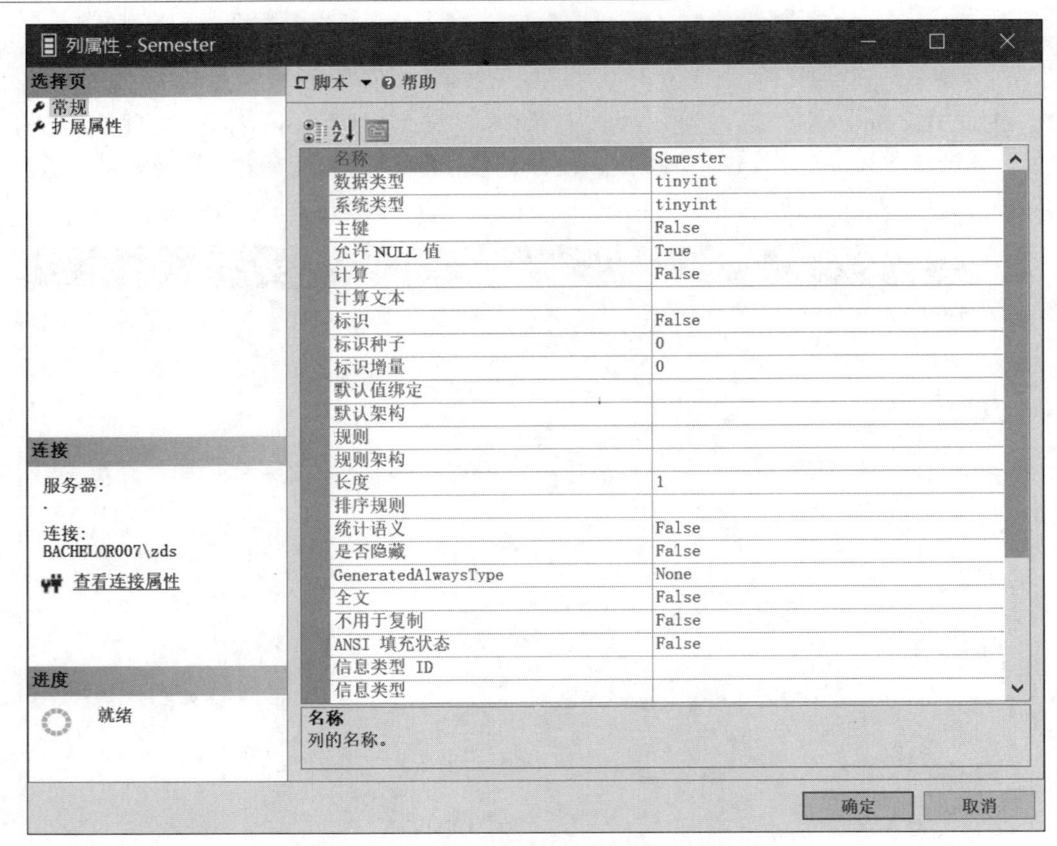

图 3-4　查看课程表 course 中 Semester 列的属性

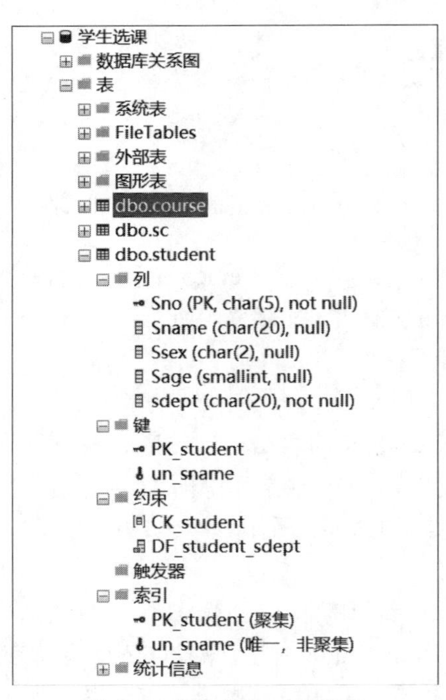

图 3-5　表结构和对象信息

3.3.2 修改数据表

在创建数据表之后，随着系统应用及用户需求的改变，可能需要修改数据表的相关属性，如增加新的字段、删除字段、修改字段类型、修改主键或索引等。数据表的修改可以在表设计器中完成，也可以通过 SQL 语句在查询编辑器中完成。

1. 使用 SQL Server Management Studio

【例 3-6】 查看学生表 student，并在系别名称 Sdept 列之后增加“籍贯”列，数据类型为 char(20)。

分析：可在 SQL Server Management Studio 中修改学生表。

具体操作步骤如下。

（1）在 SQL Server Management Studio 中，展开“数据库”→“学生选课”→“表”选项。

（2）右击 student 表，在弹出的快捷菜单中选择“设计”命令，打开表设计器。

（3）将光标定位到 Sdept 列。

（4）右击并在弹出的快捷菜单中选择“插入列”命令，如图 3-6 所示；然后在“列名”栏输入“籍贯”，“数据类型”设为 char(20)。

（5）单击工具栏上的“保存”按钮，保存对表结构的修改。

说明：在表设计器中，可以修改列名、列的数据类型、允许空等属性，也可以添加、删除列，还可以指定表的主键约束。

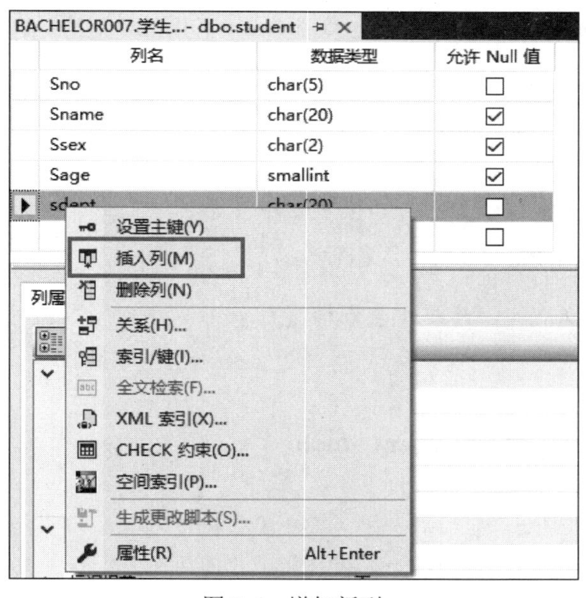

图 3-6　增加新列

2. 使用 ALTER TABLE 语句

使用 ALTER TABLE 语句可以添加或者删除表约束，也可以禁用或者启用已存在的约束或触发器。ALTER TABLE 语句功能强大，下面逐一介绍。

（1）添加列。其语法格式如下。

```
ALTER TABLE <表名>
ADD<列定义>[,...n]
```

【例 3-7】 在学生表中添加两列：“籍贯”列，数据类型为 char(20)，允许空；“宿舍区”列，数据类型为 char(20)，允许空。

```
ALTER TABLE student
ADD
籍贯 char(20) NULL,
宿舍区 char(20) NULL
```

（2）删除列。其语法结构如下。

```
ALTER TABLE<表名>
DROP COLUMN<列名>[,...n]
```

【例 3-8】 在学生表中删除两列：“籍贯”列和“宿舍区”列。

```
ALTER TABLE student
DROP COLUMN 籍贯,宿舍区
```

（3）修改列的定义。

【例 3-9】 在学生表中将所在系 Sdept 列的数据类型修改为 varchar(20)。

```
ALTER TABLE student
ALTER COLUMN Sdept varchar(20)
```

说明：在修改列的定义时，如果修改后的长度小于原来定义的长度，或者数据类型的更改可能导致数据被更改，则降低列的精度或减少小数位数可能导致数据被截断。

（4）修改列名。

【例 3-10】 在学生表中将 Sdept 列重命名为“系别”。

```
sp_rename 'student.Sdept ','系别'
```

说明：进行本例测试后，请将学生表恢复原状。

3.3.3 删除数据表

1. 使用 SQL Server Management Studio

【例 3-11】 删除学生表。

（1）在“对象资源管理器”窗格中，展开“数据库”→“学生选课”→“表”选项。

（2）右击学生表，在弹出的快捷菜单中选择“删除”命令。

（3）在打开的“删除对象”窗口中单击“确定”按钮，完成删除任务，如图 3-7 所示。

2. 使用 DROP TABLE 语句

使用 DROP TABLE 语句的语法格式如下。

```
DROP TABLE <表名>
```

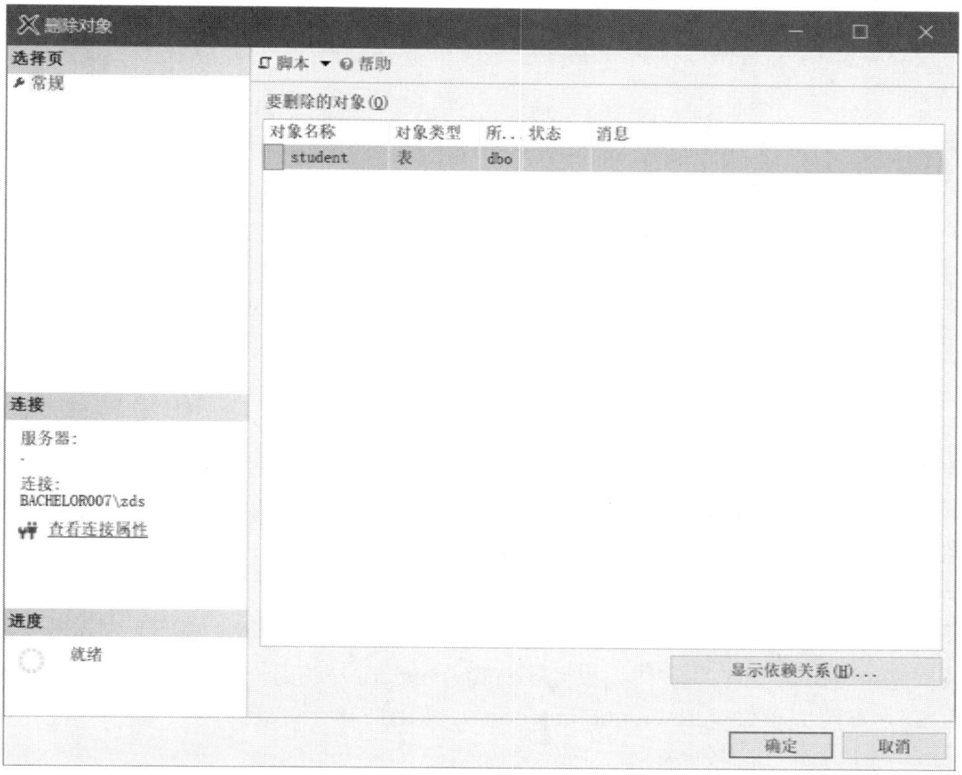

图 3-7　删除数据表

【例 3-12】　删除课程表。

在查询编辑器中执行如下 SQL 语句。

```
USE 学生选课
GO
DROP TABLE course
GO
```

说明：为保持数据库延续性，练习完例 3-11 和例 3-12 后请还原数据库。

3.3.4　重命名数据表

1. 使用 SQL Server Management Studio

使用 SQL Server Management Studio 修改表名的方法：在指定数据库中展开表，右击指定表，在弹出的快捷菜单中选择“重命名”命令，输入新表名即可。

2. 使用系统存储过程 sp_rename

使用系统存储过程 sp_rename 修改表名的语法格式如下。

```
sp_rename '原表名','新表名'
```

【例 3-13】　将学生表 student 更名为 Newstudent。

```
USE 学生选课
```

```
GO
sp_rename 'student','Newstudent'
GO
```


说明：更改列名时必须加引号，更改表名时可加引号，也可不加，测试完需恢复表名。

3.4　学生选课数据库数据的完整性

数据完整性是指数据的精确性和可靠性，主要用于保证数据库中数据的质量。它是为防止数据库中存在不符合语义规定的数据和防止因错误信息的输入输出造成无效操作或报错而提出的。

例如，如果输入学号值为 95001 的学生，则在该数据库中不应允许其他学生使用具有相同值的学号。如果将学生“性别”列的取值范围设置为“男”或“女”，则对于该列，数据库不应接受其他信息。如果课程表中存储了课程编号，则学生选课时，只能选择课程表中存在的课程编号。

3.4.1　数据完整性的分类

数据完整性分为 3 类：实体完整性（Entity Integrity）、用户定义完整性（User-defined Integrity）和参照完整性（Referential Integrity），如图 3-8 所示。

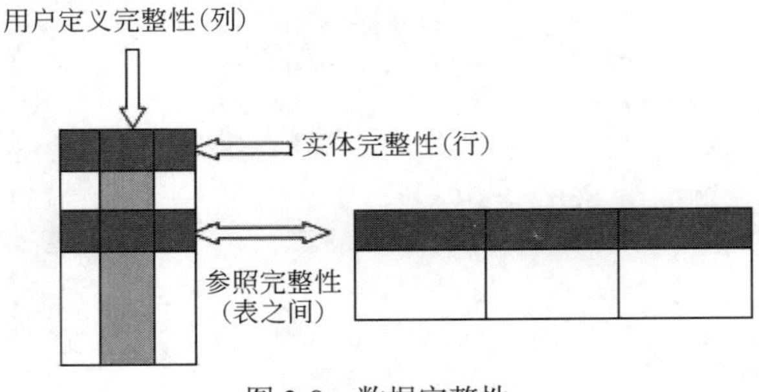

图 3-8　数据完整性

1. 实体完整性

实体完整性用于保证表中的每一行数据在表中是唯一的。

2. 用户定义完整性

用户定义完整性也称为域完整性或语义完整性，是指数据库应用系统根据应用环境的不同，需要的一些约束条件，如表中的列的数据类型、限制格式或限制可能值的范围。它反映某一具体应用的数据必须满足应用语义的要求。

3. 参照完整性

参照完整性是指在输入或删除记录时，包含主关键字的主表和包含外关键字的从表的数据应对应一致，保证了表之间数据的一致性，防止数据丢失或无意义的数据在数据库中扩散。SQL Server 将防止用户执行下列操作。

（1）当主表中没有关联的记录时，将记录添加或更改到相关表中。

（2）更改主表中的值，但会导致在相关表中生成孤立的记录。

（3）从主表中删除记录，但仍存在与该记录匹配的相关记录。

例如，对于学生选课数据库中的选课表（sc）和课程表（course），参照完整性基于 sc 表中的课程编号（Cno）和 course 表中的课程编号（Cno）的关联关系，即选修的课程参照课程表中的课程，如图 3-9 所示。

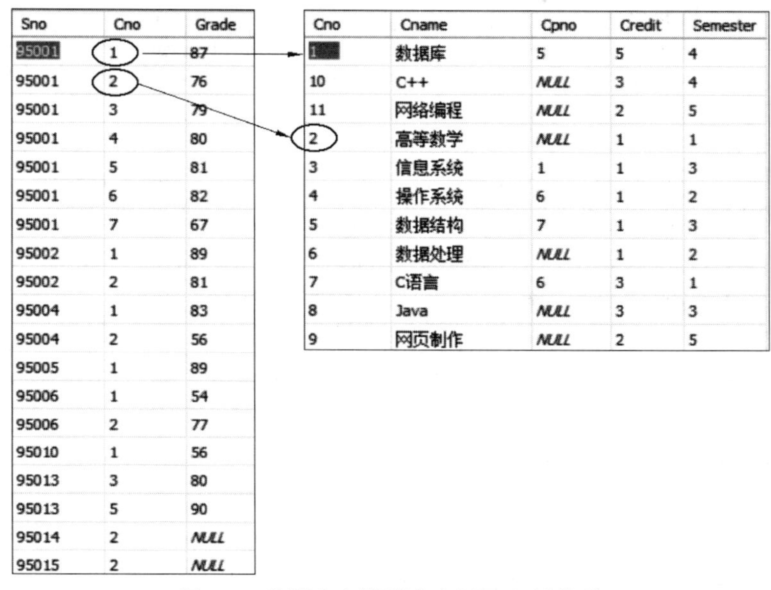

Sno	Cno	Grade
95001	1	87
95001	2	76
95001	3	79
95001	4	80
95001	5	81
95001	6	82
95001	7	67
95002	1	89
95002	2	81
95004	1	83
95004	2	56
95005	1	89
95006	1	54
95006	2	77
95010	1	56
95013	3	80
95013	5	90
95014	2	NULL
95015	2	NULL

Cno	Cname	Cpno	Credit	Semester
1	数据库	5	5	4
10	C++	NULL	3	4
11	网络编程	NULL	2	5
2	高等数学	NULL	1	1
3	信息系统	1	1	3
4	操作系统	6	1	2
5	数据结构	7	1	3
6	数据处理	NULL	1	2
7	C语言	6	3	1
8	Java	NULL	3	3
9	网页制作	NULL	2	5

图 3-9　选课表和课程表之间的参照关系

3.4.2　约束概述

1. 约束定义

约束（Constraint）是 Microsoft SQL Server 2017 提供的自动保持数据库完整性的一种方法。约束就是限制，定义约束就是定义可输入表或表的单个列中的数据的限制条件。

2. 约束分类

在 SQL Server 中有 5 种约束：主键约束（Primary Key Constraint）、外键约束（Foreign Key Constraint）、唯一约束（Unique Constraint）、检查约束（Check Constraint）和默认值约束（Default Constraint）。

约束与完整性之间的关系如表 3-7 所示。

表 3-7　约束与完整性之间的关系

完整性类型	约束类型	描　　述	约束对象
实体完整性	Primary Key	每行记录的唯一标识符，确保用户不能输入重复值，并自动创建索引，提高性能，该列不允许使用空值	行
参照完整性	Foreign Key	定义一列或几列，其值与本表或其他表的主键或 UNIQUE 列相匹配	表与表之间

续表

完整性类型	约束类型	描　述	约束对象
参照完整性	Unique	在列集内强制执行值的唯一性，防止出现重复值，表中不允许有同一列或多列包含相同两行非空值	表与表之间
用户定义完整性	Check	指定某一列可接受的值	列
	Default	当使用 INSERT 语句插入数据时，若已定义默认值的列没有提供指定值，则将该默认值插入记录中	

3.4.3　主键约束

主键约束用于指定表的一列或几列的组合唯一标识表，即能在表中唯一地指定一行记录，这样的一列或列的组合称为表的主键。定义主键约束的列，其值不可为空、不可重复；每个表中只能有一个主键。主键约束也称实体完整性约束。

1. 使用 SQL Server Management Studio 创建主键约束

【例 3-14】　在学生选课数据库中创建主键约束。

分析：学生选课数据库目前有 3 张表，根据主键约束的定义，可以确定学生表的主键是 sno，课程表的主键是 cno，选课表的主键是 sno 和 cno，这里可以通过 SQL Server Management Studio 为选课表创建主键约束。

具体操作步骤如下。

（1）启动 SQL Server Management Studio。

（2）在“对象资源管理器”窗格中，展开“数据库”→学生选课→“表”选项，右击选课表 sc 选项，在弹出的快捷菜单中选择“设计”命令，打开表设计器。

（3）将光标定位到 Sno 行，同时按住 Ctrl 键，单击 Cno 行。

（4）单击 SQL Server Management Studio 工具栏上的按钮，设置主键。此时 Sno 和 Cno 行会显示钥匙图标，如图 3-10 所示。

图 3-10　设置主键

（5）选择“文件”→“保存”命令或单击工具栏上的按钮。

（6）仿照步骤（1）～（5），为其他表设置主键。

2. 在创建表的同时创建主键约束

（1）创建单个列的主键可采用列级约束，其语法格式如下。

```
CREATE TABLE〈表名〉
(〈列名〉〈列属性〉[CONSTRAINT 约束名]
PRIMARY KEY [CLUSTERED | NONCLUSTERED])
```

（2）创建多个列组合的主键约束可采用表级约束，其语法格式如下。

```
CONSTRAINT〈约束名〉
PRIMARY KEY [CLUSTERED|NONCLUSTERED](列名1[,...列名16])
```

其中，约束名在数据库中必须是唯一的；CLUSTERED | NONCLUSTERED 表示在创建主键时自动创建的索引类别，CLUSTERED 为默认值；主关键字最多由 16 列组成。

【例 3-15】 在学生选课数据库中，创建课程表 course 的同时创建主键。

当课程表不存在时，可在查询编辑器中执行如下 Transact-SQL 语句。

```
USE  学生选课
GO
CREATE TABLE  course(
    Cno      char(6) NOT NULL  PRIMARY KEY,
    Cname    char(20) NOT NULL,
    Credit   tinyint,
    Semester tinyint)
```

说明：*在此处创建的约束包含在列的定义中，不用指定约束名，系统自动分配名称。这类约束称为列级约束。*

【例 3-16】 在学生选课数据库中，创建如图 3-11 所示的选课表，并设置主键。

Sno	Cno	Grade
95001	1	87
95001	2	76
95001	3	79
95001	4	80
95001	5	81
95001	6	82
95001	7	67
95002	1	89
95002	2	81
95004	1	83
95004	2	56
95005	1	89
95006	1	54
95006	2	77
95010	1	56
95013	3	80
95013	5	90
95014	2	NULL
95015	2	NULL

图 3-11　选课表

分析：在例 3-2 中创建表时没有创建表中的主键约束，在此重新建表。在主键只有一列的情况下，可以采用表级约束或列级约束；若主键包含两列及以上，则必须采用表级约束，即在所有的列定义后再定义约束。若创建一个名称为 PK_sc 的主键约束，则代码为“CONSTRAINT PK_sc PRIMARY KEY(Sno,Cno)”，放在所有列定义之后。

在查询编辑器中执行如下 SQL 语句。

```
CREATE TABLE  sc
(Sno    char(5) NOT NULL,
```

```
Cno    char(6) NOT NULL,
Grade  tinyint
CONSTRAINT PK_sc PRIMARY KEY(Sno,Cno))
GO
```


说明： 采用表约束时，最好指明约束名称，表级约束与列定义相互独立。

3. 在一张现有表上添加主键约束

1）使用 SQL Server Management Studio

在 SQL Server Management Studio 中，右击要添加约束的表，在弹出的快捷菜单中选择“修改”命令，利用表设计器添加约束。

2）使用 ALTER TABLE 语句

使用 ALTER TABLE 语句不仅可以修改列的定义，而且可以添加和删除约束。语法格式如下。

```
ALTER TABLE<表名>
ADD CONSTRAINT 约束名 PRIMARY KEY(列名[,...n])
```

例如，如果 sc 表创建时没有添加主键，则可以执行如下语句添加。

```
ALTER TABLE sc
ADD CONSTRAINT PK_Snocno PRIMARY KEY (Sno,Cno)
```

3.4.4 外键约束

两个表中如果有共同列，则可以利用外关键字与主关键字将两个表关联起来。例如，学生表和选课表可以通过它们的共同列 Sno 关联起来，在学生表中将 Sno 列定义为主关键字，在选课表中通过定义 Sno 列为外关键字将选课表和学生表关联起来。当向含有外关键字的选课表中插入数据时，如果选课表的 Sno 列中插入的列值在 student 表的 Sno 列中不存在，则系统会拒绝插入数据。外键约束也称参照完整性约束。

1. 使用 SQL Server Management Studio 创建外键约束

【例 3-17】 在学生选课数据库的选课表中创建外键约束。

分析： 在选课表的结构中，有主键 Sno 和 Cno 列，有外键 Sno 列和学生表的 Sno 列对应，有外键 Cno 列与课程表的 Cno 列对应，可以使用 SQL Server Management Studio 来实现外键约束。

具体操作步骤如下。

（1）启动 SQL Server Management Studio，在“对象资源管理器”窗格中展开“数据库”→“学生选课”→“表”选项。

（2）右击选课表 sc，在弹出的快捷菜单中选择“设计”命令，打开表设计器。

（3）将光标定位到 Sno 行并右击，在弹出的快捷菜单中选择“关系”命令或单击工具栏上的按钮，如图 3-12 所示。

（4）在弹出的“外键关系”对话框中，单击“表和列规范”右端的按钮，如图 3-13 所示。

（5）弹出“表和列”对话框，选择 student 表作为主键表，其主键为 Sno，系统默认选

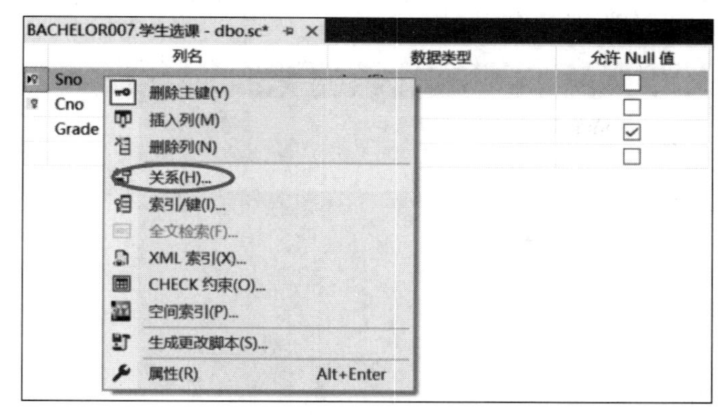

图 3-12　设置外键约束 1

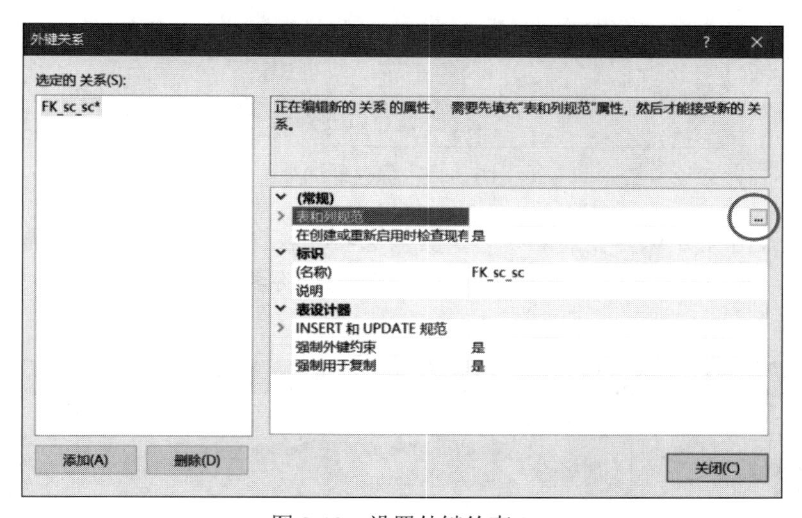

图 3-13　设置外键约束 2

择 sc 表作为外键表，把多余的键去掉，选择 sc 中的 Sno 列作为外键，单击“确定”按钮，如图 3-14 所示。

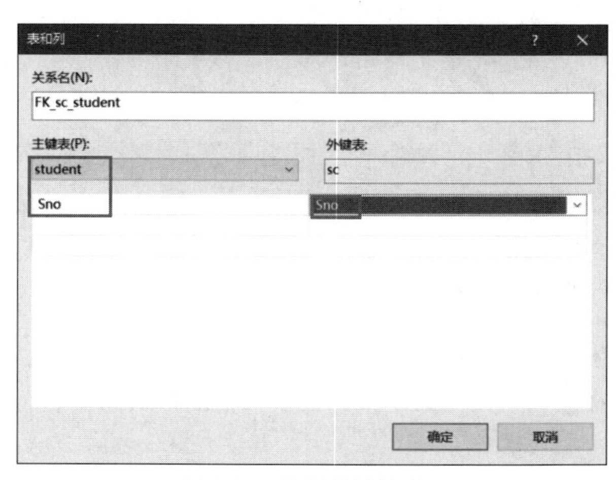

图 3-14　设置外键约束 3

（6）在弹出的“保存”对话框中，单击“是”按钮，如图 3-15 所示。

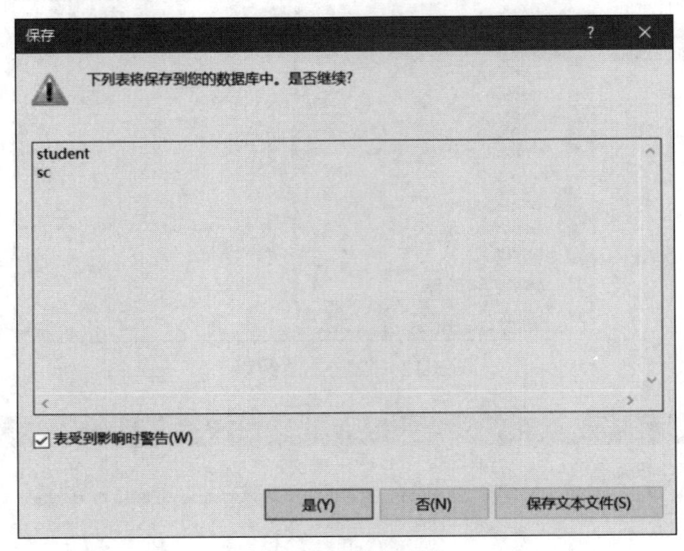

图 3-15　保存外键

说明：若设置无法保存，则单击“工具”选项，在弹出的下拉菜单中选择“选项”命令，并在“设计器”→“表选项”中取消勾选“阻止保存要求重新创建表的更改”复选框，如图 3-16 所示。

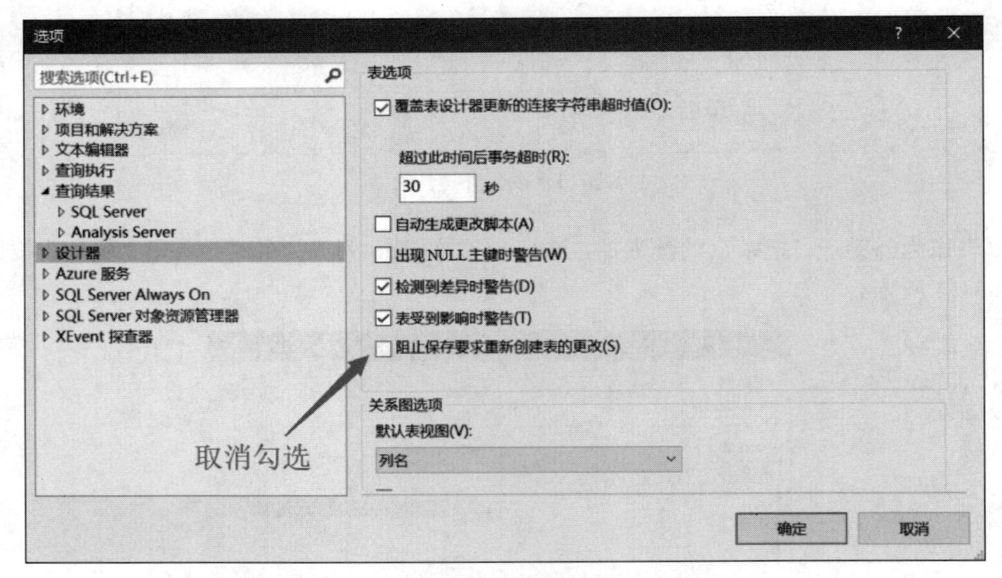

图 3-16　设置“阻止保存要求重新创建表的更改”

2. 使用 Transact-SQL 语句定义外键

（1）创建表时，在定义列的同时定义外键，其语法格式如下。

```
CREATE TABLE〈表名〉
(列名 数据类型 为空性
```

```
    FOREIGN KEY REFERENCES ref_table(ref_column)
    )
```

参数说明如下。

REFERENCES：参照。

ref_table：主键表名，要建立关联的被参照表的名称。

ref_column：主键列名。

【例 3-18】 在学生选课数据库中，重新创建选课表。

分析：选课表中的 Sno 列参照学生表的 Sno 列，选课表中的 Cno 列参照课程表的 Cno 列。

在查询编辑器中执行如下 Transact-SQL 语句。

```
USE 学生选课
GO
CREATE TABLE  sc
(Sno  char(5) NOT NULL FOREIGN KEY REFERENCES student(Sno),
Cno  char(6) NOT NULL FOREIGN KEY REFERENCES course(Cno),
Grade  tinyint,
PRIMARY KEY (Sno,Cno)
)
GO
```

（2）创建表时，定义与列定义无关的表级外键约束，其语法格式如下。

```
CONSTRAINT 约束名
   FOREIGN KEY column_name1[,column_name2,...,column_name16]
   REFERENCES ref_table[ref_column1[,ref_column2,...,ref_column16]]
```

参数说明如下。

column_name：外键列名。

REFERENCES：参照。

ref_table：主键表名，要建立关联的被参照表的名称。

ref_column：主键列名。

【例 3-19】 利用表级约束形式创建例 3-18 中的选课表。

在查询编辑器中执行如下 Transact-SQL 语句。

```
USE 学生选课
GO
CREATE TABLE  sc
(Sno  char(5) NOT NULL,
Cno  char(6) NOT NULL,
Grade  tinyint,
PRIMARY KEY(Sno,Cno),
FOREIGN KEY (Sno) REFERENCES student(Sno),
FOREIGN KEY (Cno) REFERENCES course(Cno)
)
GO
```

3.4.5 唯一约束

唯一约束用于指定非主键的一个列或多个列的组合值具有唯一性，以防止在列中输入重复的值。也就是说，如果一个数据表已经设置了主键约束，但该表中还包含其他的非主键列，也必须具有唯一性。为了避免该列中的值出现重复输入的情况，必须使用唯一约束（一个数据表不能包含两个或两个以上的主键约束）。

唯一约束与主键约束的区别是：唯一约束指定的列可以为 NULL，但主键约束所在的列不允许为 NULL；一个表中可以包含多个唯一约束，而主键约束只能有一个。

若在创建表的同时创建唯一约束，其语法格式如下。

```
CREATE TABLE 表名
(列名 列属性 UNIQUE[,...n])
```

定义唯一约束的语法格式如下。

```
CONSTRAINT 约束名 UNIQUE[CLUSTERED | NONCLUSTERED]
column_name1[,colun_name2,...,column_name16]
```

【例 3-20】 在学生选课数据库的学生表中，为 Sname 列添加唯一约束，保证姓名不重复。创建后使用 Transact-SQL 语句删除此约束。

在查询编辑器中执行如下 Transact-SQL 语句。

```
USE 学习选课
GO
ALTER TABLE student
ADD CONSTRAINT UN_Sname UNIQUE(Sname)
GO
ALTER TABLE student
DROP CONSTRAINT UN_Sname
GO
```

3.4.6 检查约束

检查约束（CHECK 约束）实际上是验证字段输入内容的规则，表示一个字段的输入内容必须满足检查约束的条件。若不满足，则数据无法正常输入。用户可以对每个列设置检查约束。

1. 使用 SQL Server Management Studio

【例 3-21】 在学生选课数据库的学生表中，为性别列（Ssex）添加检查约束，保证性别列的输入值为“男”或“女”。

具体操作步骤如下。

（1）启动 SQL Server Management Studio，在“对象资源管理器”窗格中展开“数据库”→“学生选课”→“表”选项。

（2）右击 student 表，在弹出的快捷菜单中选择“设计”命令，打开表设计器。

（3）将光标定位到 Ssex 字段。

（4）右击并在弹出的快捷菜单中选择“CHECK 约束”命令，如图 3-17 所示。

图 3-17　设置检查约束 1

（5）弹出“CHECK 约束”对话框，单击“添加”按钮，弹出“CHECK 约束表达式”对话框。在其中的“表达式”列表框中输入逻辑表达式“Ssex='男' OR Ssex='女'”，如图 3-18 所示。

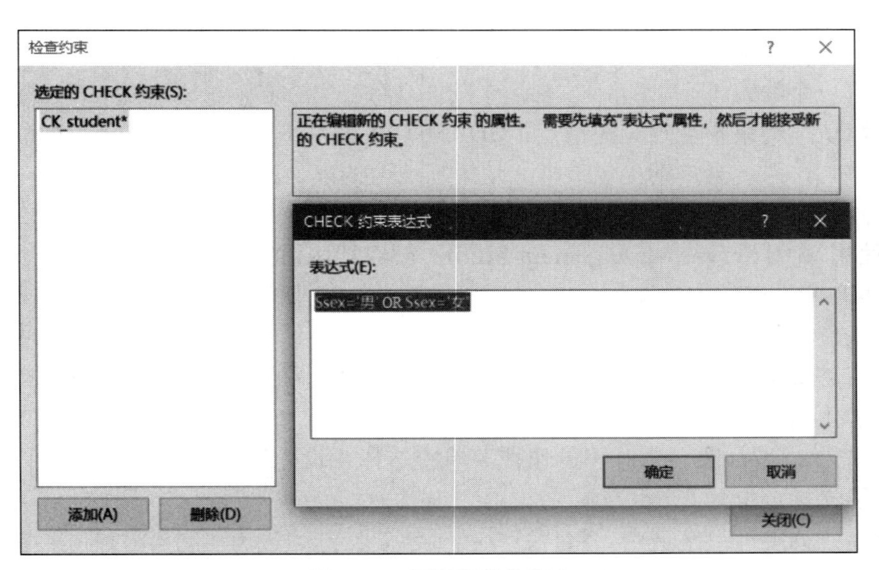

图 3-18　设置检查约束 2

（6）单击“确定”按钮，返回“CHECK 约束”对话框，单击“关闭”按钮，关闭“CHECK 约束”对话框。

（7）单击工具栏上的按钮，保存设置。

2. 使用 Transact-SQL 语句

创建检查约束的语法格式如下。

```
CONSTRAINT 约束名 CHECK ( logical_expression)[,...n]
```

【例 3-22】 在学生选课数据库中，为了保证输入数据的质量，确保学生的年龄大于或等于 18 岁。

分析：在已经创建的学生表中，要保证年龄大于或等于 18 岁，可以在表中添加检查约束。

在查询编辑器中执行如下 Transact-SQL 语句。

```
ALTER TABLE student
ADD CONSTRAINT CK_Sage CHECK(Sage>=18)
```

3.4.7 默认值约束

默认值约束用于确保数据完整性，它提供了一种为数据表中任何一列提供默认值的手段。默认值约束是指使用 INSERT 语句向数据表中插入数据时，如果没有为某一列指定数据，则将默认值随新记录一起存储到数据表的该列中。例如，在学生表 student 的 Ssex 列定义了一个默认值约束，默认值为“男”，那么当添加新学生时，如果没有为其指定性别，则默认为“男”。

使用默认值约束时，需注意以下几点。

（1）默认值约束只能应用于 INSERT 语句，且定义的值必须与该列的数据类型和精度一致。

（2）在每一列只能有一个默认值约束。如果有多个默认值约束，则系统将无法确定在该列使用哪一个约束。

（3）默认值约束不能定义在指定了 IDENTITY 属性或数据类型为 timestamp 的列，因为对于这些列，系统会自动提供数据，使用默认值约束是没有意义的。

（4）默认值约束允许使用一些系统函数提供的值。

1. 使用 SQL Server Management Studio 创建默认值

【例 3-23】 在学生选课数据库的学生表中，为性别列设定默认值“男”。

具体操作步骤如下。

（1）启动 SQL Server Management Studio，在“对象资源管理器”窗格中展开“数据库”→“学生选课”→“表”选项。

（2）右击 student 表，在弹出的快捷菜单中选择“设计”命令，打开表设计器。

（3）将光标定位到 Ssex 字段。

（4）在“列属性”区域中，将“默认值或绑定”选项设为“男”，如图 3-19 所示。

（5）单击工具栏上的“保存”按钮，保存设置。

2. 使用 Transact-SQL 语句创建默认值

创建默认值约束的语法格式如下。

```
CONSTRAINT 约束名 DEFAULT constant_expression FOR 列名
```

其中，DEFAULT 为默认值；constant_expression 是用作列的默认值的常量、NULL 或系统函数。

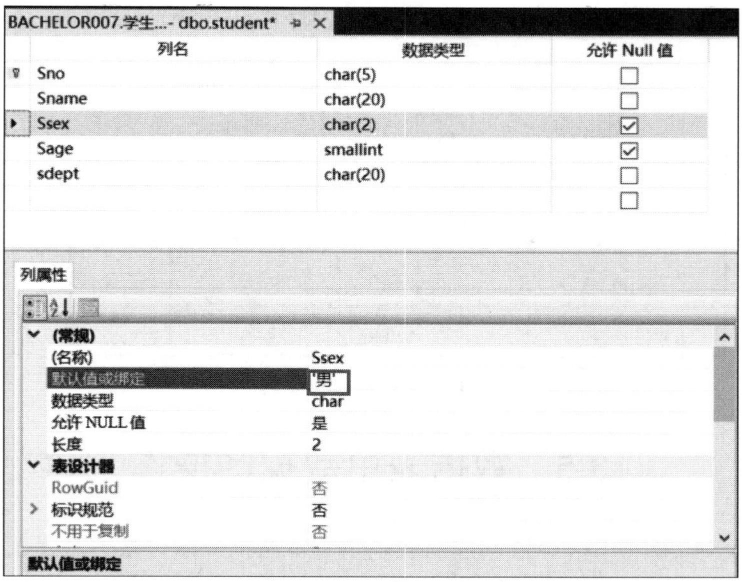

图 3-19　默认值设置

【例 3-24】　使用 Transact-SQL 语句，实现例 3-23 中的默认值约束。

在查询编辑器窗口执行如下 Transact-SQL 语句。

```
USE 学生选课
GO
ALTER TABLE student
ADD CONSTRAINT DEF_Ssex DEFAULT '男' FOR Ssex
```

3.4.8　约束禁用和启用

在一些特殊的情况下有禁用约束的需求，只有 FOREIGN KEY 和 CHECK 约束可被禁用。禁用的方法是在 ALTER TABLE 语句中使用 NOCHECK 并指定约束名，如果要禁用表的所有 CHECK 约束和 FOREIGN KEY 约束，则使用 ALL，使用的方法是使用 NOCHECK。

禁用和启用 sc 表中所有的 CHECK 约束和 FOREIGN KEY 约束：

```
ALTER TABLE sc NOCHECK CONSTRAINT ALL
ALTER TABLE sc CHECK CONSTRAINT ALL
```

禁用和启用某张表的某个 CHECK 约束或 FOREIGN KEY 约束:

```
ALTER TABLE sc NOCHECK CONSTRAINT FK_sc_student
ALTER TABLE sc CHECK CONSTRAINT FK_sc_student
```

可以通过系统存储过程 sp_helpconstraint 来查看表中的约束状态。例如查看 sc 表中的约束，结果如图 3-20 中的 status_enabled 列所示。当 CHECK 约束或外键约束被禁用时显示 Disabled，启用时显示 Enabled，其他约束为[n/a]。

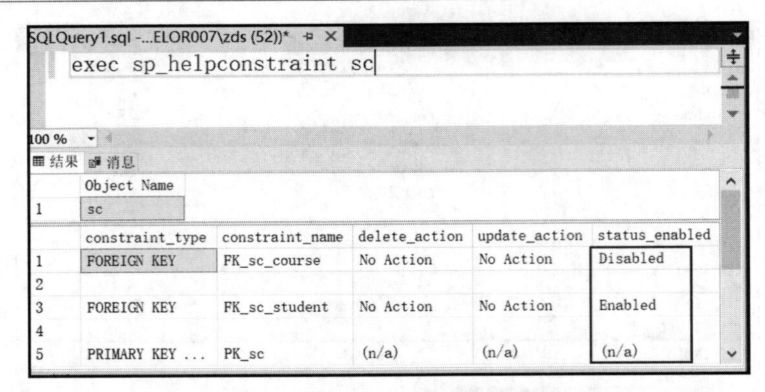

图 3-20　查看表中约束的信息

3.5　数据表中数据的操作

在 SQL Server 2017 中，经过创建的表确定基本结构以后，接着就是表中数据的处理：添加、修改和删除数据。数据操作有两种方法：一种是使用 SQL Server Management Studio 操作表中数据；另一种是使用 Transact-SQL 语句。

【例 3-25】　在学生选课数据库的学生表 student 中添加、修改和删除数据。

具体操作步骤如下。

（1）打开“对象资源管理器”窗格，展开“数据库”→“学生选课”→“表”选项。右击 student 表，在弹出的快捷菜单中选择“编辑前 200 行”命令，如图 3-21 所示。

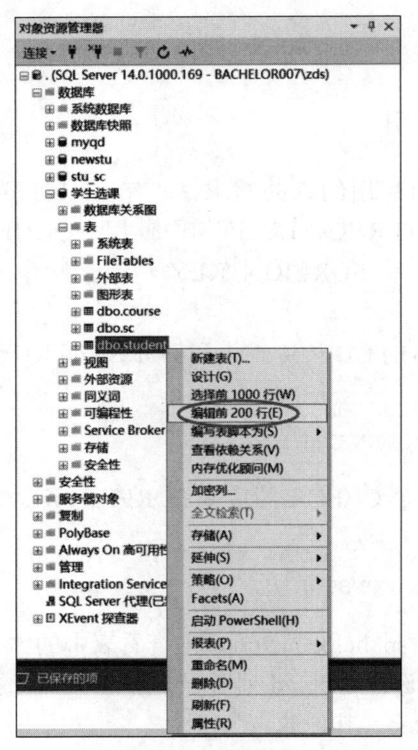

图 3-21　打开表

（2）打开的表数据编辑界面如图 3-22 所示，在其中可以添加、修改和删除记录。

	Sno	Sname	Ssex	Sage	sdept
▶	95001	刘超华	男	22	计算机系
	95002	刘晨	女	21	信息系
	95003	王敏	女	20	数学系
	95004	张海	男	23	数学系
	95005	陈平	男	21	数学系
	95006	陈斌斌	男	28	数学系
	95007	刘德虎	男	24	数学系
	95008	刘宝祥	男	22	计算机系
	95009	吕翠花	女	26	计算机系
	95010	马盛	男	23	数学系
	95011	吴霞	男	22	计算机系
	95012	马伟	男	22	数学系
	95013	陈冬	男	18	信息系
	95014	李小鹏	男	22	计算机系
	95015	王娜	女	23	信息系
	95016	胡萌	女	23	计算机系
	95017	徐晓兰	女	21	计算机系
	95018	牛川	男	22	信息系
	95019	孙晓慧	女	23	信息系
*	*NULL*	*NULL*	*NULL*	*NULL*	*NULL*

图 3-22　表数据编辑界面

3.5.1　插入记录

INSERT 语句提供了添加数据的功能。INSERT 语句通常有两种形式：一种是插入一条记录；另一种是插入子查询的结果，一次可以插入多条记录。

INSERT 语句的语法格式如下。

```
INSERT[INTO]  表名  [(column_list)]
VALUES({DEFAULT|NULL|expression}[,...n])
```

参数说明如下。

INTO：用在 INSERT 关键字和目标表之间的可选关键字。

column_list：指定要插入数据的列，列名之间用逗号隔开。

DEFAULT：表示使用为此列指定的默认值。

expression：指定一个常数变量或表达式。

1. 插入一条记录

【例 3-26】　在学生选课数据库中，向学生表 student 插入一条记录。

具体操作步骤如下。

（1）在“对象资源管理器”窗格中展开“数据库”→“学生选课”→“表”选项，右击 student 表，在弹出的快捷菜单中选择“编写表脚本为”→“INSERT 到”→“新查询编辑器窗口”命令，如图 3-23 所示。此时在窗口右侧的查询编辑器窗口中提供了使用 INSERT 语句插入记录代码的基本框架。

（2）修改代码。修改 VALUES 部分的语句，如图 3-24 所示，单击工具栏上的 ! 执行(X) 按钮，添加记录。

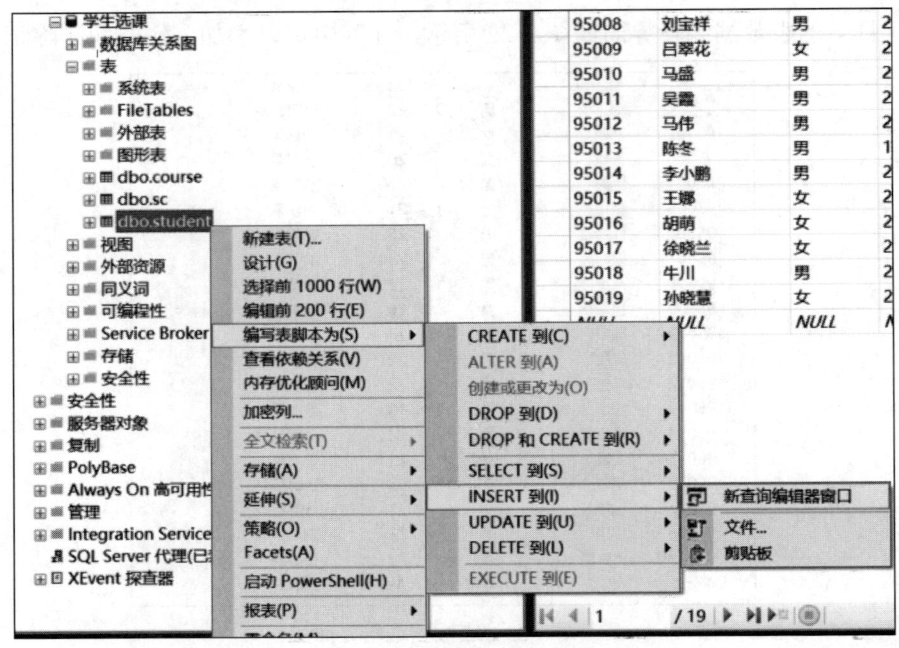

图 3-23　插入记录 1

```
SQLQuery2.sql -...ELOR007\zds (52))*    BACHELOR007.学生...- dbo.student
USE [学生选课]
GO
INSERT INTO [dbo].[student]
           ([Sno]
           ,[Sname]
           ,[Ssex]
           ,[Sage]
           ,[sdept])
     VALUES
           (95020,
           '王俊涛',
           '男',
           23,
           '信息系')
GO

100 %
消息
(1 行受影响)
完成时间: 2020-02-03T18:49:31.6355039+08:00
```

图 3-24　插入记录 2

说明：默认显示的代码可以分为两部分，前半部分（INSERT INTO 部分）显示的是要插入的列名，后半部门（VALUES 部分）是要插入的具体列值，它们与前面的列一一对应，如果该列为空值，则可使用“''”来表示，而不能删除。在 VALUES 部分还具有该列的数据属性，提示用户输入合适的数据。

（3）打开 student 表，验证插入的结果，如图 3-25 所示。若没有新记录显示，则先关闭打开的表，然后刷新并重新打开表。

Sno	Sname	Ssex	Sage	sdept
95001	刘超华	男	22	计算机系
95002	刘晨	女	21	信息系
95003	王敏	女	20	数学系
95004	张海	男	23	数学系
95005	陈平	男	21	数学系
95006	陈斌斌	男	28	数学系
95007	刘德虎	男	24	数学系
95008	刘宝祥	男	22	计算机系
95009	吕翠花	女	26	计算机系
95010	马盛	男	23	数学系
95011	吴霞	男	22	计算机系
95012	马伟	男	22	数学系
95013	陈冬	男	18	信息系
95014	李小鹏	男	22	计算机系
95015	王娜	女	23	信息系
95016	胡萌	女	23	计算机系
95017	徐晓兰	女	21	计算机系
95018	牛川	男	22	信息系
95019	孙晓慧	女	23	信息系
95020	王俊涛	男	23	信息系
NULL	NULL	NULL	NULL	NULL

图 3-25　插入记录 3

【例 3-27】　在学生选课数据库中，向学生表中插入一条记录：学号为 95021，姓名为“苏子墨”。

分析：插入一条记录，使用 INSERT INTO 语句。由于学生表 student 有 5 个字段，此处只给出两个字段的值，所以给出的值的顺序必须与列名的排列顺序相同。

在查询编辑器中执行如下 Transact-SQL 语句。

```
INSERT INTO student(Sno,Sname)Values('95021','苏子墨')
```

2. 插入多行记录

在 INSERT 语句中使用 SELECT 子查询可以同时插入多行记录。INSERT 语句结合 SELECT 子查询可用于将一个或多个表或视图中的值添加到另一个表中。插入 SELECT 子查询的 INSERT 语句的语法格式如下。

```
INSERT  [INTO]  表名  [(column_list)]
SELECT column_list  FROM  table_list  WHERE search_condition
```

【例 3-28】　在学生选课数据库中，建立信息系学生表。

分析：在学生选课数据库中，没有信息系学生表，因此可以先建立表结构，然后通过查询学生表中的数据为新表插入数据。

在查询编辑器中执行如下 Transact-SQL 语句。

```
USE 学生选课
GO
CREATE TABLE IS_student(
Sno char(5),
Sname char(20),
Ssex char(2),
Sage smallint,
```

```
Sdept char(20))
GO
INSERT INTO IS_student
SELECT *
FROM student
WHERE  Sdept='信息系'
GO
```

说明：此处创建信息系学生表仅用于练习，用完请删除。

3.5.2　修改记录

修改表中数据可以用 UPDATE 语句来实现，其语法结构如下。

```
UPDATE   表名
SET  column_name=value [,column_name=value]
   [FROM  table_name]
[WHERE  condition ]
```

参数说明如下。

column_name：指定要修改的列名。

value：指出要更新的表的列应取的值。其有效值可以是表达式、列名和变量。

FROM table_name：指出 UPDATE 语句使用的表。

condition：指定修改行的条件。

【例 3-29】　在学生选课数据库中，将选课表中的所有成绩上调 5 分。

分析：对选课表中数据的修改使用 UPDATE 语句实现。

在查询编辑器中执行如下 Transact-SQL 语句。

```
USE 学生选课
GO
UPDATE sc SET Grade=Grade+5
```

说明：执行完请还原数据。

3.5.3　删除记录

删除表中的数据时，可以用 DELETE 语句来实现，其语法格式如下。

```
DELETE  [FROM]   表名
[WHERE  condition]
```

其中，condition 指定删除行的条件。

【例 3-30】　在学生表 student 中，删除学号为 95021 的学生。

在查询编辑器中执行如下 Transact- SQL 语句。

```
USE 学生选课
GO
DELETE student
```

```
WHERE sno='95021'
GO
```

习 题 3

一、选择题

1．（　　）是对数据库进行插入、删除、修改和查询等基本操作。

A．数据定义　　B．数据操纵　　C．内模式　　D．外模式

2．在 Transact-SQL 语句中，建立表时用到的命令是（　　）。

A．CREATE　　B．BUILD　　C．CLEAR　　D．REMOVE

3．SQL 中，删除表中数据用到的命令是（　　）。

A． DELETE　　B． DROP　　C．CLEAR　　D． REMOVE

4．有一个关系：学生（学号，姓名，所在系），规定学号不能为空、不能重复，这一规则属于（　　）。

A．实体完整性约束　　B．域完整性约束

C．参照完整性约束　　D．用户定义完整性约束

5．以下关于外键和相应的主键之间的关系的说法中，正确的是（　　）。

A．外键并不一定要与相应的主键同名

B．外键一定要与相应的主键同名

C．外键一定要与相应的主键同名而且唯一

D．外键一定要与相应的主键同名，但并不一定唯一

6．在 Transact-SQL 语句中修改表结构时应使用的命令是（　　）。

A．UPDATE　　B．INSERT　　C．ALTER　　D．MODIFY

7．要限制输入到列中的值的范围，应使用（　　）约束。

A．CHECK　　B．PRIMARY KEY

C．FOREIGN KEY　　D．UNIQUE

8．如果要存储的数据是带小数位的数据，应使用（　　）作为数据类型。

A．数字型　　B．字符型　　C．日期和时间型　　D．货币型

9．在一个学生关系中，能够成为关键字（或称主键）的属性是（　　）。

A．性别　　B．年龄　　C．学号　　D．班级

10．给数据表中某列更名的系统存储过程是（　　）。

A．sp_rename　　B．sp_helpdb　　C．sp_droprole　　D．sp_renamedb

二、思考题

1．什么是数据的完整性？数据完整性有哪些分类？

2．数据约束有哪几种？分别实现何种数据完整性？

第4章 数 据 查 询

学习目标

掌握 SELECT 语句的语法格式；掌握最基本的查询技术；掌握条件查询技术；掌握多重条件查询技术；掌握集合查询技术；掌握连接查询技术；掌握嵌套查询技术；学会在数据更新中使用查询语句；学会在数据库中按照指定的要求灵活、快速地查询相关信息。

4.1 SELECT 语句

使用数据库和数据表的主要目的是存储数据，以便在需要时进行检索、统计或组织输出。通过 Transact-SQL 语句可以从表或视图中迅速、方便地检索数据。在众多的 Transact-SQL 语句中，SELECT 语句使用频率最高。

4.1.1 SELECT 语句的语法格式

查询最基本的方式是SELECT语句。SELECT语句可按照用户给定的条件从SQL Server数据库中取出数据，并将数据通过一个或多个结果集返回给用户。SELECT 语句的语法格式如下。

```
SELECT <输出列表>
[INTO  <新表名>]
FROM  数据源列表
[WHERE <查询条件表达式> ]
[GROUP BY <分组表达式>  [HAVING  <过滤条件> ] ]
[ ORDER BY <排序表达式>  [ ASC | DESC ] ]
```

其中，SQL 查询子句顺序为 SELECT、INTO、FROM、WHERE、GROUP BY、HAVING 和 ORDER BY 等，SELECT 子句和 FROM 子句是必需的，其余子句均可省略，而 HAVING 子句只能和 GROUP BY 子句搭配使用。

SELECT 语句中的每个子句都有各自的用法和功能，具体说明如下。

（1）SELECT 子句：指定查询返回的列。

（2）INTO 子句：将检索结果存储到新表或视图中。

（3）FROM 子句：用于指定查询列所在的表和视图。

（4）WHERE 子句：指定用于限制返回的行的检索条件。

（5）ORDER BY 子句：指定结果集的排序方法。

（6）GROUP BY 子句：指定用来放置输出行的组。如果 SELECT 子句中包含聚合函数，则计算每组的汇总值。

（7）HAVING 子句：指定组或聚合的过滤条件。HAVING 通常与 GROUP BY 子句一起使用。

4.1.2 SELECT 语句的执行方式

SQL Server 2017 提供了查询编辑器，可用于编辑和运行查询代码。

【例 4-1】 查询所有学生的信息。

操作的具体步骤如下。

（1）启动 SQL Server Management Studio。

（2）在“对象资源管理器”窗格中，单击工具栏上的“新建查询”按钮，打开查询编辑器。

（3）在查询编辑器窗口中输入如下代码。

```
SELECT * FROM student
```

（4）单击“工具栏”的 ✓ 按钮，进行语法分析。结果如图 4-1 所示。此时在“结果”窗格中出现了“命令已成功完成”的消息，表示当前的查询语句没有语法错误。

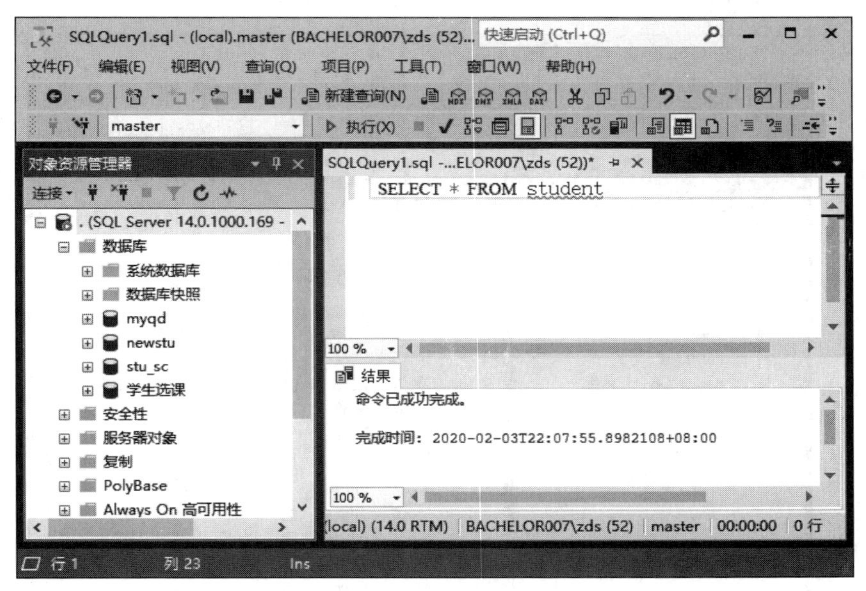

图 4-1 语法分析结果

（5）单击 ▷ 执行(X) 按钮，在当前数据库中执行查询语句，结果如图 4-2 所示。

说明：在“消息”窗口出现“消息 208，级别 16，状态 1，第 1 行对象名'student'无效。”的信息，表示在当前数据库 master 中没有 student 表。

（6）修改当前数据库为学生选课数据库。在工具栏的“可用数据库”下拉列表框中选择“学生选课”，或使用“USE 学生选课”语句，将当前数据库修改为学生选课数据库。

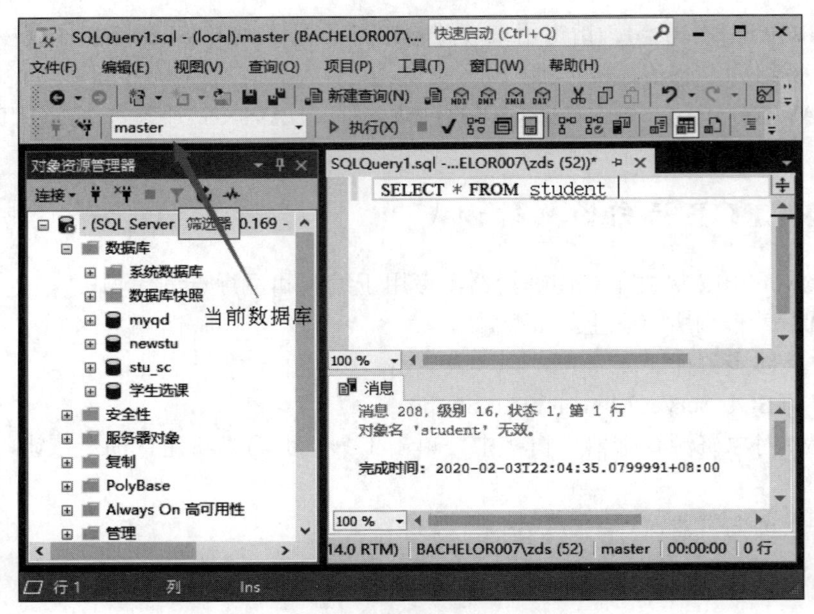

图 4-2　在当前数据库下的执行结果

（7）单击 ▷ 执行(X) 按钮，执行查询语句，结果如图 4-3 所示。

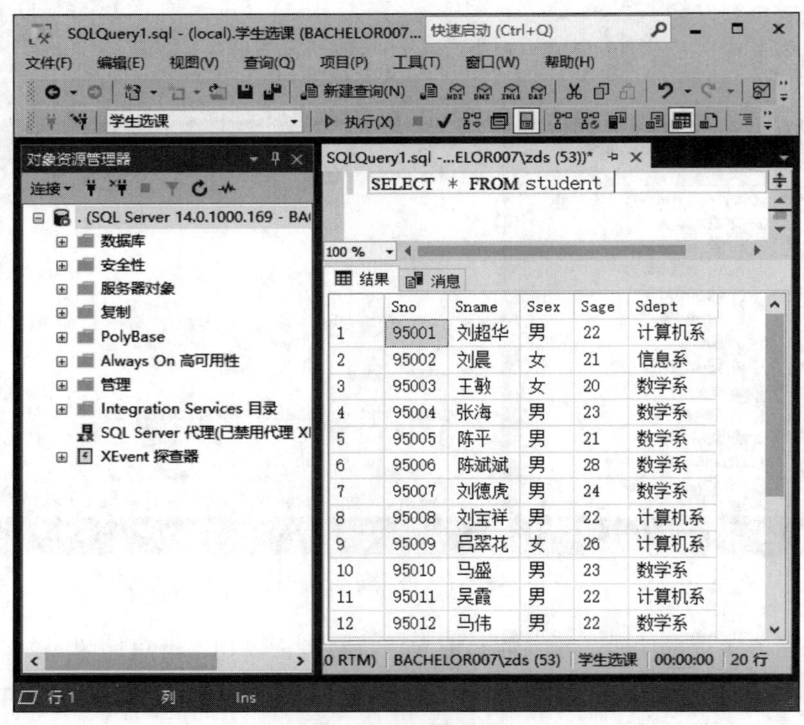

图 4-3　查询执行结果

4.2 简单查询

简单查询就是指在一个表或一个视图中进行查询。

4.2.1 SELECT 子句

SELECT 子句用于指定查询返回的列。SELECT 子句是 SELECT 语句中不可缺少的部分。SELECT 子句的语法格式如下。

```
SELECT[ALL|DISTINCT][TOP N[PERCENT] [列名 1,列名 2,...,列名 N]
FROM 表名或视图名
```

参数说明如下。

ALL：指定在结果集中可以显示重复行，ALL 是默认设置。

DISTINCT：指定在结果集中只能显示唯一行，即表示输出无重复的所有记录。

TOP N [PERCENT]：指定只从结果集中输出 N 行。如果还指定了 PERCENT，则只从结果集中输出前百分之 N 的行。

1. 查询所有的列

在 SELECT 子句中，在选择列表处使用通配符“*”，表示选择指定表或视图中的所有列。服务器会按用户创建表格时声明的列顺序来显示所有列。

【例 4-2】 从课程表中查询所有课程的信息。

分析：课程表名称为 course，要查询所有的信息，也就是要查询所有列的信息，所以使用“*”来表达。SELECT 子句为“SELECT *”，FROM 子句为“FROM course”。

在查询编辑器窗口中执行如下 Transact-SQL 语句。

```
USE 学生选课
GO
SELECT  *  FROM course
GO
```

执行结果是将课程表中的所有信息都显示出来，如图 4-4 所示。

2. 查询指定的列

【例 4-3】 从学生表中检索所有学生的学号、姓名和所在系。

分析：学生表为 student，学号列是 Sno，姓名列是 Sname，所在系列是 Sdept。所以 SELECT 子句为“SELECT Sno,Sname,Sdept”，FROM 子句为“FROM student”。

在查询编辑器窗口中执行如下 Transact- SQL 语句。

```
USE 学生选课
GO
SELECT Sno,Sname,Sdept  /*列名之间请使用半角的英文输入状态下的逗号隔开*/
FROM student
GO
```

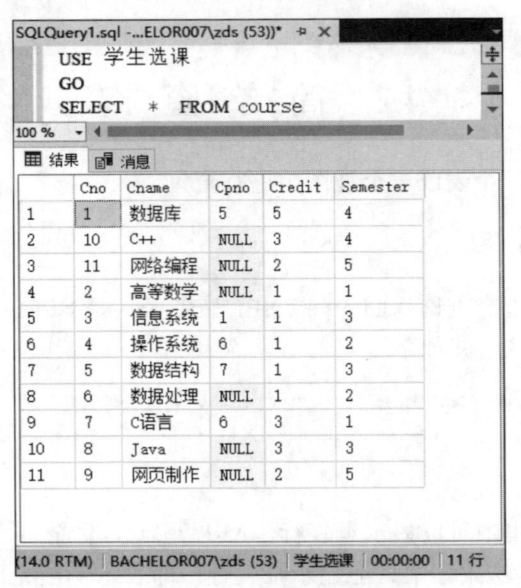

	Cno	Cname	Cpno	Credit	Semester
1	1	数据库	5	5	4
2	10	C++	NULL	3	4
3	11	网络编程	NULL	2	5
4	2	高等数学	NULL	1	1
5	3	信息系统	1	1	3
6	4	操作系统	6	1	2
7	5	数据结构	7	1	3
8	6	数据处理	NULL	1	2
9	7	C语言	6	3	1
10	8	Java	NULL	3	3
11	9	网页制作	NULL	2	5

图 4-4　查询所有列

执行结果如图 4-5 所示，显示所有学生的学号、姓名、所在系。

结果　消息

	Sno	Sname	Sdept
1	95001	刘超华	计算机系
2	95002	刘晨	信息系
3	95003	王敏	数学系
4	95004	张海	数学系
5	95005	陈平	数学系
6	95006	陈斌斌	数学系
7	95007	刘德虎	数学系
8	95008	刘宝祥	计算机系
9	95009	吕翠花	计算机系
10	95010	马盛	数学系
11	95011	吴霞	计算机系
12	95012	马伟	数学系
13	95013	陈冬	信息系
14	95014	李小鹏	计算机系
15	95015	王娜	信息系
16	95016	胡萌	计算机系
17	95017	徐晓兰	计算机系
18	95018	牛川	信息系
19	95019	孙晓慧	信息系
20	95020	王俊涛	信息系

图 4-5　查询指定列

3. 使用 TOP 关键字

在 SQL Server 2017 中提供了 TOP 关键字，用于指定只返回一定数量行的数据。语法格式如下。

```
SELECT [TOP N | TOP N PERCENT] 列名表 FROM 表名
```

参数说明如下。

TOP N：表示返回最前面的 N 行数据。

TOP N PERCENT：表示返回最前面的百分之 N 行数据。

【例 4-4】 检索学生表中前 5 位学生的学号、姓名和所在系。

分析：要求显示前 5 位学生的信息，所以只需要将 SELECT 子句改为“SELECT TOP 5 Sno,Sname,Sdept”。

在查询编辑器窗口中执行如下 Transact-SQL 语句。

```
USE 学生选课
GO
SELECT TOP 5 Sno,Sname,Sdept
FROM student
GO
```

执行结果如图 4-6 所示。

	Sno	Sname	Sdept
1	95001	刘超华	计算机系
2	95002	刘晨	信息系
3	95003	王敏	数学系
4	95004	张海	数学系
5	95005	陈平	数学系

图 4-6　查询前 5 行数据

【例 4-5】 检索学生表中学生的学号、姓名和所在系，要求只显示 10%的学生信息。

分析：要求显示前 10%学生的信息，所以只需将 SELECT 子句改为“SELECT TOP 10 PERCENT Sno,Sname,Sdept”。

在查询编辑器窗口中执行如下 Transact-SQL 语句。

```
USE 学生选课
GO
SELECT TOP 10 PERCENT Sno,Sname,Sdept
FROM student
GO
```

学生表目前有 20 条记录，所以结果如图 4-7 所示，共 2 条记录。

	Sno	Sname	Sdept
1	95001	刘超华	计算机系
2	95002	刘晨	信息系

图 4-7　查询前 10%的行数据

4. 使用 DISTINCT 关键字

在查询中往往会出现重复的数据行，使用 DISTINCT 关键字可以去掉查询结果中重复出现的行，语法格式如下。

```
SELECT [ALL | DISTINCT] 列名表 FROM 表名
```

参数说明如下。

ALL：允许重复行出现，这是默认的关键字。

DISTINCT：删除结果中的重复行。

【例 4-6】 从学生表中查询所有学生的系别信息，并删除重复记录。

分析：学生表为 student，系别列为 Sdept，所以查询系别为“SELECT Sdept”，因为一个系有多名学生，本题要求查询结果中删除重复记录，所以改成“SELECT DISTINCT Sdept”。

在查询编辑器窗口中执行如下 Transact-SQL 语句。

```
USE 学生选课
GO
SELECT DISTINCT Sdept
FROM student
GO
```

执行结果如图 4-8 所示，每个系别只显示一次。

图 4-8 使用 DISTINCT 删除重复行

5. 更改列标题

若没有特别指定，使用 SELECT 语句返回的结果中的列标题与表或视图中的列名相同，而有些数据表设计经常使用英文，为了增强结果的可读性，可以为每个列指定列标题。用户可以采用以下 3 种方法来改变列标题，但改变的只是查询结果的列标题，并不会改变数据表中的列名。

1）采用“列标题=列名”的格式

【例 4-7】 查询每个学生的姓名和性别，并在每人的姓名列上显示“学生姓名”。

分析：影响最终显示的语句是 SELECT 子句，所以只需要在 SELECT 子句中使用“列标题=列名”，即“SELECT 学生姓名=Sname,Ssex”。

在查询编辑器窗口中执行如下 Transact-SQL 语句。

```
USE 学生选课
GO
SELECT 学生姓名=Sname,Ssex
FROM student
GO
```

执行结果如图 4-9 所示。

结果 消息

	学生姓名	Ssex
1	刘超华	男
2	刘晨	女
3	王敏	女
4	张海	男
5	陈平	男
6	陈斌斌	男
7	刘德虎	男
8	刘宝祥	男
9	吕翠花	女
10	马盛	男
11	吴霞	男
12	马伟	男
13	陈冬	男
14	李小鹏	男
15	王娜	女
16	胡萌	女
17	徐晓兰	女
18	牛川	男
19	孙晓慧	女
20	王俊涛	男

图 4-9　更改显示列标题

2）采用“列名 列标题”的格式

【例 4-8】 查询每个学生的姓名和性别，并在每人的姓名列上显示“学生姓名”，性别列上显示“学生性别”。

在查询编辑器窗口中执行如下 Transact-SQL 语句。

```
USE 学生选课
GO
SELECT Sname 学生姓名,Ssex 学生性别
FROM student
GO
```

执行结果将同时更改姓名和性别列的显示标题。

3）采用“列名 AS 列标题”的格式

【例 4-9】 使用“列名 AS 列标题”格式实现例 4-8。

在查询编辑器窗口中执行如下 Transact-SQL 语句。

```
USE 学生选课
GO
SELECT Sname AS 学生姓名,Ssex AS 学生性别
FROM student
GO
```

执行结果与例 4-8 相同。

6. 使用结果列

在查询中经常需要对查询结果数据进行再次计算处理。在 SQL Server 2017 中允许直接

在 SELECT 子句中对列进行计算。运算符号包括+（加）、-（减）、×（乘）、/（除）和%（取模）。结果列并不存在于表中，它是通过对某些列的数据进行演算得到的。

【例 4-10】 查询所有学生提高 10%后的成绩，将提高后的成绩列标题为“提高后成绩”。

分析：所有学生的成绩在选课表 sc 中，成绩列为 Grade，显示所有学生成绩的 SELECT 子句为“SELECT Sno,Grade”，FROM 子句为“FROM sc”。要求将成绩提高 10%输出，则只需要改动 SELECT 子句，即“SELECT Sno,Grade,Grade*1.1”。为增加查询结果的可读性，可以使用别名。

在查询编辑器窗口中执行如下 Transact-SQL 语句。

```
USE 学生选课
GO
SELECT Sno AS 学号,Grade AS 原成绩,Grade*1.1 AS 提高后成绩
FROM sc
GO
```

执行结果如图 4-10 所示。

结果 消息

	学号	原成绩	提高后成绩
1	95001	87	95.7
2	95001	76	83.6
3	95001	79	86.9
4	95001	80	88.0
5	95001	81	89.1
6	95001	82	90.2
7	95001	67	73.7
8	95002	89	97.9
9	95002	81	89.1
10	95004	83	91.3
11	95004	56	61.6
12	95005	89	97.9
13	95006	54	59.4
14	95006	77	84.7
15	95010	56	61.6
16	95013	80	88.0
17	95013	90	99.0
18	95014	NULL	NULL
19	95015	NULL	NULL

图 4-10　使用结果列

说明：如果没有为结果列指定列名，则返回的结果上看不到它的名字，以无列名为标题。

7. 使用聚合函数

在 SELECT 子句中可以使用聚合函数进行运算，运算结果作为新列出现在结果集中。在聚合运算的表达式中，可以包括列名、常量以及由算术运算符连接起来的函数。常用的聚合函数如表 4-1 所示。

表 4-1　常用的聚合函数

函数名	功　能	函数名	功　能
AVG	计算组中各值的平均值	COUNT	统计满足条件的记录数
SUM	计算表达式中所有值的和	MIN	计算表达式的最小值
COUNT(*)	计算表中的总行数	MAX	计算表达式的最大值

聚合函数的语法格式如下。

```
函数名([ALL | DISTINCT]<表达式>)
```

参数说明如下。

ALL：对所有的值进行聚合函数运算。ALL 是默认值。

DISTINCT：只在每个值的唯一实例上执行，而不管该值出现了多少次。

【例 4-11】　统计共有多少个学生。

分析：学生信息在学生表中，表的每一行对应一个学生，统计学生个数即为统计学生表的记录数，其 SELECT 子句为“SELECT COUNT(*)”。

在查询编辑器窗口中执行如下 Transact-SQL 语句。

```
USE 学生选课
GO
SELECT COUNT(*)FROM student
GO
```

执行结果如图 4-11 所示。

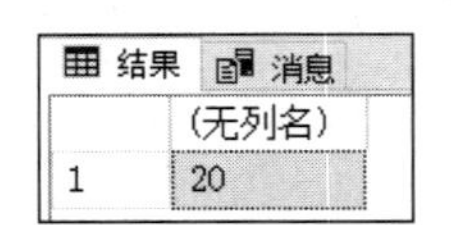

图 4-11　统计学生数

【例 4-12】　查询所有学生的最大年龄和最小年龄。

分析：年龄列名为 Sage，可以使用 MAX()和 MIN()函数查询最大年龄和最小年龄。SELECT 子句为“SELECT MAX(Sage)最大年龄,MIN(Sage)最小年龄”。

在查询编辑器窗口中执行如下 Transact-SQL 语句。

```
USE 学生选课
GO
SELECT MAX(Sage) 最大年龄,MIN(Sage) 最小年龄
FROM student
GO
```

执行结果如图 4-12 所示。

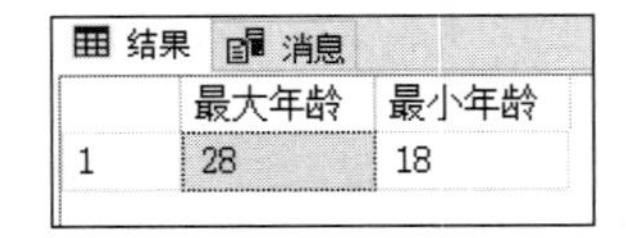

图 4-12　使用 MAX()和 MIN()函数

4.2.2 INTO 子句

INTO 子句用于将查询结果插入新表中，其语法格式如下。

```
SELECT[ALL|DISTINCT][TOP N[PERCENT]列名1[,列名2,...列名N]
INTO  新表名 FROM 表名或视图名
```

【例 4-13】 使用 INTO 子句创建一个包含学生学号、姓名和性别，并命名为 new_student 的新表。

分析：学号、姓名和性别在学生表中，因此 SELECT 子句为“SELECT Sno,Sname,Ssex”，FROM 子句为“FROM student”。要将查询结果保存到新表中，只需在 SELECT 子句后加上一个 INTO 子句“INTO new_student”。

在查询编辑器窗口中执行如下 Transact-SQL 语句。

```
USE 学生选课
GO
SELECT  Sno,Sname,Ssex
INTO  new_student
FROM  student
GO
```

4.2.3 WHERE 子句

使用 WHERE 子句的目的是从表格的数据集中过滤出符合条件的行。

其语法格式如下。

```
SELECT  <输出列表>
[ INTO  <新表名>]
FROM  <数据源列表>
[ WHERE <查询条件表达式>
```

WHERE 子句中常用的查询条件如表 4-2 所示。

表 4-2 WHERE 子句中常用的查询条件

查询条件	运算符号	查询条件	运算符号
比较	=、>、<、>=、<=、<>、! =、! >、! <	字符串匹配	LIKE、NOT LIKE
		未知判断	IS NULL、IS NOT NULL
范围	BETWEEN、NOT BETWEEN	组合条件	AND、OR
列表	IN、NOT IN	取反	NOT

1. 使用算术表达式

使用算术表达式作为搜索条件的一般表达形式是：

```
<表达式 1><算术操作符><表达式 2>
```

其中，允许的算术操作符包括 =（等于）、<（小于）、>（大于）、<>（不等于）、! >（不大于)、!<(不小于)、>=(大于或等于)、<=(小于或等于)和!=(不等于)。

【例 4-14】 查询学生“刘宝祥”的学号和年龄。

分析:姓名、学号和年龄保存在学生表中,所以 SELECT 子句为“SELECT Sno 学号,Sage 年龄”,FROM 子句为“FROM student”。查询条件是姓名为“刘宝祥”,姓名列为 Sname,所以 WHERE 子句为“WHERE Sname='刘宝祥'”。

在查询编辑器窗口中执行如下 Transact -SQL 语句。

```
USE 学生选课
GO
SELECT Sno 学号,Sage 年龄
FROM student
WHERE Sname='刘宝祥'
GO
```

	学号	年龄
1	95008	22

图 4-13 条件查询

查询结果如图 4-13 所示。

【例 4-15】 在学生选课数据库的学生表 student 中,查询年龄大于或等于 22 岁的学生信息。

分析:要查询学生信息,但并没有指明具体哪些信息,这时 SELECT 子句为“SELECT *”,FROM 子句为“FROM student”。本题指定的查询条件(过滤条件)为年龄大于或等于 22 岁,所以 WHERE 子句为“WHERE Sage>=22”。

在查询编辑器窗口中执行如下 Transact -SQL 语句。

```
USE 学生选课
GO
SELECT *
FROM student
WHERE Sage>=22
GO
```

查询结果如图 4-14 所示,共 15 人。

	Sno	Sname	Ssex	Sage	sdept
1	95001	刘超华	男	22	计算机系
2	95004	张海	男	23	数学系
3	95006	陈斌斌	男	28	数学系
4	95007	刘德虎	男	24	数学系
5	95008	刘宝祥	男	22	计算机系
6	95009	吕翠花	女	26	计算机系
7	95010	马盛	男	23	数学系
8	95011	吴霞	男	22	计算机系
9	95012	马伟	男	22	数学系
10	95014	李小鹏	男	22	计算机系
11	95015	王娜	女	23	信息系
12	95016	胡萌	女	23	计算机系
13	95018	牛川	男	22	信息系
14	95019	孙晓慧	女	23	信息系
15	95020	王俊涛	男	23	信息系

图 4-14 比较查询

2. 使用逻辑表达式

在 Transact-SQL 中，逻辑表达式共有 3 个，分别说明如下。

NOT：非，对表达式的否定。

AND：与，连接多个条件，所有的条件都成立时为真。

OR：或，连接多个条件，只要有一个条件成立就为真。

【例 4-16】 在学生选课数据库的学生表 student 中，查询年龄在 22 岁以上的女学生的姓名、年龄。

分析：本例在 4-15 的基础上增加了一个条件，两个条件要同时满足，所以 WHERE 子句改为“WHERE Sage>=22 AND Ssex='女'”。

在查询编辑器窗口中执行如下 Transact-SQL 语句。

```
USE 学生选课
GO
SELECT Sname 姓名,Sage 年龄
FROM student
WHERE Sage>=22 AND Ssex='女'
GO
```

查询结果如图 4-15 所示，共 4 人。

结果 消息

	姓名	年龄
1	吕翠花	26
2	王娜	23
3	胡萌	23
4	孙晓慧	23

图 4-15 逻辑查询

3. 使用搜索范围

Transact-SQL 支持范围搜索，只需使用关键字 BETWEEN…AND，即查询介于两个值之间的记录信息，语法格式如下。

```
<表达式> [NOT] BETWEEN <表达式 1> AND <表达式 2>
```

【例 4-17】 查询学生表 student 中年龄为 20～22 岁的学生信息。

分析：本例属于范围搜索，所以 WHERE 子句为“WHERE Sage BETWEEN 20 AND 22”。

在查询编辑器窗口中执行如下 Transact -SQL 语句。

```
USE 学生选课
GO
SELECT *
FROM student
WHERE Sage BETWEEN 20 AND 22
```

查询结果如图 4-16 所示。

	Sno	Sname	Ssex	Sage	Sdept
1	95001	刘超华	男	22	计算机系
2	95002	刘晨	女	21	信息系
3	95003	王敏	女	20	数学系
4	95005	陈平	男	21	数学系
5	95008	刘宝祥	男	22	计算机系
6	95011	吴霞	男	22	计算机系
7	95012	马伟	男	22	数学系
8	95014	李小鹏	男	22	计算机系
9	95017	徐晓兰	女	21	计算机系
10	95018	牛川	男	22	信息系

图 4-16　范围查询

【例 4-18】　查询选修了 1 号课程，成绩为 80～90 分的学生学号。

分析：本题要查询的学号信息、选修信息等都保存在选课表（sc）中，涉及课程号列（Cno）、成绩列（Grade），还涉及学号列（Sno），但最终只需显示学号，因此 SELECT 子句为“SELECT Sno”，FROM 子句为“FROM sc”，WHERE 子句中有两个条件，并且应同时成立，因此 WHERE 子句为“WHERE Cno=1 AND Grade BETWEEN 80 AND 90”。

在查询编辑器窗口中执行如下 Transact-SQL 语句。

```
USE 学生选课
GO
SELECT Sno
FROM sc
WHERE Cno=1 AND Grade BETWEEN 80 AND 90
```

查询结果如图 4-17 所示。

	Sno
1	95001
2	95002
3	95004
4	95005

图 4-17　查询特定课程、特定成绩的学生学号

4. 使用 IN 关键字

同 BETWEEN 关键字一样，IN 的引入也是为了更方便地限制检索数据的范围。灵活使用 IN 关键字，可以用简洁的语句实现结构复杂的查询，由 IN 关键字给出表达式的取值范围。

IN 子句的语法格式如下。

```
表达式 [NOT]  IN  (值 1, 值 2, ..., 值 n)
```

【例 4-19】　在学生选课数据库的学生表 student 中，查询信息系和计算机系的学生信息。

分析：查询信息系和计算机系的学生信息，WHERE 子句应写为“WHERE Sdept IN

('信息系','计算机系')”。

在查询编辑器窗口中执行如下 Transact-SQL 语句。


```
USE 学生选课
GO
SELECT *
FROM student
WHERE Sdept IN ('信息系','计算机系')
```

查询结果如图 4-18 所示。

	Sno	Sname	Ssex	Sage	Sdept
1	95001	刘超华	男	22	计算机系
2	95002	刘晨	女	21	信息系
3	95008	刘宝祥	男	22	计算机系
4	95009	吕翠花	女	26	计算机系
5	95011	吴霞	男	22	计算机系
6	95013	陈冬	男	18	信息系
7	95014	李小鹏	男	22	计算机系
8	95015	王娜	女	23	信息系
9	95016	胡萌	女	23	计算机系
10	95017	徐晓兰	女	21	计算机系
11	95018	牛川	男	22	信息系
12	95019	孙晓慧	女	23	信息系
13	95020	王俊涛	男	23	信息系

图 4-18　使用 IN 关键字查询

【例 4-20】　查询不是信息系和计算机系的学生的学号和姓名。

分析："不是"可以使用 NOT IN，所以这里的 WHERE 子句可以写成"WHERE Sdept NOT IN（'信息系','计算机系')"。

在查询编辑器窗口中执行如下 Transact-SQL 语句：

```
USE 学生选课
GO
SELECT Sno 学号,Sname 姓名
FROM student
WHERE Sdept NOT IN('信息系','计算机系')
```

查询结果如图 4-19 所示。

	学号	姓名
1	95003	王敏
2	95004	张海
3	95005	陈平
4	95006	陈斌斌
5	95007	刘德虎
6	95010	马盛
7	95012	马伟

图 4-19　NOT IN 查询

5. 使用模糊匹配

在对数据库中的数据进行查询时，往往需要用到模糊查询。所谓模糊查询，就是查找数据库中与用户输入关键字相近或相似的所有记录信息。在 Transact-SQL 中，模糊查询可使用 LIKE 关键字。LIKE 子句的语法格式如下。

```
<表达式>  [NOT]  LIKE  <模式字符串>
```

其中，<模式字符串>用于指定表达式中的检索模式字符串。LIKE 子句通常与通配符一起使用。使用通配符可以检索任何被视为文本字符串的列。SQL Server 2017 提供了如表 4-3 所示的 4 种通配符。

表 4-3　通配符及含义

符　号	含　义
%（百分号）	匹配 0~n 个任意字符
_（下画线）	匹配单个任意字符
[]（封闭方括号）	匹配方括号里列出的任意一个字符
[^]	匹配未在方括号里列出的任意一个字符

通配符示例如下。

（1）LIKE 'AB%'：匹配以 AB 开始的任意字符串。

（2）LIKE '%AB'：匹配以 AB 结束的任意字符串。

（3）LIKE '%AB%'：匹配包含 AB 的任意字符串。

（4）LIKE '_AB'：匹配以 AB 结束的 3 个字符的字符串。

（5）LIKE '[ACB]%'：匹配以 A、C 或 B 开始的任意字符串。

（6）LIKE '[A-T]ing'：匹配 4 个字符的字符串，以 ing 结束，首字符的范围为 A～T。

（7）LIKE 'M[^A]%'：匹配以 M 开始，第二个字符不是 A 的任意字符串。

【例 4-21】　找出所有姓“陈”的学生信息。

分析：根据前面例题的经验，可以直接确定 SELECT 子句和 FROM 子句为“SELECT * FROM student”，查询条件为所有姓“陈”的学生，也就是姓名的第一个字为“陈”，后面不确定，所以使用通配符“%”，WHERE 子句为“WHERE Sname LIKE '陈%'”。

在查询编辑器窗口中执行如下 Transact-SQL 语句。

```
USE 学生选课
GO
SELECT *
FROM student
WHERE Sname LIKE '陈%'
```

查询结果如图 4-20 所示。

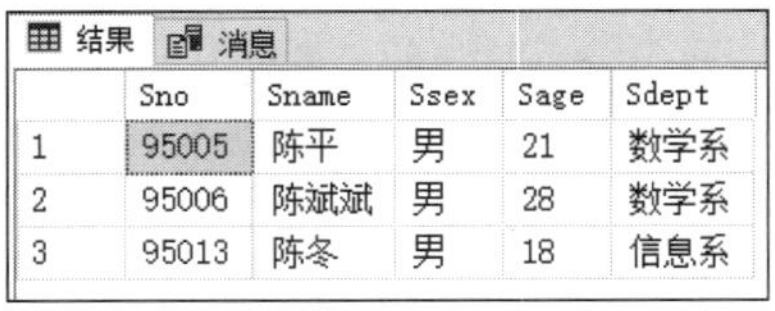

结果　消息

	Sno	Sname	Ssex	Sage	Sdept
1	95005	陈平	男	21	数学系
2	95006	陈斌斌	男	28	数学系
3	95013	陈冬	男	18	信息系

图 4-20　查询所有姓“陈”的学生

【例 4-22】 找出所有不姓“刘”的学生信息。

分析：与上例相似，只是要对 WHERE 子句稍做修改。

在查询编辑器窗口中执行如下 Transact -SQL 语句。

```
USE 学生选课
GO
SELECT *
FROM student
WHERE Sname NOT LIKE '刘%'
```

【例 4-23】 找出所有姓“陈”和姓“刘”的学生信息。

分析：与上例相似，只是查询条件改为姓“陈”和姓“刘”，也就是姓名的第一个字为“陈”或者“刘”，后面的字不确定，所以匹配字符串为“[陈刘]%”，WHERE 子句修改为“WHERE Sname LIKE '[陈刘]%'”。

在查询编辑器窗口中执行如下 Transact-SQL 语句。

```
USE 学生选课
GO
SELECT *
FROM student
WHERE Sname LIKE '[陈刘]%'
```

执行结果如图 4-21 所示。

结果 消息

	Sno	Sname	Ssex	Sage	Sdept
1	95001	刘超华	男	22	计算机系
2	95002	刘晨	女	21	信息系
3	95005	陈平	男	21	数学系
4	95006	陈斌斌	男	28	数学系
5	95007	刘德虎	男	24	数学系
6	95008	刘宝祥	男	22	计算机系
7	95013	陈冬	男	18	信息系

图 4-21　查询“刘”姓和“陈”姓学生

【例 4-24】 找出所有姓“刘”、名为一个汉字的学生信息。

分析：与例 4-21 相似，名为一个汉字，所以匹配字符串为"刘_"，WHERE 子句为“WHERE Sname LIKE '刘_'”。

在查询编辑器窗口中执行如下 Transact-SQL 语句。

```
USE 学生选课
GO
SELECT *
FROM student
WHERE Sname  LIKE  '刘_ '
```

执行结果如图 4-22 所示。

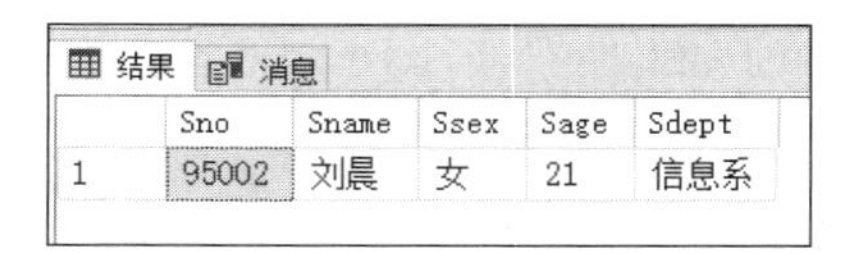

	Sno	Sname	Ssex	Sage	Sdept
1	95002	刘晨	女	21	信息系

图 4-22 单字匹配

6. 空或非空性

空是 NULL，非空为 NOT NULL。空和非空的判断准则是 IS NULL 和 IS NOT NULL。两者可以在任意类型的字段中使用。

【例 4-25】 在学生选课数据库中，查询哪些课程有先行课，并列出课程名和先行课的课程号。

分析：课程相关信息保存在课程表中，课程号列为 Cno，课程名列为 Cname，先行课的课程号列为 Cpno，有先行课就是 Cpno 列不为空，即 NOT NULL。SELECT 子句为"SELECT Cname,Cpno"，FROM 子句为"FROM course"，过滤条件为"WHERE Cpno IS NOT NULL"。

在查询编辑器窗口中执行如下 Transact-SQL 语句。

```
USE 学生选课
GO
SELECT Cname,Cpno
FROM course
WHERE Cpno IS NOT NULL
```

查询结果如图 4-23 所示。

	Cname	Cpno
1	数据库	5
2	信息系统	1
3	操作系统	6
4	数据结构	7
5	C语言	6

图 4-23 非空查询

4.2.4 ORDER BY 子句

SELECT 语句获得的数据一般是没有排序的。为了方便阅读和使用，最好对查询的结果进行排序。在 SQL Server 2017 中，使用 ORDER BY 子句对结果进行排序，其语法格式如下。

```
ORDER BY <排序项> [ ASC | DESC]
        [,<排序项> [ ASC | DESC][,...n]]
```

参数说明如下。

<排序项>：指用于排序的列，可以是一个或多个表达式。通常表达式为列名，也可以是计算列。如果是多个表达式，彼此之间用逗号分隔。排序时首先按第一个表达式的值升

序或降序进行排列，在值相同时再按第二个表达式的值升序或降序进行排列，以此类推，直至完成整个排列。

ASC | DESC：指定排列方式，ASC 是升序，DESC 是降序。省略排序方式时按升序（ASC）排列。

【例 4-26】 按年龄从大到小顺序显示所有学生的姓名和年龄，年龄相同时按姓名升序排序。

分析：当有多个排序关键词时，各个关键词之间用逗号隔开，实际排序时先按照第一关键词排序，第一关键词相同时，再按照第二关键词排序。所以 ORDER BY 子句为“ORDER BY Sage DESC，Sname ASC”。

在查询编辑器窗口中执行如下 Transact-SQL 语句。

```
USE 学生选课
GO
SELECT  Sname 姓名,Sage 年龄
FROM student
ORDER BY Sage DESC,Sname ASC
```

执行结果如图 4-24 所示。

	姓名	年龄
1	陈斌斌	28
2	吕翠花	26
3	刘德虎	24
4	胡萌	23
5	马盛	23
6	孙晓慧	23
7	王俊涛	23
8	王娜	23
9	张海	23
10	李小鹏	22
11	刘宝祥	22
12	刘超华	22
13	马伟	22
14	牛川	22
15	吴霞	22
16	陈平	21
17	刘晨	21
18	徐晓兰	21
19	王敏	20
20	陈冬	18

图 4-24　排序查询

4.2.5　GROUP BY 子句

在大多数情况下，使用统计函数返回的是所有行数据的统计结果。如果需要按某一列数据的值进行分类，在分类的基础上再进行查询，就要使用 GROUP BY 子句，其语法格式

如下。

```
GROUP  BY  <分组表达式>
```

其中，分组表达式可以是普通列名或一个包含 Transact SQL 函数的计算列，但不能是字段表达式。当指定 GROUP BY 时，输出列表中任一非聚合表达式内的所有列都应包含在分组表达式中，或与输出列表完全匹配。

【例 4-27】 查询每门课程的平均成绩，列出课程号和平均成绩。

分析：查询每门课程的平均成绩，需要在查询前对课程进行分组，然后对每组计算平均值，SELECT 子句为“SELECT Cno 课程号,AVG(Grade) 平均成绩”，GROUP BY 子句为“GROUP BY Cno”。

在查询编辑器窗口中执行如下 Transact-SQL 语句。

```
USE 学生选课
GO
SELECT  Cno 课程号, AVG(Grade)平均成绩
FROM sc
GROUP BY Cno
```

执行结果如图 4-25 所示。

	课程号	平均成绩
1	1	76
2	2	72
3	3	79
4	4	80
5	5	85
6	6	82
7	7	67

图 4-25　查询平均成绩

【例 4-28】 在选课表 sc 中，统计选课学生的学号和选课总成绩及平均成绩。

分析：要查询每个选课学生的总成绩、平均成绩，都需要先对 sc 表的数据按照学号进行分组，GROUP BY 子句为“GROUP BY Sno”。

在查询编辑器窗口中执行如下 Transact-SQL 语句。

```
USE 学生选课
GO
SELECT  Sno 学号,SUM(Grade)选课总成绩,AVG(Grade)平均成绩
FROM sc
GROUP BY Sno
```

执行结果如图 4-26 所示。

说明：95014、95015 总成绩和平均成绩都是 NULL 说明该生选课成绩没有输入。

	学号	选课总成绩	平均成绩
1	95001	552	78
2	95002	170	85
3	95004	139	69
4	95005	89	89
5	95006	131	65
6	95010	56	56
7	95013	170	85
8	95014	NULL	NULL
9	95015	NULL	NULL

图 4-26　统计总成绩和平均成绩

4.2.6　HAVING 子句

HAVING 子句用于指定组或聚合的检索条件。HAVING 只能与 SELECT 语句一起使用。HAVING 通常在 GROUP BY 子句中使用。如果不使用 GROUP BY 子句，则 HAVING 的行为与 WHERE 子句一样。其语法格式如下。

```
HAVING 过滤条件
```

【例 4-29】 在选课表 sc 中，查询目前选课人数大于或等于 2 人的课程号和选课人数。在查询编辑器窗口中执行如下 Transact-SQL 语句。

```
USE 学生选课
GO
SELECT  Cno 课程号,COUNT (Sno)选课人数
FROM sc
WHERE COUNT (Sno)>=2
GROUP BY Cno
```

执行结果如图 4-27 所示。

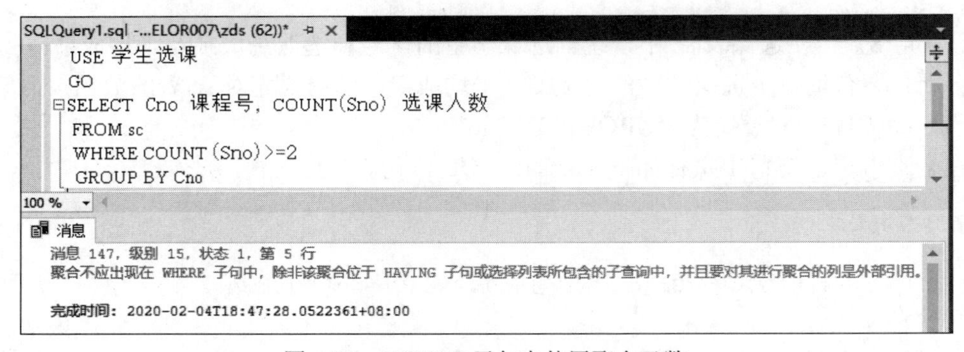

图 4-27　WHERE 子句中使用聚合函数

错误分析：当过滤条件是聚合函数时，只能用在 HAVING 子句中，表示对分组后的数据进行过滤。因此，此处不能用 WHERE 子句，而应使用 HAVING 子句“HAVING COUNT(Sno)>=2”。

在查询编辑器窗口中执行如下 Transact-SQL 语句。

```
USE 学生选课
GO
SELECT  Cno 课程号, COUNT (Sno)选课人数
FROM sc
GROUP BY Cno
HAVING  COUNT (Sno)>=2
GO
```

执行结果如图 4-28 所示。

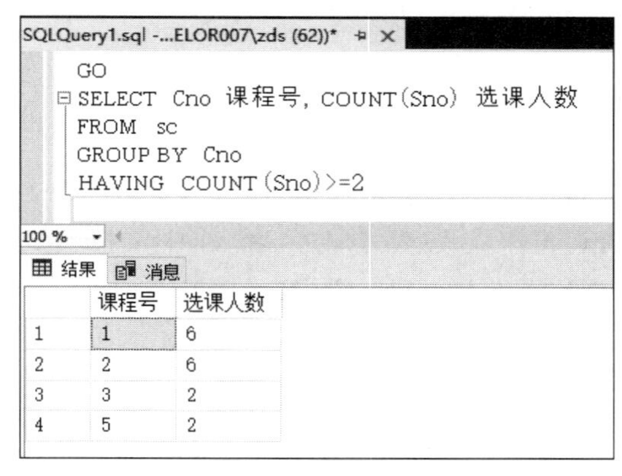

	课程号	选课人数
1	1	6
2	2	6
3	3	2
4	5	2

图 4-28　HAVING 子句的用法

本例的执行逻辑如下。

第一步，执行 FROM sc 子句，把 sc 表中的所有数据都检索出来。

第二步，对第一步的数据，按照 GROUP BY Cno 进行分组，统计每门课程的选课人数。

第三步，执行 HAVING COUNT (Sno) >=2 子句，对第二步的分组数据进行过滤，只有选课人数大于或等于 2 的数据才出现在最终的结果集中。

第四步，按照 SELECT 子句指定的样式显示结果集。

说明：WHERE 子句用于对表中所有原始数据进行过滤，而 HAVING 子句用于对分组查询结果按照聚合条件进行过滤。

【例 4-30】　查询选修了 2 门以上课程的学生的学号和选课门数。

分析：查询选修了 2 门以上课程的学生学号，首先要知道每个学生选了几门课，然后再从中筛选。所以要先分组，然后再从分组中筛选出符合条件的数据。

在查询编辑器窗口中执行如下 Transact-SQL 语句。

```
USE 学生选课
GO
SELECT  Sno 学号,COUNT(Cno) 选课门数
FROM sc
GROUP BY Sno
HAVING  COUNT(Cno)>2
```

执行结果如图 4-29 所示。

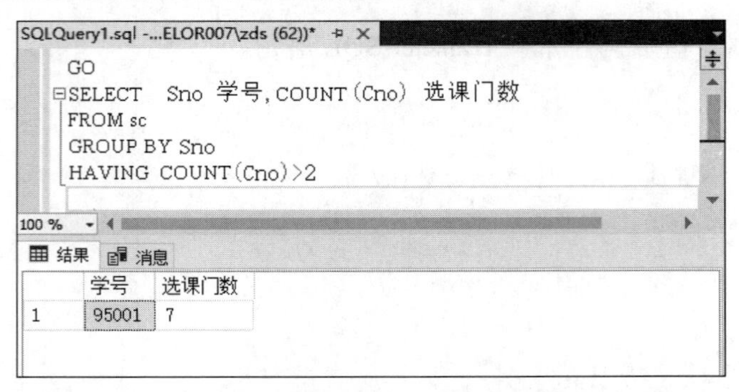

图 4-29 查询选课门数大于 2 的学生学号和选课门数

4.3 集合查询

如果有多个不同的查询结果集，但又希望将它们按照一定的关系连接在一起，组成一组数据，这就可以用集合运算来实现。在 SQL Server 中，Transact-SQL 提供的集合运算符有 UNION（并）、INTERSECT（交）、EXCEPT（差）。参加集合查询操作的各查询结果的列数必须相同，对应项的数据类型也必须相同。

4.3.1 集合并运算

集合并运算是将来自不同查询结果集合组合起来，形成一个查询结果集（并集），UNION 操作会自动将重复元组去除。而 UNION ALL 操作将返回两个来自不同查询结果集合的所有元组，保留重复元组。

【例 4-31】 查询选修了 1 号课程或选修了 2 号课程的学生的学号。

分析： 要查询选修了 1 号课程或者选修了 2 号课程的学生，可以分别查询出选修了 1 号课程的学生和选修了 2 号课程的学生，然后使用 UNION 将结果合并，并去掉重复元组。

在查询编辑器窗口中执行如下 Transact-SQL 语句。

```
USE 学生选课
GO
SELECT Sno
FROM sc
WHERE Cno='1'
UNION
SELECT Sno
FROM sc
WHERE Cno='2'
GO
```

执行结果如图 4-30 所示。

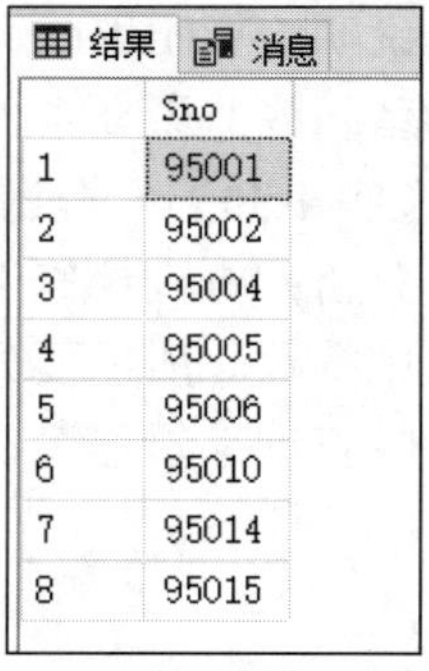

	Sno
1	95001
2	95002
3	95004
4	95005
5	95006
6	95010
7	95014
8	95015

图 4-30 并集查询

4.3.2 集合交运算

集合交运算是将来自不同查询结果集合中公共的元组组合起来，形成一个查询结果集（交集）。INTERSECT 操作会自动将重复的元组去除。

【例 4-32】　查询选修了 1 号课程和 2 号课程的学生的学号。

分析： 题意是要查询既选修了 1 号课程又选修了 2 号课程的学生的学号，可以分别查询选修了 1 号课程的学生和选修了 2 号课程的学生，然后使用 INTERSECT 对结果求交集。

在查询编辑器窗口中执行如下 Transact-SQL 语句。

```
USE 学生选课
GO
SELECT Sno
FROM sc
WHERE Cno='1'
INTERSECT
SELECT Sno
FROM sc
WHERE Cno='2'
GO
```

执行结果如图 4-31 所示。

	Sno
1	95001
2	95002
3	95004
4	95006

图 4-31　交集查询

4.3.3　集合差运算

集合差运算是将属于左查询结果集但不属于右查询结果的元组组合起来，形成一个查询集（差集）。

【例 4-33】　查询选修 1 号课程但没有选修 2 号课程的学生的学号。

分析： 题意是查询选修 1 号课程但没有选修 2 号课程的学生的学号，可以分别查询选修 1 号课程的学生和选修 2 号课程的学生，然后使用 EXCEPT 对结果求差集。

在查询编辑器窗口中执行如下 Transact-SQL 语句。

```
USE 学生选课
GO
SELECT Sno
FROM sc
WHERE Cno='1'
EXCEPT
SELECT Sno
From sc
WHERE Cno='2'
GO
```

执行结果如图 4-32 所示。

	Sno
1	95005
2	95010

图 4-32　差集查询

4.4 连接查询

4.4.1 连接查询概述

在实际查询中，例如，查询各个学生的选课明细表，包括学生名、课程名、成绩等信息，就需要在两张或两张以上的表之间进行查询，则需要连接查询。实现从两个或两个以上表中查询数据且结果集中出现的列来自两个或两个以上表中的检索操作被称为连接查询。

连接的类型分为内连接、自身连接、外连接和交叉连接。其中外连接包括左外连接、右外连接和全外连接。连接的格式有如下两种。

格式一：

```
SELECT <输出列表>
FROM  <表 1><连接类型><表 2>   [ON  (<连接条件>)]
```

格式二：

```
SELECT  <输出列表>
FROM    <表 1>, <表 2>
[WHERE  <表 1>.<列名><连接操作符><表 2>.<列名>]
```

参数说明如下。

在<输出列表>中使用多个数据表来源且有同名字段时，就必须明确定义字段所在的数据表名称。

连接操作符可以是 =、>、<、>=、<=、! =、<>、! >、! <。当操作符是“=”时表示等值连接。

连接类型用于指定所执行的连接的类型：内连接（INNER JOIN）、外连接（OUT JOIN）或交叉连接（CROSS JOIN）。

4.4.2 交叉连接

交叉连接又称笛卡儿积，返回两个表的乘积。例如，表 A 有 10 行数据，表 B 有 20 行数据，那么表 A 和表 B 交叉连接的结果记录集有 200（10×20）行数据。交叉连接使用 CROSS JOIN 关键字来创建。交叉连接只是用于测试一个数据库的执行效率，在实际应用中是无意义的。交叉连接的使用是比较少的，交叉连接不需要连接条件。

【例 4-34】 查询学生表与选课表的所有组合。

分析：学生表为 student，选课表为 sc，查询所有组合的 SELECT 子句为“SELECT student.*,sc.*”，FROM 子句为“FROM student CROSS JOIN sc”。

在查询编辑器窗口中执行如下 Transact-SQL 语句。

```
USE 学生选课
GO
SELECT student.*, sc.*
FROM student CROSS JOIN sc
GO
```

执行结果如图 4-33 所示。结果集中有 20×19（=380）行，即 studen 表的行数和 sc 表的行数的乘积，查看结果集可以看到，student 表中的每一行记录与 sc 表中的 19 行数据组合得到图 4-33 中所示的结果。显而易见，其中大部分行是没有意义的。

结果 消息

	Sno	Sname	Ssex	Sage	Sdept	Sno	Cno	Grade
1	95001	刘超华	男	22	计算机系	95001	1	87
2	95002	刘晨	女	21	信息系	95001	1	87
3	95003	王敏	女	20	数学系	95001	1	87
4	95004	张海	男	23	数学系	95001	1	87
5	95005	陈平	男	21	数学系	95001	1	87
6	95006	陈斌斌	男	28	数学系	95001	1	87
7	95007	刘德虎	男	24	数学系	95001	1	87
8	95008	刘宝祥	男	22	计算机系	95001	1	87
9	95009	吕翠花	女	26	计算机系	95001	1	87
10	95010	马盛	男	23	数学系	95001	1	87
11	95011	吴霞	男	22	计算机系	95001	1	87
12	[illegible]	[illegible]	男	[illegible]	数学系	95001	1	87

查... | (local) (14.0 RTM) | BACHELOR007\zds (62) | 学生选课 | 00:00:00 | 380 行

图 4-33　查询两个表笛卡儿积的结果

4.4.3　内连接

内连接是组合两个表的常用方法。内连接是指把两个表中的数据通过相同的列，连接生成第 3 个表，仅包含那些满足连接条件的数据行。内连接分为等值连接、非等值连接和自然连接。

当连接操作符为“=”时，该连接操作称为等值连接；使用其他运算符的连接运算称为非等值连接。当等值连接中的连接字段相同，并且在 SELECT 语句中去除了重复字段时，该连接操作为自然连接。

【例 4-35】　查询选修课程的学生的学号、姓名，以及选修课程的课程号和成绩。

分析：学生的学号、姓名保存在 student 表中，学生选修课程的课程号和成绩保存在 sc 表中，由于查询列来自不同的表，特别是学号 Sno 列，两个表中都有，因此需要在 SELECT 子句中写明表名，即 SELECT 子句为“SELECT student.Sno,Sname,Cno,Grade”。本例是查询学生自己选修课程的课程号和成绩，因此 FROM 子句为“FROM student INNER JOIN sc ON student.Sno=sc.Sno”。

在查询编辑器窗口中执行如下 Transact-SQL 语句。

```
USE 学生选课
GO
SELECT student.Sno,Sname,Cno,Grade
FROM student INNER JOIN sc ON student.Sno=sc.Sno
GO
```

执行结果如图 4-34 所示，共 19 行数据。

	Sno	Sname	Cno	Grade
1	95001	刘超华	1	87
2	95001	刘超华	2	76
3	95001	刘超华	3	79
4	95001	刘超华	4	80
5	95001	刘超华	5	81
6	95001	刘超华	6	82
7	95001	刘超华	7	67
8	95002	刘晨	1	89
9	95002	刘晨	2	81
10	95004	张海	1	83
11	95004	张海	2	56
12	95005	陈平	1	89
13	95006	陈斌斌	1	54
14	95006	陈斌斌	2	77
15	95010	马盛	1	56
16	95013	陈冬	3	80
17	95013	陈冬	5	90
18	95014	李小鹏	2	NULL
19	95015	王娜	2	NULL

图 4-34　内连接查询

从逻辑上讲，执行该连接查询的过程如下。

（1）在表 student 中找到第 1 条记录，然后从头开始扫描表 sc，从中找到与 Sno 值相同的记录，然后与表 student 中的第 1 条记录拼接起来，形成查询结果中的第 1 条记录。继续扫描表 sc，组合记录，直至扫描完成。

（2）在表 student 中找到第 2 条记录，再从头开始扫描表 sc，从中找到与 Sno 值相同的记录，然后与表 student 中的第 2 条记录拼接起来，形成查询结果中的第 2 条记录。

（3）以此类推，直到处理完表 student 中的所有记录。

（4）按照 SELECT 子句的要求显示列表。

【例 4-36】　查询“刘超华”的选课信息。

分析：学生姓名信息保存在 student 表中，学生的选课信息保存在 sc 表中，所以本例为两个表的连接查询。连接条件是学生姓名，因此 FROM 子句为“FROM student INNER JOIN sc ON student.Sno=sc.Sno”。过滤条件是学生姓名为“刘超华”，所以 WHERE 子句为“WHERE student.Sname=‘刘超华’”。

在查询编辑器窗口中执行如下 Transact-SQL 语句。

```
USE 学生选课
GO
SELECT student.Sno,Sname,Cno,Grade
FROM student INNER JOIN sc ON student.Sno=sc.Sno
WHERE Sname='刘超华'
GO
```

执行结果如图 4-35 所示。

	Sno	Sname	Cno	Grade
1	95001	刘超华	1	87
2	95001	刘超华	2	76
3	95001	刘超华	3	79
4	95001	刘超华	4	80
5	95001	刘超华	5	81
6	95001	刘超华	6	82
7	95001	刘超华	7	67

图 4-35　查询指定学生的选课信息

【例 4-37】　查询“刘超华”的学号、姓名，选修课程的课程号、课程名和成绩。

分析：与例 4-36 相似，本例增加了课程名的查询，课程名保存在课程表 course 中，所以本题是 3 个表的连接查询。学生表和选课表有共同列 Sno，课程表和选课表有共同列 Cno，学生表和课程表无共同列，所以 3 表连接的 FROM 子句为“FROM student INNER JOIN sc ON student.Sno=sc.Sno JOIN course ON sc.Cno=course.Cno”。

在查询编辑器窗口中执行如下 Transact-SQL 语句。

```
USE 学生选课
GO
SELECT student.Sno,Sname,sc.Cno,Cname,Grade
FROM student INNER JOIN sc ON student.Sno=sc.Sno INNER JOIN course ON
sc.Cno=course.Cno
WHERE Sname='刘超华'
GO
```

执行结果如图 4-36 所示。

	Sno	Sname	Cno	Cname	Grade
1	95001	刘超华	1	数据库	87
2	95001	刘超华	2	高等数学	76
3	95001	刘超华	3	信息系统	79
4	95001	刘超华	4	操作系统	80
5	95001	刘超华	5	数据结构	81
6	95001	刘超华	6	数据处理	82
7	95001	刘超华	7	C语言	67

图 4-36　三表连接查询

以上 Transact-SQL 语句也可以写成：

```
USE 学生选课
GO
SELECT S.Sno,Sname,sc.Cno,Cname,Grade
FROM student S INNER JOIN sc ON S.Sno=sc.Sno INNER JOIN course C ON sc.Cno=
C.Cno
WHERE Sname='刘超华'
GO
```

其中，“student S”表示给 student 表一个别名 S，这样可以简化代码书写。Cname 前不需要写表名，因为 3 个表中只有 course 表中有 Cname，对于在参与连接的多表中唯一的属性，列名前不需要加表名前缀。

说明：在多表查询中，SELECT 子句或 WHERE 子句中的必要的列名前都加上了表名作为前缀，这样可避免来自不同表中相同属性名发生混淆。

4.4.4 自身连接

连接操作不仅可以在不同的表中进行，在同一张表内的数据也可以自身连接，即将同一个表的不同行连接起来。自连接可以看作一张表的两个副本之间的连接。在自连接中必须为表指定多个别名，使之在逻辑上成为多张表。

【例 4-38】 查询和“刘超华”年龄一样的学生的姓名和所在系。

分析：和“刘超华”年龄一样的学生的信息显然也在 student 表中，我们可以把“刘超华”所在的 student 表看作是 S1 表，和“刘超华”年龄一样的学生所在的 student 表称为 S2 表，两表按照所在系相等进行连接，即，S1.Sdept=S2.Sdept，然后再排除结果集中“刘超华”的信息，即加上条件：S2.sdept!='刘超华' 就可以得到所需信息。

在查询编辑器窗口中执行如下 Transact- SQL 语句。

```
USE 学生选课
GO
    SELECT S1.Sname,S1.Sdept
    FROM student S1 JOIN student S2 ON S1.Sage=S2.Sage
    WHERE S2.Sname='刘超华' AND S1.Sname!='刘超华'
```

执行结果如图 4-37 所示。

结果 | 消息

	Sname	Sdept
1	刘宝祥	计算机系
2	吴霞	计算机系
3	马伟	数学系
4	李小鹏	计算机系
5	牛川	信息系

图 4-37　例 4-37 自身连接结果

4.4.5 外连接

在内连接中，只有两个表中符合连接条件的记录才会在结果集中出现。而在外连接中，可以只限制一个表，而对另一个表不加限制（即所有的行都出现在结果集中）。外连接分为左外连接、右外连接和全外连接。只包括左表的所有行，不包括右表的不匹配行的外连接称为左外连接；只包括右表的所有行，不包括左表的不匹配行的外连接称为右外连接；既包括左表中不匹配的行，也包括右表中不匹配的行的外连接称为全外连接。

1. 左外连接

其语法格式如下。

```
SELECT <选择列表>
FROM 左表名 LEFT [OUTER] JOIN 右表名
ON 连接条件
```

左外连接的结果集中包括左表（出现在 LEFT JOIN 子句的左侧）中的所有行，不包括右表中的不匹配行。

【例 4-39】 查询所有学生信息及选课情况。

分析：所有学生信息都保存在 student 表中，学生的选课信息保存在选课表 sc 中，可以使用左外连接把student表中所有信息都显示出来，同时把选课学生的选课信息显示出来。

在查询编辑器窗口中执行如下 Transact-SQL 语句。

```
SELECT student.*, Cno,Grade
FROM student LEFT JOIN sc ON student.Sno = sc.Sno
```

执行结果如图 4-38 所示。

结果 消息

	Sno	Sname	Ssex	Sage	Sdept	Cno	Grade
1	95001	刘超华	男	22	计算机系	1	87
2	95001	刘超华	男	22	计算机系	2	76
3	95001	刘超华	男	22	计算机系	3	79
4	95001	刘超华	男	22	计算机系	4	80
5	95001	刘超华	男	22	计算机系	5	81
6	95001	刘超华	男	22	计算机系	6	82
7	95001	刘超华	男	22	计算机系	7	67
8	95002	刘晨	女	21	信息系	1	89
9	95002	刘晨	女	21	信息系	2	81
10	95003	王敏	女	20	数学系	NULL	NULL
11	95004	张海	男	23	数学系	1	83
12	95004	张海	男	23	数学系	2	56
13	95005	陈平	男	21	数学系	1	89
14	95006	陈斌斌	男	28	数学系	1	54
15	95006	陈斌斌	男	28	数学系	2	77
16	95007	刘德虎	男	24	数学系	NULL	NULL
17	95008	刘宝祥	男	22	计算机系	NULL	NULL

(local) (14.0 RTM) | BACHELOR007\zds (62) | 学生选课 | 00:00:00 | 30 行

图 4-38 左外连接

2. 右外连接

右外连接的语法如下。

```
SELECT <选择列表>
FROM 左表名 RIGHT [OUTER] JOIN 右表名
ON 连接条件
```

查询结果包括右表（出现在 JOIN 子句的最右边）中的所有行，不包括左表中的不匹配行。

【例 4-40】 查询所有课程的选修情况，包括没有被选修的课程。

分析：选修情况保存在选课表 sc 中，课程信息保存在课程表 course 中，要将没有被选修的课程也显示出来，可以使用 RIGHT JOIN，并把 course 表放在右边。

在查询编辑器窗口中执行如下 Transact-SQL 语句。

```
USE 学生选课
GO
SELECT sc.*,course.Cname,course.Cpno,course.Credit,course.Semester
FROM sc RIGHT JOIN course
ON sc.Cno=course.Cno
GO
```

执行结果如图 4-39 所示。第 7、8 行表示 C++课程和网络编程课程没有人选修。

结果　消息

	Sno	Cno	Grade	Cname	Cpno	Credit	Semester
1	95001	1	87	数据库	5	5	4
2	95002	1	89	数据库	5	5	4
3	95004	1	83	数据库	5	5	4
4	95005	1	89	数据库	5	5	4
5	95006	1	54	数据库	5	5	4
6	95010	1	56	数据库	5	5	4
7	NULL	NULL	NULL	C++	NULL	3	4
8	NULL	NULL	NULL	网络编程	NULL	2	5
9	95001	2	76	高等数学	NULL	1	1
10	95002	2	81	高等数学	NULL	1	1
11	95004	2	56	高等数学	NULL	1	1
12	95006	2	77	高等数学	NULL	1	1
13	95014	2	NULL	高等数学	NULL	1	1
14	95015	2	NULL	高等数学	NULL	1	1
15	95001	3	79	信息系统	1	1	3
16	95013	3	80	信息系统	1	1	3
17	95001	4	80	操作系统	6	1	2
18	95001	5	81	数据结构	7	1	3
19	95013	5	90	数据结构	7	1	3
20	95001	6	82	数据处理	NULL	1	2
21	95001	7	67	C语言	6	3	1
22	NULL	NULL	NULL	Java	NULL	3	3
23	NULL	NULL	NULL	网页制作	NULL	2	5

查 (local) (14.0 RTM) | BACHELOR007\zds (62) | 学生选课 | 00:00:00 | 23 行

图 4-39　右外连接

3. 全外连接

全外连接的语法如下。

```
SELECT  <选择列表>
FROM 左表名 FULL  [OUTER]  JOIN 右表名
ON  连接条件
```

查询结果包括所有连接表中的所有记录，不论它们是否匹配。

【例 4-41】　使用全外连接查询学生的选课情况，包括学生学号、姓名、课程号、课程名、成绩。

分析：把所有学生信息及选课信息都显示出来，包括没有选课的学生和没有人选修的课程。因此使用全外连接，FROM 子句为“FROM student FULL JOIN sc ON student.Sno = sc.Sno FULL JOIN course ON sc.Cno=course.Cno”。

在查询编辑器窗口中执行如下 Transact-SQL 语句。

```
USE 学生选课
GO
SELECT  student.Sno,Sname,course.Cno,Cname,Grade
   FROM student FULL JOIN sc ON student.Sno=sc.Sno FULL JOIN course ON sc.Cno
= course.Cno
GO
```

执行结果如图 4-40 所示。第 16～18 行、第 20 行和第 21 行、第 26～30 行表示这些学生没有选课，第 31～34 行表示网络编程和 C++等课程没有人选修。

结果 消息

	Sno	Sname	Cno	Cname	Grade
13	95005	陈平	1	数据库	89
14	95006	陈斌斌	1	数据库	54
15	95006	陈斌斌	2	高等数学	77
16	95007	刘德虎	NULL	NULL	NULL
17	95008	刘宝祥	NULL	NULL	NULL
18	95009	吕翠花	NULL	NULL	NULL
19	95010	马盛	1	数据库	56
20	95011	吴霞	NULL	NULL	NULL
21	95012	马伟	NULL	NULL	NULL
22	95013	陈冬	3	信息系统	80
23	95013	陈冬	5	数据结构	90
24	95014	李小鹏	2	高等数学	NULL
25	95015	王娜	2	高等数学	NULL
26	95016	胡萌	NULL	NULL	NULL
27	95017	徐晓兰	NULL	NULL	NULL
28	95018	牛川	NULL	NULL	NULL
29	95019	孙晓慧	NULL	NULL	NULL
30	95020	王俊涛	NULL	NULL	NULL
31	NULL	NULL	11	网络编程	NULL
32	NULL	NULL	10	C++	NULL
33	NULL	NULL	8	Java	NULL
34	NULL	NULL	9	网页制作	NULL

TM) | BACHELOR007\zds (62) | 学生选课 | 00:00:00 | 34 行

图 4-40　全外连接

4.5　嵌 套 查 询

在实际应用中，经常要用到多层查询。在 Transact-SQL 中，将一条 SELECT 语句作为另一条 SELECT 语句的一部分的查询称为嵌套查询。外层的 SELECT 语句被称为外部查询或父查询，内层的 SELECT 语句称为内部查询或子查询。嵌套查询的语法格式如下。

```
SELECT  <语句> /*外层查询或父查询*/
FROM    <语句>
WHERE  <表达式>  IN
 (SELECT <语句>     /*内层查询或子查询*/
 FROM <语句>
 WHERE <条件>)
```

4.5.1 单值嵌套

单值嵌套就是通过子查询返回一个单一的数据。当子查询返回的是单值时，可以使用>、<、=、<=、>=、!= 或 <> 等比较运算符对其进行相关运算。

【例 4-42】 查询数据库课程的选修情况。

分析：选修情况保存在 sc 表中，但 sc 表中没有课程名称，只有课程号；课程名称信息保存在 course 表中，因此可以先从 course 表中找出数据库课程的课程号，然后从 sc 表中找出其选课信息。

步骤 1：查询课程“数据库”的课程编号，查询语句如下。

```
SELECT  Cno
FROM  course
WHERE Cname='数据库'
```

得到的结果为 1。

步骤 2：查询课程编号为 1 的选修情况。

```
SELECT  *
FROM  sc
WHERE  Cno =1
```

执行结果如图 4-41 所示。

结果 消息

	Sno	Cno	Grade
1	95001	1	87
2	95002	1	89
3	95004	1	83
4	95005	1	89
5	95006	1	54
6	95010	1	56

图 4-41 单值嵌套查询

利用嵌套查询原理，可以将以上两个步骤组合成一个查询语句，即将步骤 1 作为步骤 2 的子查询。

```
SELECT  *
FROM  sc
WHERE  Cno =(SELECT  Cno
FROM  course
WHERE Cname='数据库')
```

执行结果如图 4-41 所示。

【例 4-43】 查找年龄最小的学生姓名、性别、年龄和所在系。

分析：SELECT 子句和 FROM 子句都很容易写出来，筛选条件为年龄最小，不能直接用“WHERE Sage=MIN(Sage)”，因为聚合函数不能直接用在 WHERE 子句中，所以必须使用嵌套子查询“WHERE Sage=(SELECT MIN(Sage) FROM student)”。

在查询编辑器窗口中执行如下 Transact-SQL 语句。

```
USE 学生选课
GO
SELECT Sname 姓名, Ssex 性别, Sage 年龄,Sdept 所在系
FROM  student
WHERE Sage=(SELECT  MIN (Sage)
FROM student
)
GO
```

执行结果如图 4-42 所示。

	姓名	性别	年龄	所在系
1	陈冬	男	18	信息系

图 4-42　查询年龄最小的学生信息

【例 4-44】　查询比平均年龄高的学生姓名、年龄和所在系。

分析：要查询比平均年龄高的学生信息，首先要查询平均年龄，然后将大于平均年龄作为条件，查询符合条件的信息。

在查询编辑器窗口中执行如下 Transact-SQL 语句。

```
USE 学生选课
GO
SELECT Sname 姓名,Sage 年龄,Sdept 所在系
FROM student
WHERE Sage>(SELECT AVG(Sage) FROM student)
GO
```

执行结果如图 4-43 所示。

	姓名	年龄	所在系
1	张海	23	数学系
2	陈斌斌	28	数学系
3	刘德虎	24	数学系
4	吕翠花	26	计算机系
5	马盛	23	数学系
6	王娜	23	信息系
7	胡萌	23	计算机系
8	孙晓慧	23	信息系
9	王俊涛	23	信息系

图 4-43　大于平均年龄的学生信息

4.5.2　多值嵌套

子查询的返回结果是一列值的嵌套查询称为多值嵌套查询。多值嵌套查询经常使用 IN、ANY、ALL 和 SOME 操作符。

1. 使用 IN 操作符

使用 IN 关键字进行的子查询，表示外层查询的某个列取值在子查询返回的结果中。

【例 4-45】 查询选修课程的学生学号、姓名。

分析：学生的学号、姓名信息保存在学生表 student 中，课程选修信息保存在选课表 sc 中。利用嵌套查询，学号保存在 sc 表中的学生就是选修了课程的学生。

在查询编辑器窗口中执行如下 Transact-SQL 语句。

```
USE 学生选课
GO
SELECT Sno 学号,Sname 姓名
FROM student
WHERE Sno IN (SELECT DISTINCT Sno FROM sc)
GO
```

执行结果如图 4-44 所示。

	学号	姓名
1	95001	刘超华
2	95002	刘晨
3	95004	张海
4	95005	陈平
5	95006	陈斌斌
6	95010	马盛
7	95013	陈冬
8	95014	李小鹏
9	95015	王娜

图 4-44　使用 IN 子查询

【例 4-46】 查询没有选课的学生学号和姓名。

分析：与前例相反，只要学号不出现在 sc 表中，就是没有选修课程的学生。

在查询编辑器窗口中执行如下 Transact-SQL 语句。

```
USE 学生选课
GO
SELECT Sno 学号,Sname 姓名
FROM student
WHERE Sno NOT IN (SELECT DISTINCT Sno FROM sc)
GO
```

执行结果如图 4-45 所示，共 11 人没有选课。

	学号	姓名
1	95003	王敏
2	95007	刘德虎
3	95008	刘宝祥
4	95009	吕翠花
5	95011	吴霞
6	95012	马伟
7	95016	胡萌
8	95017	徐晓兰
9	95018	牛川
10	95019	孙晓慧
11	95020	王俊涛

图 4-45　没有选课的学生信息

【例 4-47】 查询选修高等数学的学生姓名和所在系。

分析：学生姓名和所在系信息保存在学生表 student 中，学生的选课信息保存在选课表 sc 中，但选课表中只有课程号，没有课程名，所以先查询 course 表中高等数学的课程号，然后从 sc 表中找出选修高等数学的学生学号，最后从 student 表中把这些学号对应的学生

姓名和所在系查询出来。

在查询编辑器窗口中执行如下 Transact-SQL 语句。

```
USE 学生选课
GO
SELECT Sname 姓名,Sdept 所在系
FROM student
WHERE Sno IN (SELECT Sno FROM sc
WHERE Cno =(SELECT Cno FROM course
WHERE Cname='高等数学' ) )
GO
```

执行结果如图 4-46 所示，共 6 人选修了高等数学。

	姓名	所在系
1	刘超华	计算机系
2	刘晨	信息系
3	张海	数学系
4	陈斌斌	数学系
5	李小鹏	计算机系
6	王娜	信息系

图 4-46　多重嵌套

2. 使用 ANY 的子查询

ANY 关键字通常与比较运算符连用，用于筛选列值大于子查询中的最小值或者小于子查询的最大值的数据。

【例 4-48】　查询年龄大于任意信息系学生年龄的非信息系学生姓名、年龄和所在系。

分析：学生姓名、年龄和所在系信息保存在学生表 student 中，大于信息系任意学生年龄，可以使用带关键词 ANY 的子查询实现。

在查询编辑器窗口中执行如下 Transact-SQL 语句。

```
USE 学生选课
GO
SELECT Sname,Sage,Sdept
   FROM student
WHERE Sage>ANY (SELECT Sage FROM student WHERE Sdept='信息系')
AND Sdept!='信息系'
```

执行结果如图 4-47 所示，共 14 人符合条件，执行结果和下列语句相同：

```
USE 学生选课
GO
    SELECT Sname,Sage,Sdept
    FROM student
    WHERE Sage>
    (SELECT MIN(Sage) FROM student WHERE Sdept='信息系')
    AND Sdept!='信息系'
    GO
```

可以得出，大于 ANY 等同于大于最小值，小于 ANY 等同于小于最大值。

	Sname	Sage	Sdept
1	刘超华	22	计算机系
2	王敏	20	数学系
3	张海	23	数学系
4	陈平	21	数学系
5	陈斌斌	28	数学系
6	刘德虎	24	数学系
7	刘宝祥	22	计算机系
8	吕翠花	26	计算机系
9	马盛	23	数学系
10	吴霞	22	计算机系
11	马伟	22	数学系
12	李小鹏	22	计算机系
13	胡萌	23	计算机系
14	徐晓兰	21	计算机系

图 4-47　带 ANY 关键字的子查询结果

3. 使用 ALL 的子查询

ALL 表示父查询某列的列值在与子查询返回的多个值进行比较中，全部为 TRUE。

【例 4-49】 查询年龄大于所有信息系学生年龄的非信息系学生姓名、年龄和所在系。

在查询编辑器窗口中执行如下 Transact-SQL 语句。

```
USE 学生选课
GO
SELECT Sname,Sage,Sdept
FROM student
WHERE Sage>ALL(SELECT Sage FROM student WHERE Sdept='信息系')
AND Sdept!='信息系'
GO
```

查询结果如图 4-48 所示，共 3 人符合条件，执行结果和下列语句相同：

```
USE 学生选课
GO
SELECT Sname,Sage,Sdept
FROM student
WHERE Sage>(SELECT MAX (Sage) FROM student WHERE Sdept='信息系')
AND Sdept!='信息系'
GO
```

可以得出，大于 ALL 等同于大于最大值，小于 ALL 等同于小于最小值。

	Sname	Sage	Sdept
1	陈斌斌	28	数学系
2	刘德虎	24	数学系
3	吕翠花	26	计算机系

图 4-48　带 ALL 关键字的子查询结果

4. 使用SOME的子查询

使用SOME关键字，返回父查询中在与子查询的比较时能有True的数据。

【例4-50】 查询年龄大于某些信息系学生年龄的非信息系学生姓名、年龄和所在系。

在查询编辑器窗口中执行如下Transact-SQL语句。

```
USE 学生选课
GO
SELECT Sname,Sage,Sdept
FROM student
WHERE Sage>SOME(SELECT Sage FROM student WHERE Sdept='信息系')
AND Sdept!='信息系'
GO
```

查询结果如图4-49所示，共14人符合条件，执行结果和下列语句相同：

```
USE 学生选课
GO
SELECT Sname,Sage,Sdept
FROM student
WHERE Sage>(SELECT MIN(Sage) FROM student WHERE Sdept='信息系')
AND Sdept!='信息系'
GO
```

可以得出，大于SOME等同于大于最小值，小于SOME等同于小于最大值。

结果　消息

	Sname	Sage	Sdept
1	刘超华	22	计算机系
2	王敏	20	数学系
3	张海	23	数学系
4	陈平	21	数学系
5	陈斌斌	28	数学系
6	刘德虎	24	数学系
7	刘宝祥	22	计算机系
8	吕翠花	26	计算机系
9	马盛	23	数学系
10	吴霞	22	计算机系
11	马伟	22	数学系
12	李小鹏	22	计算机系
13	胡萌	23	计算机系
14	徐晓兰	21	计算机系

图4-49　带SOME关键字的子查询结果

4.5.3　相关子查询

前面介绍的子查询有一个共同点，即子查询的执行不依赖于父查询。它们的执行过程：首先执行子查询，然后把子查询的结果作为父查询的条件使用。这种查询称为不相关子查询。而在相关子查询中，子查询的执行依赖于父查询，子查询的部分查询条件引用了父查询中的数据。其执行过程如下。

（1）取外层表中的第一行。

（2）根据取出的行与内层查询相关的列值进行内层查询，若内层能查询到符合条件的行，则外层查询就返回这一行。

（3）取外层查询的下一行。

（4）重复（2），直到处理完所有外层查询的行。

（5）得到一个数据行集，再对这个数据集进行输出操作。

在相关子查询中会使用 EXISTS 关键字引出子查询。EXISTS 用于测试子查询的结果集中是否存在行。如果 EXISTS 后查询的结果集不为空，则产生逻辑真值 TRUE，否则产生逻辑假值 FALSE。其语法格式如下。

```
[NOT] EXISTS (子查询)
```

EXISTS 关键字前无列名、常量和表达式等，在子查询的输出列表中通常使用通配符“*”。

【例 4-51】 利用相关子查询，查询选修 2 号课程的学生信息。

分析：根据相关子查询的执行逻辑，外层表先固定一行，根据查询内层表的结果，从而判断对外层表当前行的取舍。本例将包含最终要输出信息的学生表定为外层表，逐行考查当前学生是否在选课表中有选修 2 号课程的信息。如果有，就是结果集的一部分；如果没有，就舍弃该行记录。

在查询编辑器窗口中执行如下 Transact-SQL 语句。

```
USE 学生选课
GO
 SELECT *
 FROM student
 WHERE EXISTS(SELECT * FROM sc
 WHERE Cno=2 AND Sno=student.Sno)
 GO
```

执行结果如图 4-50 所示，共 6 人选修了 2 号课程。

结果 消息

	Sno	Sname	Ssex	Sage	Sdept
1	95001	刘超华	男	22	计算机系
2	95002	刘晨	女	21	信息系
3	95004	张海	男	23	数学系
4	95006	陈斌斌	男	28	数学系
5	95014	李小鹏	男	22	计算机系
6	95015	王娜	女	23	信息系

图 4-50　相关子查询

4.6　在数据更新中使用查询语句

用户可以在 INSERT 语句、UPDATE 语句和 DELETE 语句中使用 SELECT 子句，以完成相应数据的插入、更新和删除。

1. 在 INSERT 语句中使用 SELECT 子句

在 INSERT 语句中使用 SELECT 子句可以将一个或多个表或视图中的值添加到另一个表中。使用 SELECT 子句还可以同时插入多行。

在 INSERT 语句中使用 SELECT 子句的语法格式如下。

```
INSERT [INTO] table_name[(column_list)]
SELECT select_list
FROM table_name
[WHERE search_condition]
```

【例 4-52】 创建一个和 sc 表结构一致的表 sc1，将 sc 表中成绩小于 60 分的数据添加到 sc1 中，显示添加数据后 sc1 表中的内容。

```
USE 学生选课
GO
SELECT * INTO sc1
FROM sc
WHERE 1=2      /*通过查询创建表，1=2 为 FALSE，表示只创建表结构*/
GO
INSERT INTO sc1
SELECT * FROM sc
WHERE Grade<60
GO
SELECT * FROM sc1
```

执行结果如图 4-51 所示。

结果 消息

	Sno	Cno	Grade
1	95004	2	56
2	95006	1	54
3	95010	1	56

图 4-51 sc1 表中数据

2. 在 UPDATE 语句中使用 SELECT 子句

在 UPDATE 语句中使用 SELECT 子句可以将子查询的结果作为更新数据的条件。

在 UPDATE 语句中使用 SELECT 子句的语法格式如下。

```
UPDATE table_name
SET {column_name={expreeeion}}[,...n]
[WHERE{condition_expression}]
```

其中，condition_expression 中包含 SELECT 子句，SELECT 子句要写在圆括号中。

【例 4-53】 创建一个 sc 表的副本 sc2，将 sc2 表中信息系的学生成绩减少 5 分。

先创建 sc2 表，代码如下。

```
USE 学生选课
GO
SELECT * INTO sc2
```

```
FROM sc                    /*通过查询创建表，包括结构和数据*/
GO
```

方法一：使用子查询实现。

```
UPDATE sc2
SET Grade=Grade-5
WHERE Sno IN (SELECT Sno FROM student WHERE Sdept= '信息系')
GO
```

方法二：使用内连接实现。

```
UPDATE sc2
SET Grade=Grade-5
FROM sc2 JOIN student ON sc2.Sno=student.Sno AND Sdept= '信息系'
GO
```

两种方法的执行结果相同，执行后 sc2 表的数据如图 4-52 所示。

结果 消息

	Sno	Cno	Grade
1	95001	1	87
2	95001	2	76
3	95001	3	79
4	95001	4	80
5	95001	5	81
6	95001	6	82
7	95001	7	67
8	95002	1	84
9	95002	2	76
10	95004	1	83
11	95004	2	56
12	95005	1	89
13	95006	1	54
14	95006	2	77
15	95010	1	56
16	95013	3	75
17	95013	5	85
18	95014	2	NULL
19	95015	2	NULL

图 4-52　更新数据后的 sc2 表

3. 在 DELETE 语句中使用 SELECT 子句

在 DELETE 语句中使用 SELECT 子句可以将子查询的结果作为删除数据的条件。

在 DELETE 语句中使用 SELECT 子句的语法格式如下。

```
DELETE [FROM] table_name
[WHERE {condition_expression}]
```

其中，condition_expression 中包含 SELECT 子句，SELECT 子句要写在圆括号中。

【例 4-54】　删除 sc2 表中信息系学生的数据。

方法一：使用子查询实现。

```
DELETE FROM sc2
WHERE Sno IN (SELECT Sno FROM student WHERE Sdept= '信息系')
GO
```

方法二：使用内连接实现。

```
DELETE sc2   /*和方法一的语法格式稍有不同*/
FROM sc2 JOIN student ON sc2.Sno=student.Sno AND Sdept= '信息系'
GO
```

两种方法的执行结果相同，执行后 sc2 表的数据如图 4-53 所示。

结果 消息

	Sno	Cno	Grade
1	95001	1	87
2	95001	2	76
3	95001	3	79
4	95001	4	80
5	95001	5	81
6	95001	6	82
7	95001	7	67
8	95004	1	83
9	95004	2	56
10	95005	1	89
11	95006	1	54
12	95006	2	77
13	95010	1	56
14	95014	2	NULL

图 4-53　执行删除操作后的 sc2 表

习　题　4

一、选择题

1. 如果希望统计学生表中选修“面向对象程序设计”课程的学生的人数，那么语句中应该包含（　　）。

A. SELECT MIN (*)　AS 学生人数 FROM 学生表 WHERE 课程= '面向对象程序设计'

B. SELECT MAX (*)　AS 学生人数 FROM 学生表 WHERE 课程= '面向对象程序设计'

C. SELECT AVG(*)　AS 学生人数 FROM 学生表 WHERE 课程= '面向对象程序设计'

D. SELECT COUNT (*)　AS 学生人数 FROM 学生表 WHERE 课程= '面向对象程序设计'

2. 在 Transact-SQL 语句中，条件“Sage BETWEEN 18 AND 22”表示年龄在 18 岁至

22 岁之间，且（　　）。

A．包括 18 岁和 22 岁　　B．不包括 18 岁和 22 岁

C．包括 18 岁但不包括 22 岁　　D．包括 18 岁但不包括 20 岁

3．下列聚合函数中正确的是（　　）。

A．SUM(*)　　B．MAX(*)　　C．COUNT(*)　　D．AVG(*)

4．查询学生成绩信息时，结果按成绩降序排列，下列语句中正确的是（　　）。

A．ODER BY Grade　　B．ORDER BY Grade DESC

C．ORDER BY Grade ASC　　D．ORDER BY Grade DISTINCT

5．在 SQL Server 2017 中，下列关于通配符的操作中，范围最大的是（　　）。

A．name LIKE'abc#'　　B．name LIKE'abc_d%'

C．name LIKE 'abc%'　　D．name LIKE '%abc%'

6．与表达式“成绩 BETWEEN　0　AND　100”等效的表达式是（　　）。

A．成绩>0 AND 100　　B．成绩>=0 AND <=100

C．成绩>=0 AND <=100　　D．成绩>0 AND 成绩<100

7．SQL 中查询保存结果到表语句的是（　　）。

A．INSERT INTO　　B．GROUP BY

C．ORDER BY　　D．INSERT JION

8．两表连接包括左表的所有行，不包括右表的不匹配行的外连接称为（　　）。

A．内连接　　B．左外连接　　C．右外连接　　D．全连接

二、操作题

1．查询计算机系学生的姓名和年龄。

2．查询名字里面包含“华”的学生信息。

3．查询成绩在 80～90 分的学生的学号、课程号和成绩。

4．查询计算机系年龄在 18～22 岁的男学生的姓名和年龄。

5．查询 1 号课程的最高分。

6．查询计算机系学生的总人数。

7．查询选修了 1 号课程的学生学号和成绩并按成绩降序排列，成绩相同按学号升序排列。

8．检索数学系或计算机系姓“陈”的学生的信息。

9．查询缺少成绩的学生学号和课程号。

10．查询选修 2 号课程的学生人数和平均成绩以及最高成绩。

11．查询选课门数大于或等于 2 门并且平均分大于 80 分的学生学号。

12．查询数学系的最小年龄。

13．查询计算机系学生的最大年龄和最小年龄。

14．查询选修 1 号课程的学生的姓名和成绩。

15．查询计算机系选修 1 号课程的学生的姓名和成绩。

16．查询信息系的学生的学号、姓名及所选修的课程名及成绩。

17．查询考试成绩没有不及格的学生的学号、姓名。

18．求选课门数大于 2 门的学生的学号、姓名。

19．找出没有人选修的课程号和课程名。

20．查询成绩 80 分以上的学生的姓名、课程号和成绩，并按成绩降序排列结果。

21．查询选修了 1 号课程，成绩在 80～90 分的学生姓名和成绩。

22．查询学号为 95001 的学生姓名、选课课程号和成绩。

第5章　数据库编程技术基础

学习目标

正确理解和掌握 SQL Server 变量；掌握编写顺序结构、选择结构和循环结构程序的方法；掌握 SQL Server 函数的使用；掌握 SQL Server 2017 游标的使用方法；学会使用 Transact-SQL 对数据库进行应用编程，以掌握开发数据库应用系统的基本能力。

5.1　SQL 基础

在 SQL Server 2017 中，与 SQL Server 实例通信的所有应用程序都通过将 Transact-SQL 语句发送到服务器来实现数据的检索、操纵和控制等功能，因此 Transact-SQL 是 SQL Server 与应用程序之间的语言，是 SQL Server 的应用程序开发接口。

用 Transact-SQL 编写程序一般包括以下成分：常量、变量、表达式、函数、流程控制语句、事务和游标等。下面分别介绍这些组成部分。

5.1.1　Transact-SQL 的分类

Transact-SQL 分为 5 类，具体说明如下。

（1）数据定义语言（DDL)：用于创建数据库和数据库对象的命令，绝大部分以 CREATE 开头，如 CREATE TABLE 等。

（2）数据操作语言（DML）：用于操作数据库中的各种对象，对数据进行修改和检索。DML 语句主要有 4 种：SELECT（查询）、INSERT（插入）、UPDATE（更新）和 DELETE（删除）。

（3）数据控制语言（DCL）：用于控制数据库组件的存取许可、权限等的命令。

（4）事务管理语言（TML）：用于管理数据库中的事务的命令。

（5）其他语言元素：如标识符、数据类型、流程控制和函数等。

5.1.2　Transact-SQL 语法约定

1. Transact–SQL 语法格式约定

Transact-SQL 语法格式约定如表 5-1 所示。

2. 标识符

标识符就是用来定义服务器、数据库、数据库对象和变量等的名称。标识符可分为常规标识符和分隔标识符。SQL Server 为标识符制定了如下一系列命名规则。

表 5-1 Transact-SQL 语法格式约定

语法约定	说　明
大写	Transact-SQL 关键字
斜体	用户提供的 Transact-SQL 语法的参数
粗体	数据库名、表名、列名、索引名、存储过程、实用工具、数据类型名以及必须按所显示的原样输入的文本
下画线	当语句中省略了包含带下画线的值的子句时应用的默认值
|（竖线）	分隔括号或大括号中的语法项，只能选择其中一项
[ ]（方括号）	可选语法项，不要输入方括号
{ }（大括号）	必选语法项，不要输入大括号
[,... n]	指示前面的项可以重复 n 次，每一项由逗号分隔
[... n]	指示前面的项可以重复 n 次，每一项由空格分隔
[;]	可选的 Transact-SQL 语句终止符，不要输入方括号
<标签> ::=	语法块的名称，此约定用于对可在语句中的多个位置使用的过长语法段或语法单元进行分组和标记

（1）第一个字符必须是字母、下画线（_）、at 符号（@）和数字标记（#）。

（2）第一个字符后可以是字母、来自基本拉丁字母或其他国家/地区的十进制数字、美元符号（$）、下画线、at 符号和数字标记。

（3）标识符不能是 Transact-SQL 的保留字。

（4）不允许嵌入空格或其他特殊字符。

（5）包含的字符数必须为 1~128。

3. 续行

在很多情况下，Transact-SQL 语句都写得很长，可以将一条语句放在多行中编写，Transact-SQL 会忽略空格和行尾的换行符号，这样数据库开发人员不需要使用特殊的符号就可以编写长达数行的 Transact-SQL 语句，显著地提高了 Transact-SQL 语句的可读性。

例如：

```
SELECT Sname 姓名,Sdept 所在系
FROM student
WHERE Sno IN (SELECT Sno
              FROM sc
              WHERE Cno =(SELECT Cno
                          FROM course
                          WHERE Cname= '高等数学'
                         )
             )
GO
```

以上 SELECT 语句可以使用一行来表达，也可以使用多行。

4. 注释

在 Transact-SQL 中，注释语句有“--”（双减号）和“/*…*/”两种表示方法。

1）嵌入行内的注释语句

--（双减号）：创建单行文本注释语句。

【例 5-1】 创建单行文本注释语句。

```
--查询学生信息
SELECT * FROM student
```

2）块注释语句

在注释文本的起始处输入“/*”，在注释语句的结束处输入“*/”，就可以使两个符号间的所有字符成为注释，从而可以创建包含多行的块注释语句。

“/*”和“*/”一定要配套使用，否则将会出现错误，并且“/”必须和“*”连在一起，中间不能有空格。

【例 5-2】 在程序中创建块注释语句。

```
SELECT sname 姓名, Sdept 所在系
FROM student
/* WHERE Sno IN(SELECT Sno
                  FROM sc)
 */
```

其中，WHERE 子句将被作为注释处理，不再起作用。

5. 批处理

批处理是由一条或多条 Transact-SQL 语句构成的。SQL Server 2017 从批处理中读取所有语句，并将它们编译成可执行的单元（执行计划），然后 SQL Server 就一次执行计划中的所有语句，这里使用 GO 关键字结束批处理。

【例 5-3】 打印自定义变量。

```
DECLARE @aa int
SELECT @aa=10
PRINT @aa
GO
```

各语句的含义将在例 5-5 中再做介绍。

5.1.3 Transact-SQL 数据库对象命名方法

所有数据库对象名都是由 4 部分名称组成，格式如下。

```
[server_name.[database_name].[schema_name].
    | database_name.[schema_name].
 | schema_name.
]
object_name
```

各部分说明如下。

server_name：连接的服务器名称或远程服务器名称。

database_name：SQL Server 数据库的名称。

schema_name：指定包含对象的架构名称。

object_name：对象的名称。

对象名的有效格式如表 5-2 所示。

表 5-2　对象名的有效格式

对象引用格式	说　　明
Server.database.schema.object	4 个部分的名称
Server.database..object	省略架构名称
Server..schema.object	省略数据库名称
Server…object	省略数据库和架构名称
Database.schema.object	省略服务器名
Database..object	省略服务器和架构名称
Schema.object	省略服务器和数据库名称
object	省略服务器、数据库和架构名称

5.1.4　常量

在程序运行过程中，其值不变的符号称为常量。常量格式取决于它所表示值的数据类型。根据常量值的不同类型，常量分为字符串常量、二进制常量、整型常量、实数常量、日期和时间常量、货币常量和唯一标识常量。

5.1.5　变量

变量在编程中占有重要的地位。利用变量可以存储临时性数据。SQL Server 2017 提供两种变量：局部变量和全局变量。

1.　局部变量

用户自定义的变量称为局部变量。局部变量用于保存特定类型的单个数据值的对象。

1）局部变量的定义

语法格式如下。

```
DECLARE 局部变量名 数据类型 [ ,... n]
```

其中，局部变量名必须以@开头，以与全局变量区别开。局部变量名必须符合有关标识符的命名规则。一个 DECLARE 语句可以同时声明多个变量，变量之间用逗号分隔。

【例 5-4】　定义一个整型变量。

```
--定义一个整型变量@Number
DECLARE @Number int
```

【例 5-5】　定义 3 个 varchar 类型的变量和一个整型变量。

```
/* 定义可变长度字符型变量@name，长度为 8;
可变长度字符型变量@sex，长度为 2;
小整型变量@age;
可变长度的字符型变量@address，长度为 50 */
DECLARE @name varchar(8),@sex varchar(2),@age smallint
DECLARE @address varchar(50)
```

2）局部变量的赋值

用 SET 或 SELECT 语句为局部变量赋值，它的语法格式如下。

```
SET @局部变量名 = 表达式[,...n]
SELECT @局部变量名 = 表达式[,...n] [FROM 子句] [WHERE 子句]
```

其中，使用 SELECT 语句为变量赋值时，如果省略了 FROM 子句和 WHERE 子句，就等同于 SET 语句赋值。如果有 FROM 子句和 WHERE 子句，若 SELECT 语句返回多个值，则将返回的最后一个值赋给局部变量。

【例 5-6】 打印信息系系主任的姓名。

```
DECLARE @name varchar(10)           --定义可变长度字符型的变量
SELECT @name='胡大智'               --给@name 赋值
PRINT '信息系系主任:'+@name         --显示@name 的内容
GO                                  --批处理结束
```

执行结果如图 5-1 所示。

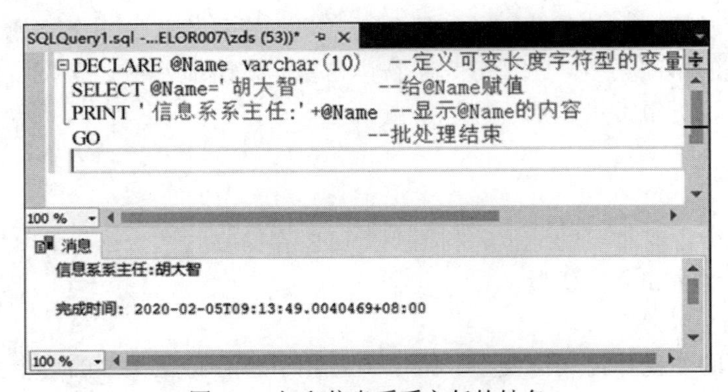

图 5-1　打印信息系系主任的姓名

【例 5-7】 以消息的形式返回学生选课数据库中的学生人数。

分析：以消息的形式就是使用 PRINT 语句。利用查询语句 SELECT 查询出学生人数，然后赋值给一个变量，最后用 PRINT 语句把变量打印出来。

在查询编辑器中执行如下语句。

```
USE 学生选课
GO
DECLARE @Number int
SELECT @Number=Count(*)

FROM student
PRINT '学生总人数为:'
PRINT @Number
GO
```

执行结果如图 5-2 所示。

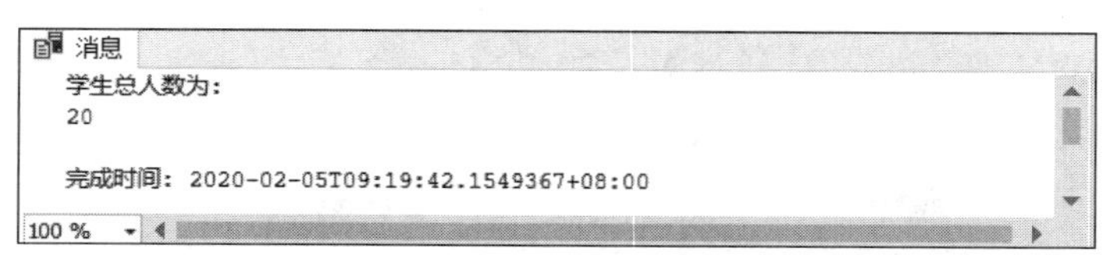

图 5-2　查询学生总人数

2. 全局变量

全局变量是由系统定义和维护的变量，用于记录服务器活动状态的一组数据。全局变量名由@@符号开始。用户不能创建全局变量，也不能使用 SET 语句修改全局变量的值。在 SQL Server 2017 中，全局变量以系统函数的形式使用。

例如，@@version 全局变量将返回当前 SQL Server 服务器的版本和处理器类型。@@language 全局变量将返回当前 SQL Server 服务器的语言。

5.1.6　表达式和运算符

表达式是标识符、值和运算符的组合。

1. 算术运算符

算术运算符用于对两个表达式进行数学运算，如表 5-3 所示。

表 5-3　算术运算符

运算符	含　义
+（加）	加法运算
−（减）	减法运算
*（乘）	乘法运算
/（除）	除法运算
%（取模）	返回一个除法运算的整数余数。例如，12 % 5 = 2，这是因为 12 除以 5，余数为 2

2. 赋值运算符

等号（=）是 Transact-SQL 中唯一的赋值运算符。

3. 位运算符

位运算符用于在两个表达式之间进行位操作，这两个表达式可以是整型数据中的任意数据类型。位运算符如表 5-4 所示。

表 5-4　位运算符

运算符	含　义
&（位与）	逻辑与运算（两个操作数）
|（位或）	位或（两个操作数）
^（位异或）	位异或（两个操作数）

4. 比较运算符

比较运算符用于测试两个表达式是否相同。除了 text、ntext 和 image 数据类型的表达式外，比较运算符可以用于所有的表达式。比较运算的结果有 3 个值：TRUE（真）、FALSE

（假）和 UNKNOWN（未知）。比较运算符如表 5-5 所示。

表 5-5　比较运算符

运算符	含　义	运算符	含　义
=	等于	<>	不等于
>	大于	!=	不等于（非 SQL-92 标准）
<	小于	!<	不小于（非 SQL-92 标准）
>=	大于或等于	!>	不大于（非 SQL-92 标准）
<=	小于或等于		

5. 逻辑运算符

逻辑运算符用于对某些条件进行测试，以获得其真实情况。逻辑运算返回 TRUE 或 FALSE 值。逻辑运算符如表 5-6 所示。

表 5-6　逻辑运算符

运算符	含　义
ALL	如果一组的比较都为 TRUE，那么结果就为 TRUE
AND	如果两个布尔表达式都为 TRUE，那么结果就为 TRUE
ANY	如果一组的比较中任何一个为 TRUE，那么结果就为 TRUE
BETWEEN	如果操作数在某个范围之内，那么结果就为 TRUE
EXISTS	如果子查询包含一些行，那么结果就为 TRUE
IN	如果操作数等于表达式列表中的一个，那么结果就为 TRUE
LIKE	如果操作数与一种模式相匹配，那么结果就为 TRUE
NOT	对任何其他布尔运算符的值取反
OR	如果两个布尔表达式中的一个为 TRUE，那么结果就为 TRUE
SOME	如果在一组比较中有些为 TRUE，那么结果就为 TRUE

6. 字符串串联运算符

加号（+）是字符串串联运算符，可将字符串串联起来。例如，'采购部主管: ' + '张立'的结果就是'采购部主管:张立'。

7. 一元运算符

一元运算符只对一个表达式进行操作，该表达式可以是数值型数据中的任意数据类型。一元运算符如表 5-7 所示。

表 5-7　一元运算符

运算符	含　义
+	数值为正
–	数值为负
~	返回数字的非

8. 运算符优先级

当一个复杂的表达式中有多个运算符时，由运算符优先级决定运算的先后顺序。在计算较低级别的运算符前，先对较高级别的运算符求值。运算符的优先级如表 5-8 所示。

表 5-8　运算符的优先级

级别	运　算　符
1	~（位非）
2	*（乘）、/（除）、%（取模）
3	+（正）、-（负）、+（加）、(+ 连接)、-（减）、&（位与）
4	=、>、<、>=、<=、<>、!=、!>、!<（比较运算符）
5	^（位异或）、|（位或）
6	NOT
7	AND
8	ALL、ANY、BETWEEN、IN、LIKE、OR、SOME
9	=（赋值）

5.2　流程控制语句

流程控制语句主要用于控制程序的顺序。下面逐个介绍 SQL Server 2017 提供的流程控制语句。

1. BEGIN…END 语句

BEGIN…END 语句用于将多个 Transact-SQL 语句组合为一个逻辑块，相当于一个语句，达到一起执行的目的。其语法格式如下。

```
BEGIN
    {
      语句 1
      语句 2
      …
    }
END
```

SQL Server 2017 允许嵌套使用 BEGIN…END 语句。

2. IF…ELSE 语句

IF…ELSE 语句用于实现程序选择结构。其语法格式如下。

```
IF   逻辑表达式
     { 语句块 1 }
[ ELSE
     { 语句块 2 }
]
```

其中，语句块可以是单个语句或一组语句。

IF…ELSE 语句的执行过程为：如果逻辑表达式的值为 TRUE，则执行语句块 1；如果有 ELSE 语句，且逻辑表达式的值为 FALSE，则执行语句块 2。SQL Server 2017 允许嵌套使用 IF…ELSE 语句。

【例 5-8】 在学生选课数据库中，查询 1 号课程的平均成绩是否超过 80 分，并显示相关信息。

分析：首先定义一个局部变量@avg_grade 来保存 1 号课程的平均成绩，对应的查询语句为“SELECT @Avg_Grade=AVG（Grade） FROM sc WHERE Cno=1”，然后将查询结果@Avg_Grade 与 80 进行比较，再显示比较结果。

在查询编辑器窗口中执行如下 Transact-SQL 语句。

```
USE 学生选课
GO
DECLARE @Avg_Grade NUMERIC(3,1)
SELECT @Avg_Grade =AVG(Grade) FROM sc WHERE Cno=1
IF @Avg_Grade>80
PRINT '选课平均成绩超过 80 分'
ELSE
PRINT '选课平均成绩不超过 80 分'
GO
```

执行结果如图 5-3 所示。

图 5-3 查询选修 1 号课程的平均成绩是否超过 80 分

3. WHILE、CONTINUE 和 BREAK 语句

WHILE 语句用于实现循环结构。如果指定的条件为真，就重复执行语句块，直到逻辑表达式为假。其语法格式如下。

```
WHILE   逻辑表达式
   BEGIN
       语句块 1
       [CONTINUE ]
       [BREAK ]
       语句块 2
END
```

参数说明如下。

BREAK：无条件退出 WHILE 循环。

CONTINUE：结束本次循环，进入下次循环，忽略 CONTINUE 后面的任何语句。

【例 5-9】 计算并输出 1+2+3+…+100 的值。

在查询编辑器窗口中执行如下 Transact-SQL 语句。

```
DECLARE @I int,@Sum int
SELECT @Sum=0
SELECT @I=1
```

```
WHILE @I<=100
  BEGIN
     SET @Sum= @Sum+@I
     SET @I=@I+1
  END
PRINT @Sum
```

执行结果为 5050。

【例 5-10】 求 1～100 的奇数的和。

```
DECLARE @I int, @Sum int
SELECT @Sum=0
SELECT @I=0
WHILE @I>=0
    BEGIN
        SET @I=@I+1
        IF @I>=100
            BEGIN
               SELECT'1~100 的奇数和'=@Sum
               BREAK
            END
           IF(@I%2)=0
           CONTINUE
        ELSE
           SELECT @Sum=@Sum+@I
    END
```

执行结果为 2500。

4. GOTO 语句

GOTO 语句用于让执行流程跳转到程序中的指定标签处，即跳过 GOTO 之后的语句，在标签处继续执行。其语法格式如下。

```
GOTO 标签名
      语句组 1
标签名:
      语句组 2
```

当程序执行到 GOTO 语句时，直接跳转到定义的标签名处，执行语句组 2，而忽略语句组 1。

【例 5-11】 利用 GOTO 语句，求 5 的阶乘。

```
DECLARE @i int,@jc int
SELECT @jc=1
SELECT @i=1
Lable1:
    SET @jc=@jc*@i
    SET @i=@i+1
    IF @i<=5
        GOTO Lable1
SELECT '5 的阶乘'=@jc
```

执行结果为 120。

5. RETURN 语句

RETURN 语句用于实现从查询或过程中无条件退出的功能。RETURN 之后的语句是不执行的。其语法格式如下。

```
RETURN [ 整数表达式 ]
```

6. WAITFOR 语句

WAITFOR 语句用于实现语句延缓一段时间或延迟到某特定的时间执行。其语法格式如下。

```
WAITFOR { DELAY 'time' | TIME 'time' }
```

参数说明如下。

DELAY：指示一直等到指定的时间过去，最长可达 24 小时。

'time'：要等待的时间。可以按 datetime 数据可接受的格式指定 time，也可以用局部变量指定此参数。

TIME：指示 SQL Server 等待到指定时间。

【例 5-12】 等待 40s 后执行查询语句。

```
WAITFOR DELAY '00:00:40'
SELECT * FROM student
```

【例 5-13】 等到 16 时 33 分后才执行查询语句。

```
WAITFOR TIME '16:33:00'
SELECT * FROM student
```

7. PRINT 语句

PRINT 语句用于向客户端返回用户信息。其语法格式如下。

```
PRINT 字符串|变量|字符串的表达式
```

说明：PRINT 语句只允许显示常量、表达式或变量，不允许显示列名。

【例 5-14】 查询是否有选修“网络编程”的学生。

分析：选课信息保存在选课表 sc 中，但 sc 表中没有课程名称，只有课程号，所以需要使用嵌套查询，即先从 course 表中查询出“网络编程”的课程号，然后从 sc 表中查询是否存在选修该课程的记录，从而判断是否有选修“网络编程”的学生。

在查询编辑器窗口中执行如下 Transact-SQL 语句。

```
IF EXISTS(SELECT *
FROM sc
WHERE Cno=(SELECT Cno
FROM course
WHERE Cname='网络编程'))
PRINT '有选修“网络编程”的学生'
ELSE
```

```
PRINT '没有选修“网络编程”的学生'
```

执行结果如图 5-4 所示。

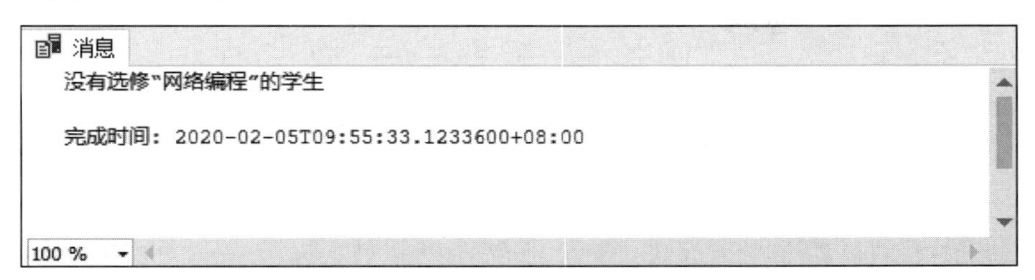

图 5-4 查询是否有选修“网络编程”的学生

8. CASE 表达式

CASE 表达式用于实现程序的多分支结构。虽然使用 IF...ELSE 语句也能够实现多分支结构，但是使用 CASE 表达式的程序的可读性更强。在 SQL Server 2017 中，CASE 表达式有以下两种格式。

（1）简单 CASE 表达式。

计算条件列表并返回多个可能结果表达式之一。其语法格式如下。

```
CASE 输入表达式
   WHEN 表达式 1 THEN 结果表达式 1
   WHEN 表达式 2 THEN 结果表达式 2
   [...n]
   [ELSE 其他结果表达式]
END
```

简单 CASE 表达式的执行过程是将输入表达式与各 WHEN 子句后面的表达式比较，如果相等，则返回对应的结果表达式的值，然后跳出 CASE 语句，不再执行后面的语句；如果 WHEN 子句后面没有与输入表达式相等的表达式，则返回 ELSE 子句后面的其他结果表达式的值。

【例 5-15】 查询每门课程的开课学期，以“第几学期”显示。

分析：课程相关信息保存在课程表 course 中，其中的 Semester 列就是开课学期，其值是数字“1、2、3……”，结果要以“第几学期”显示，可以使用 CASE 语句判断。当 Semester 的值是 1 时显示“第一学期”，当 Semester 的值是 2 时显示“第二学期”，等等。

在查询编辑器窗口中执行如下 Transact-SQL 语句。

```
USE 学生选课
GO
SELECT Cno 课程号,Cname 课程名,开课学期=
    CASE Semester
    WHEN 1 THEN '第一学期'
    WHEN 2 THEN '第二学期'
    WHEN 3 THEN '第三学期'
    WHEN 4 THEN '第四学期'
    WHEN 5 THEN '第五学期'
    WHEN 6 THEN '第六学期'
```

```
    END
FROM course
```

执行结果如图 5-5 所示。

	课程号	课程名	开课学期
1	1	数据库	第四学期
2	10	C++	第四学期
3	11	网络编程	第五学期
4	2	高等数学	第一学期
5	3	信息系统	第三学期
6	4	操作系统	第二学期
7	5	数据结构	第三学期
8	6	数据处理	第二学期
9	7	C语言	第一学期
10	8	Java	第三学期
11	9	网页制作	第五学期

图 5-5　查询课程的开课学期

（2）搜索类型的 CASE 表达式，语法格式如下。

```
CASE
    WHEN 逻辑表达式 1  THEN 结果表达式 1
    WHEN 逻辑表达式 2  THEN 结果表达式 2
    [...n]
  [ELSE 其他结果表达式]
END
```

搜索类型的CASE表达式的执行过程是先计算第一个WHEN子句后面的逻辑表达式的值，如果值为真，则 CASE 表达式的值为结果表达式 1 的值；如果值为假，则按顺序计算 WHEN 子句后面的逻辑表达式的值，返回其值为 TRUE 的第一个逻辑表达式对应的结果表达式的值。在逻辑表达式的计算结果都不为 TRUE 的情况下，如果指定了 ELSE 子句，则返回其他结果表达式的值；如果没有指定 ELSE 子句，则返回 NULL。

【例 5-16】 使用搜索类型的 CASE 表达式，查询每门课程的开课学期，以“第几学期”显示。

分析：使用搜索类型的 CASE 语句判断，当 Semester 的值是 1 时显示“第一学期”，当 Semester 的值是 2 时显示“第二学期”，等等。代码为：

```
CASE
WHEN Semester='1' THEN '第一学期'
WHEN Semester='2' THEN '第二学期'
WHEN Semester='3' THEN '第三学期'
WHEN Semester='4' THEN '第四学期'
WHEN Semester='5' THEN '第五学期'
WHEN Semester='5' THEN '第六学期'
END
```

在查询编辑器窗口中执行如下 Transact-SQL 语句。

```
USE 学生选课
```

```
GO
SELECT Cno 课程号,Cname 课程名,开课学期=
   CASE
   WHEN Semester='1' THEN '第一学期'
   WHEN Semester='2' THEN '第二学期'
   WHEN  Semester='3' THEN '第三学期'
   WHEN  Semester='4' THEN '第四学期'
   WHEN  Semester='5' THEN '第五学期'
   WHEN  Semester='6' THEN '第六学期'
   END
FROM course
```

执行结果如图 5-5 所示。

5.3 函　　数

在 Transact-SQL 中提供了丰富的函数。函数可分为系统定义函数和用户定义函数。本节介绍的是系统定义函数中最常用的聚合函数、数学函数、字符串函数、日期和时间函数、系统函数、元数据函数、配置函数和系统统计函数等。

5.3.1 聚合函数

聚合函数用于对一组数据执行某种计算并返回一个结果。聚合函数经常在 SELECT 语句的 GROUP BY 子句中使用。表 5-9 对常用的聚合函数进行了简要说明。

表 5-9　常用的聚合函数

函数名	功　能
AVG	返回一组值的平均值
COUNT	返回一组值中项目的数量，返回值为 int 类型
COUNT_BIG	返回一组值中项目的数量，返回值为 bigint 类型
MAX	返回表达式或者项目中的最大值
MIN	返回表达式或者项目中的最小值
SUM	返回表达式中所有项的和，或者只返回 DISTINCT 值。SUM 只能用于数字列
STDEV	返回表达式中所有值的统计标准偏差
STDEVP	返回表达式中所有值的填充统计标准偏差
VAR	返回表达式中所有值的统计标准方差

聚合函数只能在以下位置作为表达式使用： SELECT 语句的选择列表（子查询或外部查询）中、COMPUTE 或 COMPUTE BY 子句中、HAVING 子句中。

5.3.2 数学函数

数学函数用于对数值表达式进行数学运算并返回运算结果。使用数学函数可以对 SQL Server 2017 系统提供的数值数据进行运算，如 decimal、integer、float、money、smallmoney、smallint 和 tinyint。常用的数学函数如表 5-10 所示。

表 5-10　常用的数学函数

类　别	函　数	功　能
三角函数	SIN(float 表达式) COS(float 表达式) TAN(float 表达式) COT(float 表达式)	返回指定角度（以弧度为单位）的三角正弦值 返回指定角度（以弧度为单位）的三角余弦值 返回指定角度（以弧度为单位）的三角正切值 返回指定角度（以弧度为单位）的三角余切值
反三角函数	ASIN(float 表达式) ACOS(float 表达式) ATAN(float 表达式) ATIN2(float 表达式 1，(float 表达式 2)	返回指定角度（以弧度为单位）的三角反正弦值 返回指定角度（以弧度为单位）的三角反余弦值 返回指定角度（以弧度为单位）的三角反正切值 返回两个值的反正切值
角度弧度转换	DEGREES(数值表达式) RADINANS(数值表达式)	返回弧度值相对应的角度值 返回一个角度的弧度值
对数函数	EXP(float 表达式) LOG(float 表达式) LOG10(float 表达式)	返回指定的 float 表达式的指数值 计算以 2 为底的自然对数 计算以 10 为底的自然对数
幂函数	POWER(数值表达式，Y) SQRT(float 表达式) SQUARE(float 表达式) ROUND(float 表达式)	幂运算，其中 Y 为数值表达式进行运算的幂值 返回指定的 float 表达式的平方根 返回指定的 float 表达式的平方 对一个小数进行四舍五入运算，使其具备特定的精度
边界函数	FLOOR(数值表达式) CEILING(数值表达式)	返回小于或等于指定数值表达式的最大整数（也称为地板函数） 返回大于或等于指定数值表达式的最小整数（也称为天花板函数）
符号函数	ABS(数值表达式) SIGN(float 表达式)	返回一个数的绝对值 根据参数是正还是负，返回-1、+1 和 0
随机函数	RAND([seed])	返回 float 类型的随机数、该数的值在 0 和 1 之间，seed 为提供种子值的整数表达式
PI 函数	PI()	返回以浮点数表示的圆周率

【例 5-17】　求 SIN(3)和 $|-13|$ 的值。

分析：要求 SIN(3)的值，SIN 函数要求指定角度（以弧度表示），“3”符合要求，所以直接用 SELECT SIN(3)即可。绝对值函数的变量只能是数值型。

```
SELECT SIN(3),ABS(-13)
```

执行结果如图 5-6 所示。

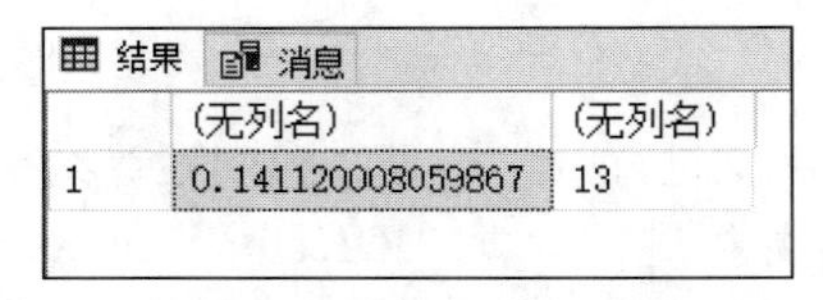

	(无列名)	(无列名)
1	0.141120008059867	13

图 5-6　使用 SIN()和 ABS()函数

【例 5-18】 求大于或等于 25.125 的最小整数，求小于或等于 25.125 的最大整数。

分析：使用 CEILING()函数可以求大于或等于指定数值表达式的最小整数，使用 FLOOR()函数可以求小于或等于指定数值的最大整数。

在查询编辑器窗口中执行如下 Transact-SQL 语句。

```
SELECT CEILING(25.125) 最小整数,FLOOR(25.125) 最大整数
```

执行结果如图 5-7 所示。

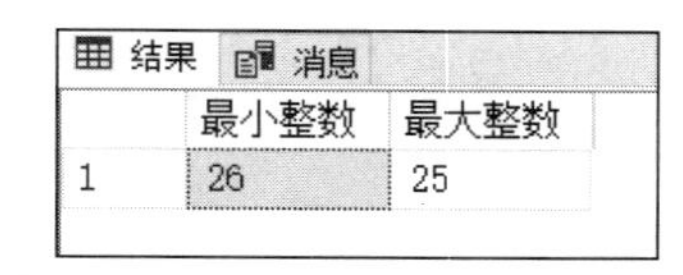

图 5-7 使用 CEILING()和 FLOOR()函数

5.3.3 字符串函数

常用的字符串函数如表 5-11 所示。

表 5-11 常用的字符串函数

函 数	功 能
ASCII(字符表达式)	返字最左侧的字符的 ASCII 码值
CHAR(整型表达式)	将 int ASCII 代码转换为字符
LEFT(字符表达式,整数)	返回从左边开始指定个数的字符串
RIGHT(字符表达式,整数)	截取从右边开始指定个数字符串
SUBSTRING(字符表达式,起始点,n)	截取从起始点开始 n 个
CHARINDEX(字符表达式 1,字符表达式 2,[开始位置])	求子串位置
LTRIM(字符表达式)	剪去左空格
RTRIM(字符表达式)	剪去右空格
REPLICATE(字符表达式,n)	重复字符串
REVERSE(字符表达式)	倒置字符串
STR(数字表达式)	数值转换为字符串
REPLACE(字符串 1,字符串 2,字符串 3)	替换字符串

【例 5-19】 使用函数替换“郑冬松老师”为“郑向阳老师”。

分析：可以使用 REPLACE 函数把字符串“郑冬松老师”中的“冬松”替换为“向阳”。

在查询编辑器窗口中执行如下 Transact-SQL 语句。

```
SELECT REPLACE('郑冬松老师','冬松','向阳')
```

执行结果为：

郑向阳老师。

5.3.4 日期和时间函数

对日期和时间函数的输入值执行操作，返回一个字符串、数字或日期和时间值。常用的日期和时间函数如表 5-12 所示。

表 5-12 常用的日期和时间函数

函　数	功　能
DATEADD(datepart,数值,日期)	返回增加一个时间间隔后的日期结果
DATEDIFF(datepart,日期 1,日期 2)	返回两个日期之间的时间间隔，格式为 datepart 参数指定的格式
DATENAME(datepart,日期)	返回日期的文本表示，格式为 datepart 指定格式
DATEPART(datepart,日期)	返回某日期的 datepart 代表的整数值
GETDATE()	返回当前系统日期和时间
DAY(日期)	返回某日期的日 datepart 所代表的整数值
MONTH(日期)	返回某日期的月 datepart 所代表的整数值
YEAR(日期)	返回某日期的年 datepart 所代表的整数值

其中，参数 datepart 用于指定要返回新值的日期和时间的组成部分。表 5-13 列出了 Microsoft SQL Server 2017 可识别的日期和时间部分及其缩写。

表 5-13 可识别的日期和时间部分及其缩写

日期和时间部分	缩　写	日期和时间部分	缩　写
year	yy,yyyy	week	wk, ww
quarter	qq,q	weekday	dw,w
month	mm,m	hour	hh
dayofyear	dy,y	minute	mi,n
day	dd,d	second	ss,s

【例 5-20】 输出当前日期。

分析： 使用 GETDATE()函数输出当前日期。

在查询编辑器窗口中执行如下 Transact-SQL 语句。

```
PRINT GETDATE()
```

执行结果为：

```
01 29 2020  9:14PM
```

【例 5-21】 输出指定日期的天的数字。

分析： 使用 DAY()函数输出日期中日部分对应的数字。

在查询编辑器窗口中执行如下 Transact-SQL 语句。

```
PRINT DAY('01/29/2020')
```

执行结果为 29。

【例 5-22】 获得指定时间后的新日期。

在查询编辑器窗口中执行如下 Transact-SQL 语句。

```
PRINT DATEADD(DY,30,'01/29/2020')
```

输出结果如下：

```
02 28 2020 12:00AM
```

即 2020 年 1 月 29 日再过 30 天是 2020 年 2 月 28 日。

说明：日期和时间函数用于完成所有的字符串转换操作，并返回 SQL Server 标准日期和时间格式的输出结果。所有这些日期和时间函数都会自动执行该转换。

【例 5-23】 计算两个日期之间相差的天数。

在查询编辑器窗口中执行如下 Transact-SQL 语句。

```
PRINT DATEDIFF(DY,'07/01/2001','01/29/2020')
```

输出结果为 6786。

5.3.5 系统函数

使用系统函数可以对 SQL Server 2017 中的值、对象和设置进行操作并返回有关信息。常用系统函数如表 5-14 所示。

表 5-14 常用系统函数

函　　数	功　　能
APP_NAME()	返回当前会话的应用程序名称（如果应用程序进行了设置）
CASE 表达式	计算条件列表，并返回表达式的多个可能结果之一
CONVERT(目标数据类型，表达式[日期样式])	将一种数据类型的表达式显式转换为另一种数据类型的表达式
CAST(表达式 AS 目的数据类型)	将一种数据类型的表达式显式转换为另一种数据类型的表达式
COALESC(表达式[,…n])	返回其参数中的第一个非空表达式
DATALENGTH(表达式)	返回用于表示任何表达式的字节数
CURRENT_USER	返回当前用户的名称
HOST_NAME()	返回工作站名
IS NULL(表达式 1，表达式 2)	判断表达式 1 的值是否为空，如果是，就用表达式 2 的值代替
@@ROWCOUNT	返回受上一语句影响的行数
OBJECT_ID(对象名)	返回架构范围内对象的数据库对象标识号

表 5-14 中的 CONVERT()函数的日期样式的取值如表 5-15 所示。

表 5-15 CONVERT()函数的日期样式的取值

不带世纪数位（yy）	带世纪数位（yyyy）	标准	输入输出格式
—	0 或 100	默认设置	mon dd yyyy hh:mi AM（或 PM）
1	101	美国	mm/dd/yy

续表

不带世纪数位（yy）	带世纪数位（yyyy）	标准	输入输出格式
2	102	ANSI	yy.mm.dd
3	103	英国/法国	dd/mm/yy
4	104	德国	dd.mm.yy
5	105	意大利	dd-mm-yy
6	106	—	dd mon yy
7	107	—	mon dd,yy
8	108	—	hh:mm:ss

【例 5-24】 显示 5 个 1～6 的整型随机数。

分析：要产生随机数必须用 RAND()函数，但是 RAND()函数产生的是 0～1 的 float 类型的数，所以将 RAND()乘以 10 后，利用 FLOOR()函数将产生的随机数转换为 0～9 的整型数据。但本例中需要显示的是 5 个 1～6 的整型随机数，因此利用%运算符进行运算，以得到所需的 0～5 的整型数据，利用+1 运算即可得到 1～6 的整型随机数。

在查询编辑器窗口中执行如下 Transact-SQL 语句。

```
DECLARE @I smallint, @rad smallint
    SET @i=1
    WHILE @i<=5
   BEGIN
     SELECT @rad=FLOOR(RAND()*10)
     SELECT @rad=@rad%6+1
     PRINT @rad
     SET @i=@i+1
     END
GO
```

执行结果如图 5-8 所示。

说明：由于产生的是随机数，所以每次执行的结果均不同。

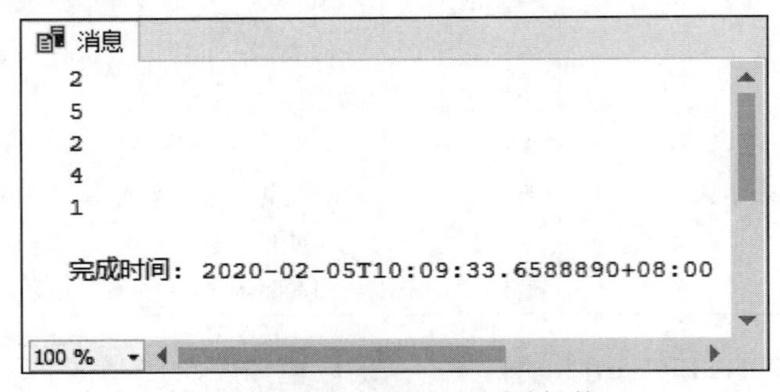

图 5-8 显示 1～6 的整型随机数

【例 5-25】 输出当前日期，显示为当前是××××年。

分析：可以通过 YEAR(GETDATE())函数得到当前的年份，再使用 CONVERT()转换函数转换为字符串输出。

在查询编辑器窗口中执行如下 Transact-SQL 语句。

```
PRINT '当前是:'+CONVERT(char(4),YEAR(GETDATE())) +'年'
```

执行结果如图 5-9 所示。

```
消息
当前是:2020年

完成时间: 2020-01-29T21:34:16.0511633+08:00
```

图 5-9　显示当前年份

5.3.6　元数据函数

元数据函数返回有关数据库和数据库对象的信息，所以元数据函数都具有不确定性。常用的元数据函数如表 5-16 所示。

表 5-16　常用的元数据函数

函　　数	功　　能
COL_LENGTH (表名，列名)	返回列的定义长度（以字节为单位）
COL_NAME(表标识号,列标识号)	根据指定的对应表标识号和列标识号返回列的名称
DB_ID ([数据库名称])	返回数据库标识号
DB_NAME ([数据库的标识号])	返回数据库名称

【例 5-26】　显示当前数据库的名称和标识号。

分析：利用 DB_NAME()函数可得到当前数据库的名称，利用 DB_ID()函数可得到当前数据库的标识号。

在查询编辑器窗口中执行如下 Transact-SQL 语句。

```
USE 学生选课
GO
SELECT DB_Name()
SELECT DB_id()
GO
```

执行结果如图 5-10 所示。

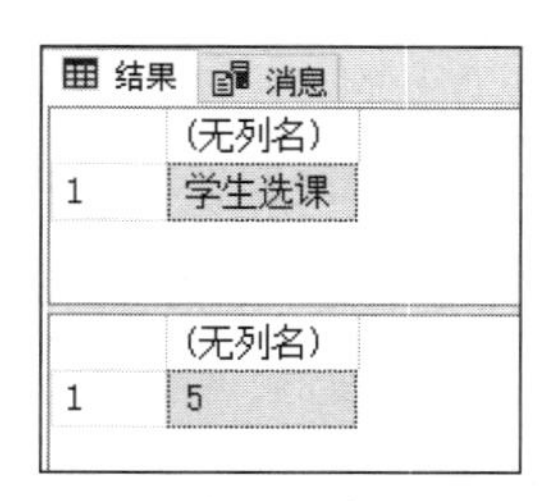

图 5-10　显示当前数据库的名称和标识号

5.3.7 配置函数

配置函数用于实现返回当前配置选项设置信息的功能。常用的配置函数如表 5-17 所示。

表 5-17 常用的配置函数

函 数	功 能
@@DBTS	返回当前数据库的当前 timestamp 数据类型的值
@@LANGUAGE	返回当前所用语言的名称
@@MAX_CONNECTIONS	返回 SQL Server 实例允许同时进行的最大用户连接数
@@TEXTSIZE	返回当前系统设置的 textsize 的大小
@@VERSION	返回当前安装的 SQL Server 版本、处理器体系结构、生成日期和操作系统

【例 5-27】 显示当前安装的 SQL Server 版本信息。

在查询编辑器窗口中执行如下 Transact-SQL 语句。

```
SELECT @@version AS 'SQL Server Version'
```

执行结果如图 5-11 所示。

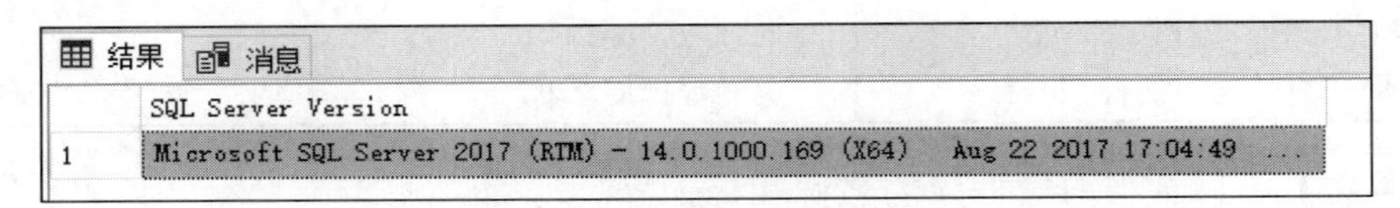

图 5-11 显示当前安装的 SQL Server 版本信息

5.3.8 系统统计函数

在 SQL Server 2017 中，通常以全局变量的形式来表达系统统计函数。常用的系统统计函数如表 5-18 所示。

表 5-18 常用的系统统计函数

函 数	功 能
@@ CONNECTIONS()	返回 SQL Server 自上次启动以来尝试的连接数
@@CPU_BUSY()	返回 SQL Server 自上次启动后的工作时间
@@IDLE()	返回 SQL Server 自上次启动后的空闲时间
@@PACK_RECEIVED()	返回 SQL Server 自上次启动后从网络读取的输入数据包数
@@TOTAL_READ()	返回 SQL Server 自上次启动后读取磁盘的次数

说明： 由于所有的系统统计函数都具有不确定性，因此这意味着即便使用相同的一组输入值，也不会在每次调用这些函数时都返回相同的结果。

5.4 游　　标

5.4.1 游标的概念

关系数据库的大部分管理操作都与 SELECT 语句有着密切的联系。SELECT 语句一般返回的是包含多条记录的结果集，当用户需要访问一个结果集中的某条具体记录时，就需要使用游标功能。SQL Server 2017 使用 CURSOR 关键词来表示游标。使用关键字 GLOBAL 和 LOCAL 表示一个游标声明为全局游标和局部游标。作为全局游标，一旦被创建就可以在任何位置上访问，而作为局部游标则只能在声明和创建的函数或存储过程中对它进行访问。当多个不同的过程或函数需要访问和管理同一结果集时，应使用全局游标。而局部游标管理起来更容易一些，因而其安全性也相对较高。局部游标可以在一个存储过程、触发器或用户自定义的函数中声明。由于其作用域受存储过程的限制，所以在自身所处的过程中对游标的任何操作都不会对其他过程中声明的游标产生影响。

5.4.2 游标的使用

使用 Transact-SQL 语句定义和操作游标有 5 个主要步骤：声明游标、打开游标、读取游标、关闭游标和释放游标，在 Transact-SQL 中使用游标的具体步骤如下。

（1）声明游标。

在使用游标之前，首先需要声明游标，声明游标的语句为 DECLARECURSOR。语法格式如下。

```
DECLARE cursor_name CURSOR [ LOCAL | GLOBAL ]
[ FORWARD_ONLY | SCROLL ]
[ STATIC | KEYSET | DYNAMIC | FAST_FORWARD ]
[ READ_ONLY | SCROLL_LOCKS | OPTIMISTIC ]
[ TYPE_WARNING ]
FOR select_statement
[ FOR UPDATE [ OF column_name [ ,...n ] ] ]
```

语句中各参数的意义如表 5-19 所示。

表 5-19　声明游标参数含义

参　　数	含　　义
CURSOR_NAME	指定要声明游标的名称
LOCAL	指定游标的作用域，LOCAL 表示游标的作用域为局部
GLOBAL	指定游标的作用域，GLOBAL 表示游标的作用域为全部
FORWARD_ONLY	指定游标只能从第一条记录向下滚动到最后一条记录
STATIC	定义一个游标使用数据的临时副本，对游标的所有请求都通过 tempdb 中的临时表得到应答，提取数据时对该游标不能反映基表数据修改的结果。静态游标不允许更改
DYNAMIC	表示当游标滚动时，动态游标反映对结果集内所有数据的更改

续表

参　　数	含　　义
KEYSET	指定打开游标时，游标中记录顺序和成员身份已被固定，对进行唯一标识的键集内置在 tempdb 内一个称为 keyset 的表中
READ_ONLY|SCROLL_LOCKS|OPTIMISTIC	第一个参数表示游标为只读游标，SCROLL_LOCKS 表示在使用游标的结果集时放置锁，当游标对数据进行读取时，数据库会对记录进行锁定，保证数据的一致性。OPTIMISTIC 的作用在于通过游标读取数据，如果读取数据之后被更改，那么通过游标定位进行的更新和删除操作不会成功
select_statement	指定游标所用结果集的 SELECT 语句

【例 5-28】　声明游标，用于读取学生表中所有男生的学号和姓名。

```
USE 学生选课
DECLARE Mycur CURSOR
FOR  SELECT Sno,Sname
FROM student
WHERE Ssex='男'
```

说明：*游标默认为动态游标即 DYNAMIC，默认读取方式是向下即 FORWARD_ONLY。*

（2）打开游标。

打开游标的关键词是 OPEN，打开一个游标才可以对其进行访问。使用 OPEN 语句打开游标的语法格式如下。

```
OPEN [LOCAL|GLOBAL] <游标名>|<游标变量名>
```

【例 5-29】　打开例 5-28 所声明的游标。

```
OPEN Mycur
```

（3）读取游标。

如果需要使用游标获取某一条记录的信息，则需要使用 FETCH 语句来获取该记录的值，一条 FETCH 语句会执行两步操作：首先将游标当前指向的记录保存到一个局部变量中；然后游标自动移向下一条记录。将一条记录读入某个局部变量后，就可以根据需要对其进行处理。FETCH 语句获取记录信息的语法格式如下。

```
FETCH [[NEXT | PRIOR | FIRST | LAST|
ABSOLUTE{ n | @nvar | RELATIVE { n | @nvar}}
FROM ] cursor_name [INTO @variable_name[ ,...n]]
```

语句中各参数的意义如表 5-20 所示。

表 5-20　FETCH 语句的参数含义

参　　数	含　　义
NEXT	移至下一行
PRIOR	移至上一行
FIRST	移至第一行

续表

参　数	含　义
LAST	移至末行
ABSOLUTE n	位移到第 n 行
RELATIVE n	从当前位置移 n 行
INTO @variable_name	把当前行的各字段值赋给变量

默认情况下，使用 OPEN 命令打开游标后，游标不指向结果集中的任何一条记录，此时需要使用 FETCH 语句将游标定位到记录集中的一条记录上。然后，可以使用 FETCH NEXT 和 FETCH PRIOR 移向当前记录的下一条记录和或上一条记录；使用 FETCH FIRST 和 FETCH LAST 来移至首条记录或尾记录。FETCH 同样可以实现绝对位移和相对位移，此时可以使用 FETCH ABSOLUTE n 或 FETCH RELATIVE n。

【例 5-30】 从例 5-29 打开的游标中读取当前行数据。

```
FETCH NEXT FROM Mycur
```

（4）关闭游标。

当不需要使用游标功能时，可以使用 CLOSE 语句来关闭该游标，释放那些被该游标锁定的记录集。

关闭游标意味着解锁该游标占用的所有记录集资源。需要注意的是，关闭一个游标只是意味着释放其所控制的所有数据集资源，但游标自身所占有的系统资源并没有被释放。

【例 5-31】 关闭 Mycur 游标。

```
CLOSE Mycur
```

（5）释放游标。

关闭游标后，仍需要进一步释放游标本身占有的系统资源。此时，可使用 DEALLOCATE 语句完成此项操作。合理地使用游标的声明、打开、关闭和释放可以达到有效重复利用游标的目的。如果确定不再需要访问任何数据集，可使用 DEALLOCATE 语句彻底释放该游标自身所占有的系统资源。

【例 5-32】 释放 Mycur 游标。

```
DEALLOCATE Mycur
```

5.4.3 游标的应用

使用游标可以定位到某一指定的记录，而且可以对所定位记录的数据进行读取或更改。实际上，游标就是指向内存中结果集的指针，可以实现对内存中的结果集进行各种操作。下面通过实例继续对使用游标的主要步骤进行详细介绍。

【例 5-33】 使用游标，逐行打印每个学生的学号和姓名。

分析：要逐行打印每个学生的信息，需要使用游标，声明游标后，使用 FETCH NEXT 逐行读取游标数据，读取的行数据赋值给变量，打印输出变量即可。

在查询编辑器窗口中执行如下 Transact-SQL 语句。

```
USE 学生选课
GO
DECLARE Mycur CURSOR  FOR
SELECT Sno,Sname FROM student
DECLARE @Ssname varchar(20),@Ssno varchar(20)   --定义 2 个变量用于存放游标获取
                                                --的行数据
OPEN Mycur                                      --打开游标
FETCH NEXT FROM Mycur INTO @Ssno,@Ssname        --读取游标
WHILE @@Fetch_Status=0                          --游标读取数据成功
BEGIN
    PRINT '学号:'+@Ssno+',姓名:'+@Ssname         --打印数据
    FETCH NEXT FROM Mycur INTO  @Ssno,@Ssname   --游标下移，读取下一行数据
END
  CLOSE Mycur                                   --关闭游标
DEALLOCATE Mycur                                --释放游标资源
```

执行结果如图 5-12 所示。

图 5-12　逐行打印学生的学号和姓名

【例 5-34】　声明游标，读取学生表中信息系学生的信息，读取第 2 条记录，并显示总行数。

分析：要读取游标指定行，可以使用 ABSOLUTE n，这时要求游标的读取方式必须是 SCROLL。

在查询编辑器窗口中执行如下 Transact-SQL 语句。

```
USE 学生选课
GO
DECLARE Mycur SCROLL CURSOR FOR              --声明读取方式为 SCROLL 的游标
SELECT * FROM student WHERE Sdept='信息系'
OPEN Mycur                                   --打开游标
FETCH ABSOLUTE 2 FROM Mycur                  --读取游标的第二行
SELECT @@Cursor_Rows                         --返回游标中满足条件的行数
CLOSE Mycur                                  --关闭游标
```

```
DEALLOCATE Mycur                                        --释放游标资源
```

执行结果如图 5-13 所示。

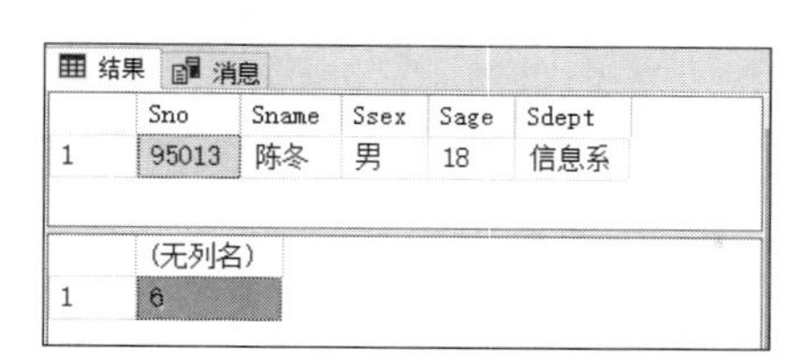

	Sno	Sname	Ssex	Sage	Sdept
1	95013	陈冬	男	18	信息系

	(无列名)
1	6

图 5-13　游标读取指定行数据

【例 5-35】　声明一个游标，并用游标修改信息系年龄最小的学生的年龄为 20 岁。

分析：可以使用游标指向一个按年龄降序排序的信息系学生的结果集，然后用 LAST 将游标指向最后一行，使用 WHERE CURRENT OF Mycur 条件修改数据。

在查询编辑器窗口中执行如下 Transact-SQL 语句。

```
USE 学生选课
GO
DECLARE Mycur SCROLL CURSOR FOR                         --声明读取方式为 SCROLL 的游标
SELECT * FROM student WHERE Sdept='信息系'
ORDER BY Sage DESC                                      --按年龄降序排列
OPEN Mycur                                              --打开游标
FETCH LAST FROM Mycur                                   --读取游标最后一行
UPDATE student
SET Sage=20
WHERE CURRENT OF Mycur                                  --修改游标当前指向的行
CLOSE Mycur                                             --关闭游标
DEALLOCATE Mycur                                        --释放游标资源
```

对比执行前后的 student 表，结果如图 5-14 所示。

Sno	Sname	Ssex	Sage	sdept
95001	刘超华...	男	22	计算机系 ...
95002	刘晨 ...	女	21	信息系 ...
95003	王敏 ...	女	20	数学系 ...
95004	张海 ...	男	23	数学系 ...
95005	陈平 ...	男	21	数学系 ...
95006	陈斌斌...	男	28	数学系 ...
95007	刘德虎...	男	24	数学系
95008	刘宝祥...	男	22	计算机系 ...
95009	吕翠花...	女	26	计算机系 ...
95010	马盛 ...	男	23	数学系 ...
95011	吴霞 ...	男	22	计算机系 ...
95012	马伟 ...	男	22	数学系 ...
95013	陈冬 ...	男	18	信息系 ...
95014	李小鹏...	男	22	计算机系 ...
95015	王娜 ...	女	23	信息系 ...
95016	胡萌 ...	女	23	计算机系 ...
95017	徐晓兰...	女	21	计算机系 ...
95018	牛川 ...	男	22	信息系 ...
95019	孙晓慧...	女	23	信息系 ...
95020	王俊涛...	男	23	信息系 ...
NULL	NULL	NULL	NULL	NULL

Sno	Sname	Ssex	Sage	sdept
95001	刘超华...	男	22	计算机系 ...
95002	刘晨 ...	女	21	信息系 ...
95003	王敏 ...	女	20	数学系 ...
95004	张海 ...	男	23	数学系 ...
95005	陈平 ...	男	21	数学系 ...
95006	陈斌斌...	男	28	数学系 ...
95007	刘德虎...	男	24	数学系 ...
95008	刘宝祥...	男	22	计算机系 ...
95009	吕翠花...	女	26	计算机系 ...
95010	马盛 ...	男	23	数学系 ...
95011	吴霞 ...	男	22	计算机系 ...
95012	马伟 ...	男	22	数学系 ...
95013	陈冬 ...	男	20	信息系 ...
95014	李小鹏...	男	22	计算机系 ...
95015	王娜 ...	女	23	信息系 ...
95016	胡萌 ...	女	23	计算机系 ...
95017	徐晓兰...	女	21	计算机系 ...
95018	牛川 ...	男	22	信息系 ...
95019	孙晓慧...	女	23	信息系 ...
95020	王俊涛...	男	23	信息系 ...
NULL	NULL	NULL	NULL	NULL

图 5-14　使用游标修改数据

说明：本例完成后请还原“陈冬”的年龄数据。

习　题　5

一、选择题

1．如果统计所有职工的总工资，则用到的聚合函数是（　　）。

A．SUM()　　B．COUNT()　　C．FIRST()　　D．STDEV()

2．在 SQL Server 中的 CASE…END 语句属于（　　）。

A．顺序结构　　B．循环结构　　C．分支结构　　D．语句块结构

3．在 SQL Server 程序中，注释行使用的符号是（　　）。

A．*　　B．--　　C．'　　D．{ }

4．下列说法中正确的是（　　）。

A．SQL 中局部变量可以不声明就使用

B．SQL 中全局变量必须先声明再使用

C．SQL 中所有变量都必须先声明后使用

D．SQL 中只有局部变量先声明后使用，全局变量是由系统提供的用户不能自己建立

5．下列说法中不正确的是（　　）。

A．游标使用需要先声明　　B．全局游标可以随意改变

C．声明游标的关键词是 CURSOR　　D．用 FETCH 关键词读取游标数据

二、填空题

1．在 Transact-SQL 中变量分为________和________。

2．以________符号开头的变量为全局变量。

3．SQL Server 聚合函数有最大、最小、求和、平均和计数等，它们分别是 MAX、________、________、AVG 和 COUNT。

4．返回两个日期之间差距的函数是________。

三、简答题

1．SQL 的数据类型有哪些？分别有什么作用？

2．需要为 SQL Server 中的变量赋值时，可以用哪两种命令？

3．使用 SQL 实现计算 1+2+3+…+100 的和，并使用 PRINT 显示计算结果。

第6章 视图和索引的应用

学习目标

理解视图的作用；掌握视图的概念、特点和类型；掌握创建、修改和删除视图的方法；掌握查看和加密视图定义文本的方法；掌握通过视图修改基本表中数据的方法；掌握使用图形化工具管理视图的方法。

理解索引的优点和缺点；了解聚集索引和非聚集索引的特点；掌握索引与约束的关系；掌握使用 CREATE INDEX 语句创建索引的方法；掌握查看、删除和修改索引的方法；掌握分析和维护索引的方法。

学会使用视图和索引。在实际数据库中，结合实际需求灵活地运用视图和索引，可提高数据库的开发效率和安全性，可提高数据检索的速度。

6.1 视 图

本节介绍视图的作用以及如何创建和使用视图。

6.1.1 视图概述

6.1.1.1 视图的定义

视图是一种常用的数据库对象，可以把它看成从一个或几个基本表导出的虚表或存储在数据库中的查询。定义视图的筛选可以来自当前或其他数据库的一个或多个表，或者其他视图。

数据库中只存放视图的定义，而不存放视图对应的数据，数据存放在原来的基本表中。当基本表中的数据发生变化时，从视图中查询出的数据也会随之改变。

6.1.1.2 视图的作用

视图一经定义，就可以像基本表一样被查询、删除。视图为查看和存取数据提供了另一种途径。使用查询可以完成的大多数操作，使用视图一样可以完成；使用视图还可以简化数据操作；当通过视图修改数据时，相应的基本表的数据也会发生变化；同时，若基本表的数据发生变化，则这种变化也可以自动反映到视图中。视图具有如下作用。

1. 简化操作

视图大大简化了用户对数据的操作。如果一个查询非常复杂，跨越多个数据表，那么通过将这个复杂查询定义为视图，这样在每一次执行相同的查询时，只要一条简单的查询视图语句即可。由此可见，视图向用户隐藏了表与表之间复杂的连接操作。

例如，如图 6-1 所示，要查询选修了 1 号课程的信息系学生的信息。如果已经建立了学生选课的视图 stu_sc（包含所有选课学生的信息和选课信息），则可以通过该视图直接查询选修了 1 号课程的信息系学生的信息。利用基本表（student 和 sc）的查询语句为：

```
SELECT student.Sno 学号, Sname 姓名,Ssex 性别,Sage 年龄,Sdept 所在系
FROM student INNER JOIN sc ON student.Sno=sc.Sno
WHERE Cno='1' AND Sdept='信息系'
```

利用 stu_sc 视图的查询语句为：

```
SELECT Sno 学号,Sname 姓名,Ssex 性别,Sage 年龄,Sdept 所在系
FROM stu_sc
WHERE Cno='1' AND Sdept='信息系'
```

很明显，视图将两个表的连接操作隐蔽了起来。

	学号	姓名	性别	年龄	所在系
1	95001	刘超华	男	22	计算机系
2	95001	刘超华	男	22	计算机系
3	95001	刘超华	男	22	计算机系
4	95001	刘超华	男	22	计算机系
5	95001	刘超华	男	22	计算机系
6	95001	刘超华	男	22	计算机系
7	95001	刘超华	男	22	计算机系
8	95002	刘晨	女	21	信息系
9	95002	刘晨	女	21	信息系
10	95004	张海	男	23	数学系
11	95004	张海	男	23	数学系
12	95005	陈平	男	21	数学系
13	95006	陈斌斌	男	28	数学系
14	95006	陈斌斌	男	28	数学系
15	95010	马盛	男	23	数学系
16	95013	陈冬	男	18	信息系
17	95013	陈冬	男	18	信息系
18	95014	李小鹏	男	22	计算机系
19	95015	王娜	女	23	信息系

图 6-1　视图 stu_sc

2. 提高数据安全性

视图创建了一种可以控制的环境，为不同的用户定义不同的视图，可以使每个用户只能看到他有权看到的数据。这样那些没有必要的、敏感的或不适合的数据都从视图中排除了，用户只能查询和修改视图中显示的数据。

3. 屏蔽数据库的复杂性

用户不必了解数据库中复杂的表结构，视图将数据库设计的复杂性和用户的使用方式屏蔽了。数据库管理员可以在视图中将那些难以理解的列替换成数据库用户容易理解和接受的名称，从而为用户使用提供极大便利，并且数据库中表的更改也不会影响用户对数据

库的使用。

4. 数据即时更新

视图代表的是一致的、非变化的数据库数据，当它所基于的数据表发生变化时，视图能够即时更新，提供与数据表一致的数据。

6.1.2 创建视图

SQL Server 2017 中可使用 SQL Server Management Studio 和 CREATE VIEW 语句来创建视图。

1. 使用 SQL Server Management Studio

【例 6-1】 创建视图 stu_sc1，显示学生的学号、姓名、性别和选课的课程号、成绩。

具体操作步骤如下。

（1）启动 SQL Server Management Studio。

（2）在“对象资源管理器”窗格中展开“数据库”→“学生选课”选项。

（3）右击“视图”选项，在弹出的快捷菜单中选择“新建视图”命令，弹出如图 6-2 所示的对话框。在“添加表”对话框中，按住 Ctrl 键的同时选择 student 表和 sc 表，单击“添加”按钮。

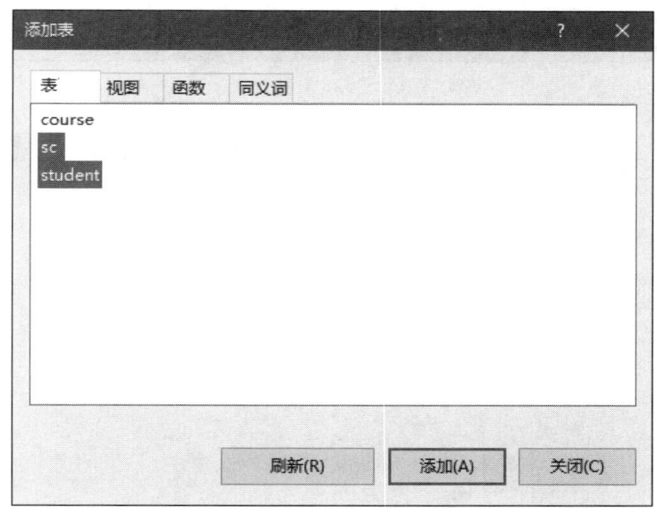

图 6-2 “添加表”对话框

（4）打开如图 6-3 所示的工作界面。在该界面中共有 4 个区：“关系”窗格、“网格”窗格、SQL 窗格和“结果”窗格。

（5）在“关系图”窗格中，选择包含在视图中的数据列。选择 student 表中的 Sno、Sname 和 Ssex 字段，选择 sc 表中的 Cno 和 Grade 字段。此时相应的 SQL Server 脚本便自动显示在 SQL 窗格中。

（6）为了便于用户阅读，将所有的列改为汉字。通过修改“条件”窗格中的“别名”栏即可实现，修改结果如图 6-4 所示。此时相应的 SQL Server 脚本便显示在 SQL 窗格中。

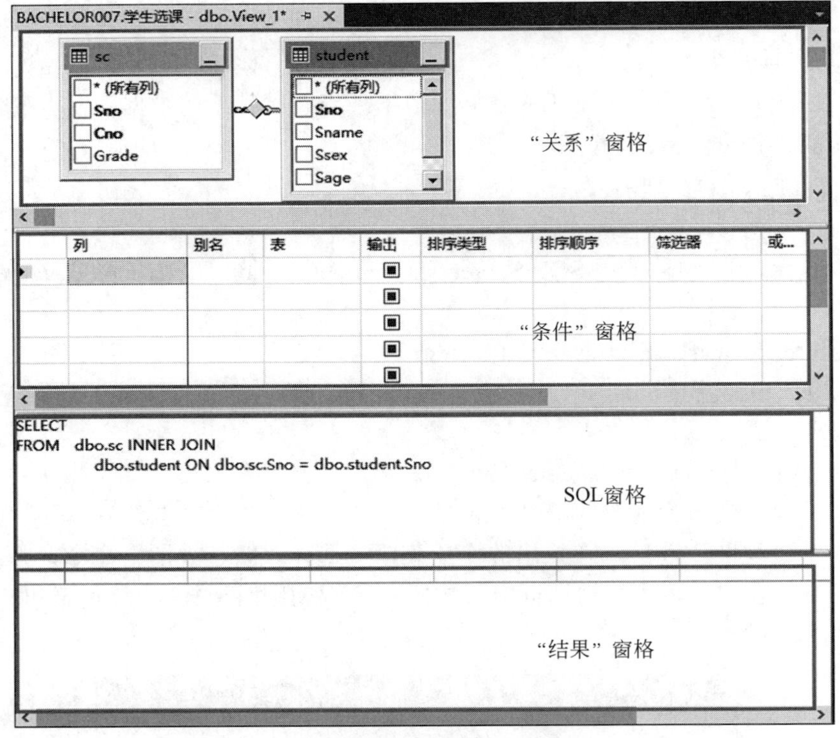

图 6-3　视图设计器

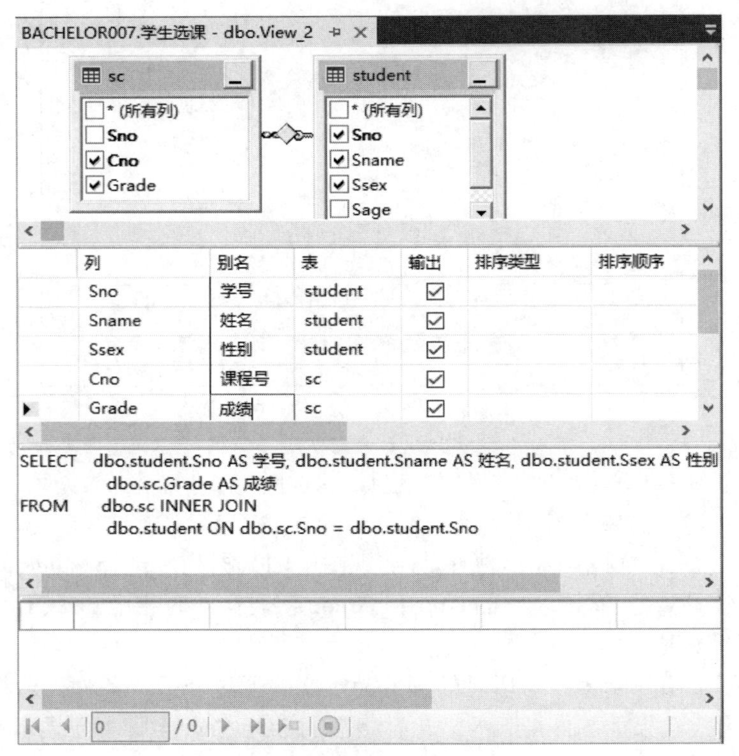

图 6-4　改进后的视图

（7）单击工具栏上的 按钮，执行 Transact-SQL 语句，在“结果”窗格中就会显示出包含在视图中的数据行。

（8）单击工具栏上的 按钮，弹出输入视图名称的“选择名称”对话框，如图 6-5 所示。在其中输入视图名称 stu_sc1，单击“确定”按钮保存视图，完成视图创建工作。

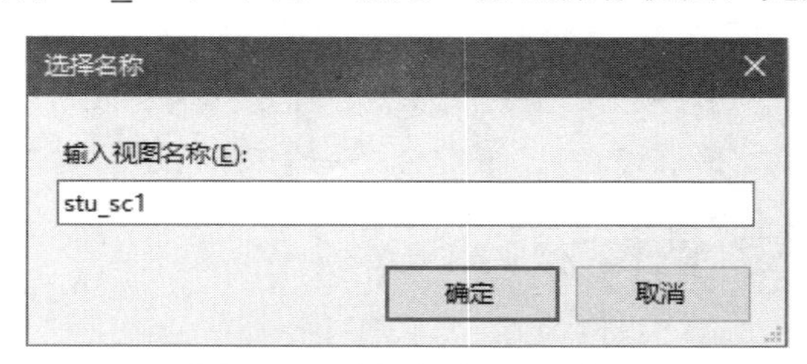

图 6-5 “选择名称”对话框

（9）在“对象资源管理器”窗格中刷新“视图”选项，即可在其中看到创建的 stu_sc1 视图。选择 stu_sc1 视图并右击，在弹出的快捷菜单中选择“编辑前 200 行”命令，显示视图的内容，如图 6-6 所示。

BACHELOR007.学生...课 - dbo.stu_sc1

	学号	姓名	性别	课程号	成绩
▶	95001	刘超华 ...	男	1	87
	95001	刘超华 ...	男	2	76
	95001	刘超华 ...	男	3	79
	95001	刘超华 ...	男	4	80
	95001	刘超华 ...	男	5	81
	95001	刘超华 ...	男	6	82
	95001	刘超华 ...	男	7	67
	95002	刘晨	女	1	89
	95002	刘晨	女	2	81
	95004	张海	男	1	83
	95004	张海	男	2	56
	95005	陈平	男	1	89
	95006	陈斌斌 ...	男	1	54
	95006	陈斌斌 ...	男	2	77
	95010	马盛	男	1	56
	95013	陈冬	男	3	80
	95013	陈冬	男	5	90
	95014	李小鹏 ...	男	2	NULL
	95015	王娜	女	2	NULL
*	NULL	NULL	NULL	NULL	NULL

图 6-6 打开视图

【例 6-2】 创建一个系别名称和平均年龄的视图，该视图包含系别名称和各系学生的平均年龄，并按平均年龄降序排列。

具体操作步骤如下。

（1）启动 SQL Server Management Studio。

（2）在“对象资源管理器”窗格中展开“数据库”→“学生选课”选项。

（3）右击“视图”选项，在弹出的快捷菜单中选择“新建视图”命令。在弹出的“添加表”对话框中，选择 student 表，单击“添加”按钮。

（4）在“关系”窗格中，选择 student 表中的系别 Sdept 和年龄 Sage 字段。

（5）在 Sage 字段上右击，在弹出的快捷菜单中选择“添加分组依据”命令，如图 6-7 所示。

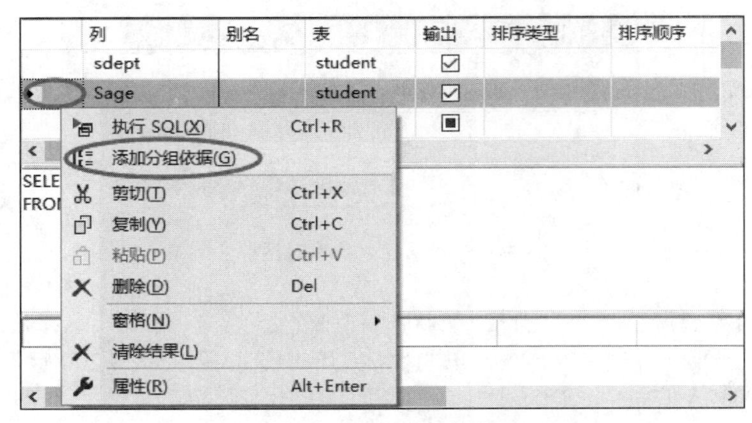

图 6-7　添加分组依据

（6）将 Sage 字段的分组依据更改为 Avg，如图 6-8 所示。

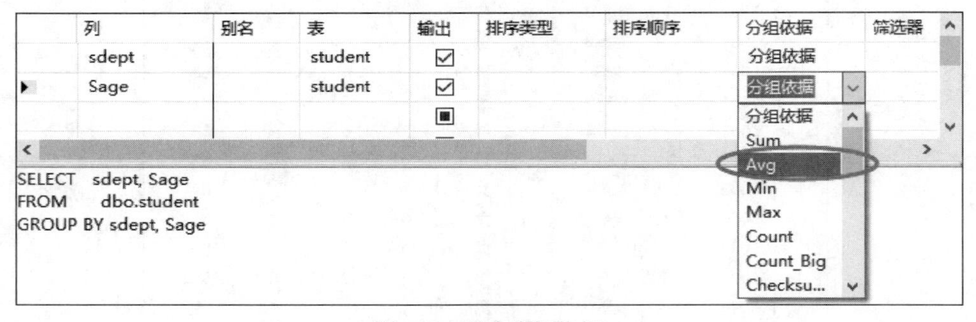

图 6-8　更改分组依据

（7）将光标定位到 Sage 字段，在“别名”栏中输入“平均年龄”，在“排序类型”栏中选择“降序”，然后设置 Sdept 字段，结果如图 6-9 所示。

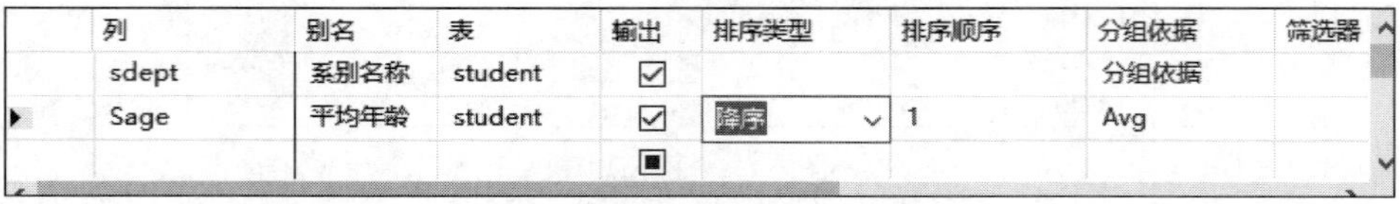

列	别名	表	输出	排序类型	排序顺序	分组依据	筛选器
sdept	系别名称	student	☑			分组依据	
Sage	平均年龄	student	☑	降序	1	Avg	
			▣				

图 6-9　修改别名和排序类型

（8）单击工具栏上的 按钮或在空白处右击，在弹出的快捷菜单中选择“执行 SQL”命令，执行 Transact-SQL 语句。

（9）单击工具栏上的 按钮，输入名称 sdept_avg_sage，单击“确定”按钮，弹出如图 6-10 所示的对话框，单击“确定”按钮保存视图。

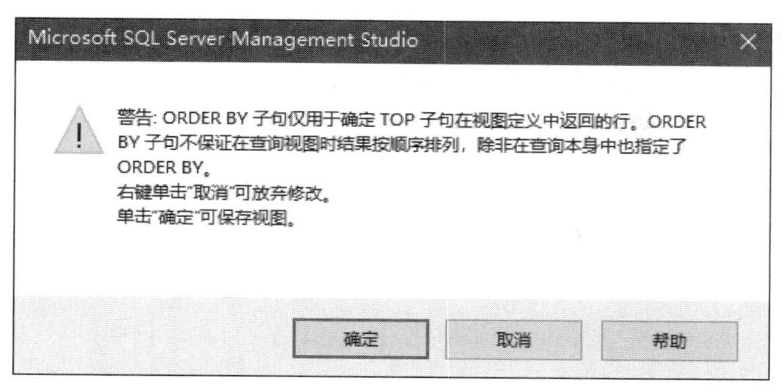

图 6-10　排序视图警告提示对话框

（10）刷新“视图”选项，可以看到刚刚创建的视图 sdept_avg_sage，右击，在弹出的快捷菜单中选择“编辑前 200 行”命令，显示结果如图 6-11 所示。

	系别名称	平均年龄
▶	计算机系	22
	数学系 ...	23
	信息系 ...	21
*	NULL	NULL

图 6-11　系别平均年龄视图

说明：显然，本例视图显示的结果并没有按平均年龄降序排列，SQL Server2017 视图中不能单独使用排序，必须和 TOP 同时出现，而且在使用视图进行查询时，依然需要在使用视图进行查询的查询语句中也指定 ORDER BY。

2. 使用 CREATE VIEW

使用 Transact-SQL 中的 CREATE VIEW 语句也可创建视图，其语法格式如下。

```
CREATE VIEW  视图名  [( column [ ,... n ])]
       [ WITH ENCRYPTION ]
AS
       select_statement
    [ WITH  CHECK  OPTION ]
```

参数说明如下。

column：表示视图中的列名。如果未指定列名，则视图列将获得与 SELECT 语句中的列相同的名称。

WITH ENCRYPTION：对包含 CREATE VIEW 语句文本的条目进行加密。

AS：表示视图要执行的操作。

select_statement：定义视图的 SELECT 语句。该语句可以使用多个表和其他视图。

WITH CHECK OPTION：强制针对视图执行的所有数据修改语句都必须符合在 select_statement 中设置的条件。

只有在下列情况下才必须命名 CREATE VIEW 子句中的列名。

（1）列是从算术表达式、函数或常量派生的。

（2）两个或更多的列可能会具有相同的名称（通常是因为需要连接表），或者视图中的某列被赋予了不同于派生来源列的名称。当然，也可以在 SELECT 语句中指定列名。

【例 6-3】 在学生选课数据库中，建立信息系学生的学号、姓名、性别、年龄和所在系视图。

在查询编辑器窗口中执行如下 Transact-SQL 语句。

```
CREATE VIEW is_Student
    AS
        SELECT Sno, Sname, Ssex, Sage,Sdept
          FROM student
           WHERE Sdept = '信息系'
```

执行后，刷新视图选项，出现刚创建的视图 is_student。

说明： *在创建视图前，建议先测试视图中的 SELECT 语句（语法中 AS 后面的部分）是否能正确执行，成功后，再加上 CREATE VIEW 视图名 AS 语句。*

【例 6-4】 在学生选课数据库中，创建学生选课视图 stu_sc2，视图包含学生学号、姓名、课程号、成绩，并对创建视图文本进行加密。

分析： 给创建视图的文本加密，也就是在创建视图时使用 WITH ENCRYPTION，让创建后的视图不能通过修改视图的方式查看到创建视图的 Transact-SQL 语句。

```
CREATE VIEW stu_sc2(学号,姓名,课程号,成绩)
WITH ENCRYPTION
AS
SELECT student.Sno,Sname,Cno,Grade
FROM student INNER JOIN sc
ON student.Sno=sc.Sno
```

执行语句后，刷新“视图”选项，在其中即可看到 stu_sc2 视图。右击该视图，弹出如图 6-12 所示的快捷菜单。其中，“设计”命令为灰色，即无法通过设计视图来查看视图文本。

【例 6-5】 在学生选课数据库中创建视图，统计各门课程的选课人数，并列出课程号、选课人数。

分析： 统计各门课程选课人数的查询语句如下。

```
SELECT Cno,COUNT(*)
FROM sc
GROUP BY Cno
```

在查询编辑器窗口中执行如下 Transact-SQL 语句，创建视图。

```
CREATE VIEW sc_count
AS
SELECT Cno,COUNT(*)
FROM sc
GROUP BY Cno
```

执行结果如图 6-13 所示。

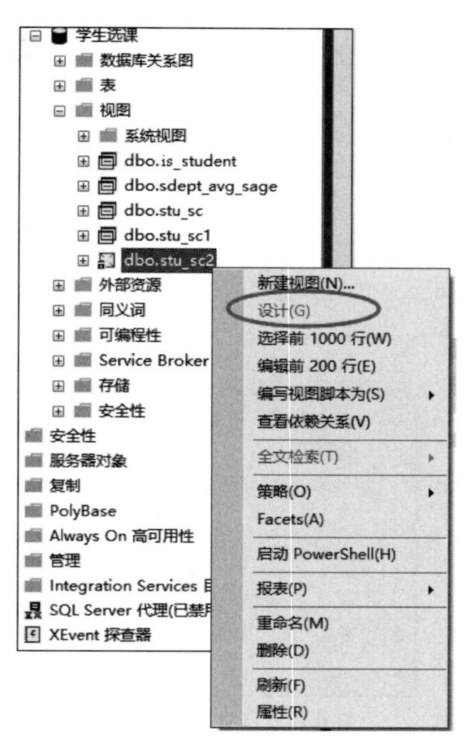

图 6-12 “设计”命令不可用

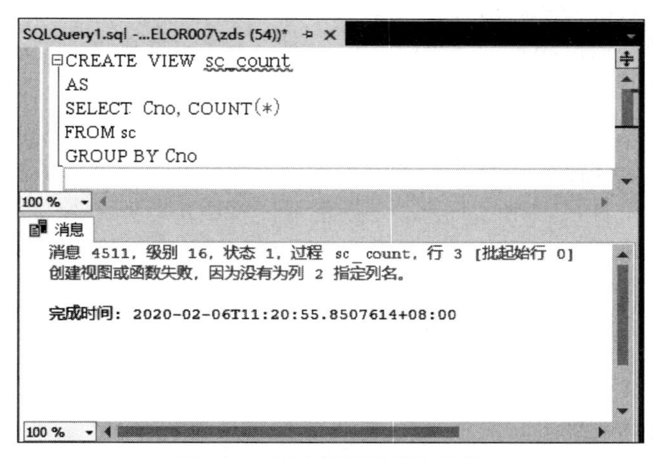

图 6-13 创建视图无列名错误

由于 COUNT(*)为计算列，所以必须给出列名。

修改方案 1：在 SELECT 语句中指定列别名。

```
CREATE VIEW sc_count
AS
SELECT Cno 课程号,COUNT(*)选课人数
FROM sc
GROUP BY Cno
```

修改方案 2：在视图定义中给出列别名。

```
CREATE VIEW sc_count(课程号,选课人数)
AS
SELECT Cno,COUNT(*)
FROM sc
GROUP BY Cno
```

执行后将产生新视图 sc_count，刷新“视图”选项，并在 sc_count 视图上右击，在弹出的快捷菜单中选择“编辑前 200 行”命令，显示结果如图 6-14 所示。

BACHELOR007.学生...- dbo.sc_count

	课程号	选课人数
▶	1	6
	2	6
	3	2
	4	1
	5	2
	6	1
	7	1
*	NULL	NULL

图 6-14　含计算列的视图

创建或使用视图时的限制情况如下。

（1）只能在当前数据库中创建视图，在视图中最多只能引用 1024 列。

（2）不能在规则、默认值、触发器的定义中引用视图。

（3）不能在视图上创建索引。

（4）如果视图引用的表被删除，则使用该视图时将返回一条错误信息；如果创建具有相同表结构的新表来替代已删除的表，则视图可以使用，否则必须重新创建视图。

（5）如果视图中的某一列是函数、数学表达式、常量或来自多个表的列名相同，则必须为列指定名称。

（6）通过视图查询数据时，SQL Server 不仅要检查视图引用的表是否存在、是否有效，而且还要验证对数据的修改是否违反了数据的完整性约束。

6.1.3　视图的管理

1. 修改视图

1）使用 SQL Server Management Studio

【例 6-6】　在学生选课数据库中，将例 6-1 创建的学生选课视图 stu_sc1 修改为女学生选课视图。

具体操作步骤如下。

（1）启动 SQL Server Management Studio。

（2）在“对象资源管理器”窗格中展开“数据库”→“学生选课”→“视图”选项。

（3）右击“视图”选项，在弹出的快捷菜单中选择“设计”命令，打开视图设计器。

（4）在 Ssex 行的“筛选器”栏中输入筛选条件“女”，也可以直接在 SQL 窗格中修改代码，如图 6-15 所示。

（5）单击工具栏上的按钮，执行 Transact-SQL 语句，结果显示在“结果”窗格中。

（6）单击按钮，保存视图。

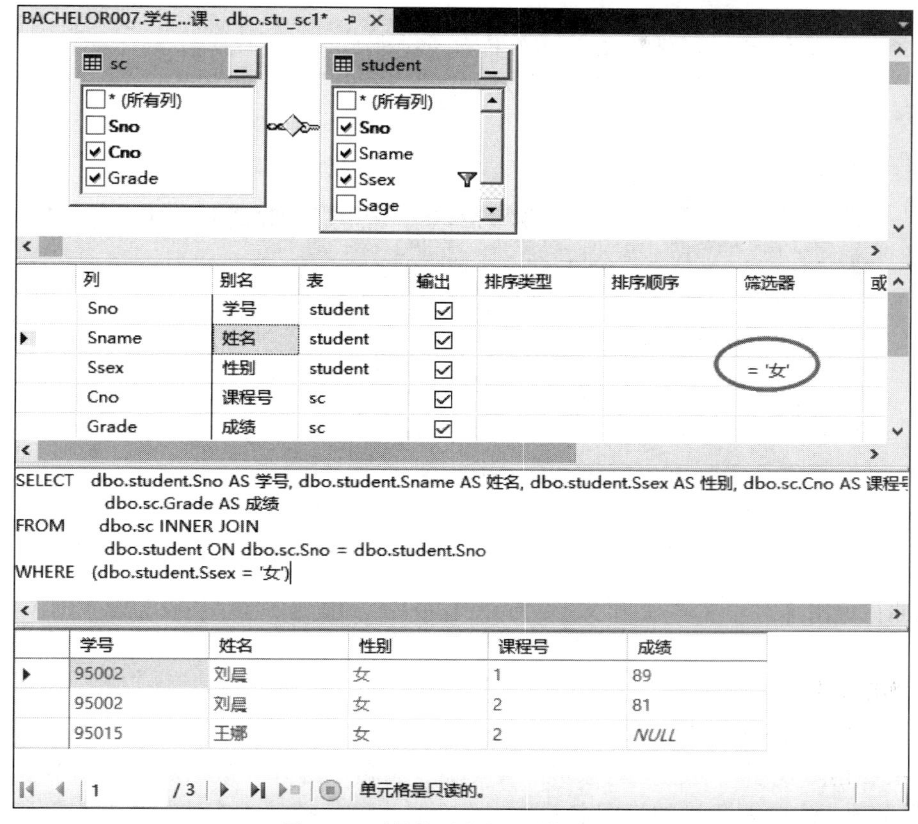

图 6-15 利用视图设计器修改视图

2）使用 ALTER VIEW 语句修改视图

对于一个已存在的视图，可以使用 ALTER VIEW 语句对其进行修改，其语法格式如下。

```
ALTER  VIEW  视图名 [（column[,...n]）]
[WITH  ENCRYPTION]
AS
select_statement
[ WITH CHECK OPTION ]
```

参数说明如下。

column：指一列或多列的名称，用逗号分开，将成为给定视图的一部分。

WITH ENCRYPTION：加密 ALTER VIEW 语句文本。

AS：表示视图要执行的操作。

select_statement：定义视图的 SELECT 语句。

WITH CHECK OPTION：强制在视图上执行的所有数据修改语句都必须符合由定义视

图的 select_statement 设置的准则。

【例 6-7】 将例 6-1 中的视图 stu_sc1，修改为男学生选课视图。

在查询编辑器窗口中执行如下 Transact-SQL 语句。

```
ALTER VIEW stu_sc1
AS
SELECT student.Sno 学号,Sname 姓名,Ssex 性别,Cno 课程号,Grade 成绩
FROM sc INNER JOIN student ON sc.Sno=student.Sno
WHERE Ssex='男'
```

执行结果如图 6-16 所示。

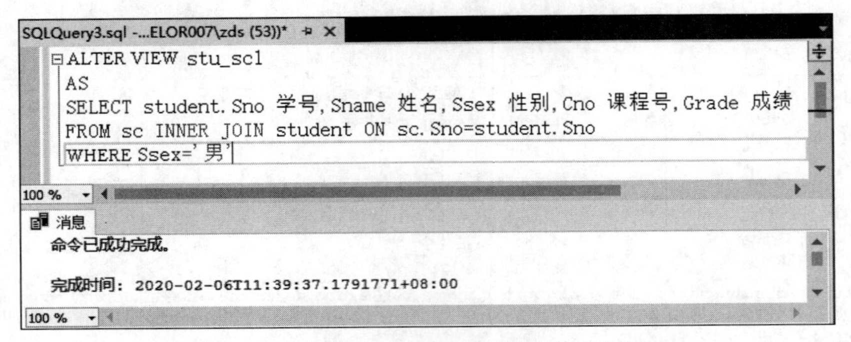

图 6-16 使用 ALTER VIEW 语句修改视图

说明：视图名称中不要使用减号，可以使用下画线。否则使用 ALTER VIEW 语句时会报错。

2. 删除视图

1）使用 SQL Server Management Studio

如果要删除视图，可在“对象资源管理器”窗格中展开“数据库”→“学生选课”→“视图”选项，选中要删除的视图名并右击，在弹出的快捷菜单中选择“删除”命令，弹出“删除对象”对话框。确认无误后，单击“确定”按钮，即可成功删除选定视图。

2）使用 DROP VIEW 语句

使用 DROP VIEW 语句也可完成删除视图的功能，其语法格式如下。

```
DROP  VIEW 视图名[,...n]
```

【例 6-8】 删除 sc_count 视图。

在查询编辑器窗口中执行如下 Transact-SQL 语句。

```
DROP VIEW sc_count
```

3. 查看视图

在 SQL Server 中有 3 个关键的系统存储过程有助于了解视图信息，分别为 sp_help、sp_depends 和 sp_helptext。

1）系统存储过程 sp_help

系统存储过程 sp_help 用来返回有关数据库对象的详细信息。如果不针对某一特定对象，

则返回数据库中所有对象的信息。其语法格式如下。

```
sp_help 数据库对象名称
```

【例 6-9】 查看 stu_sc2 视图的信息。

在查询编辑器窗口中执行如下 Transact-SQL 语句。

```
sp_help stu_sc2
```

执行结果如图 6-17 所示。

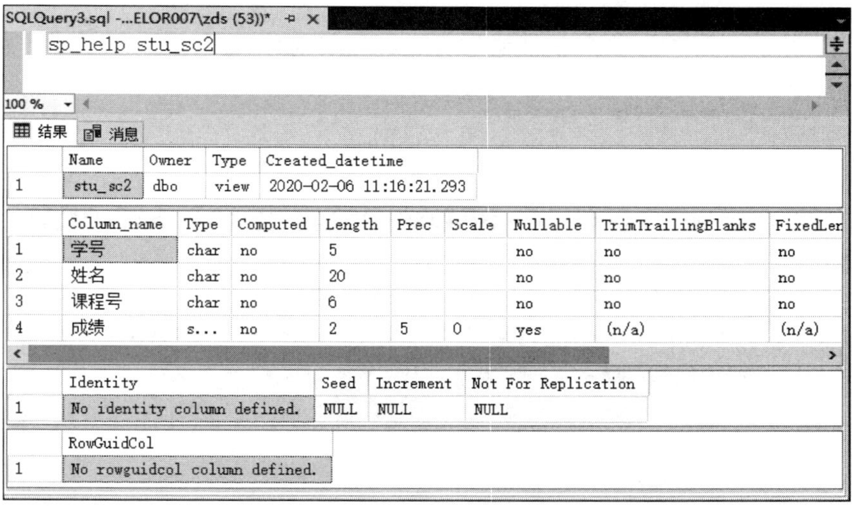

SQLQuery3.sql -...ELOR007\zds (53))*

```
sp_help stu_sc2
```

100 %

结果 消息

	Name	Owner	Type	Created_datetime
1	stu_sc2	dbo	view	2020-02-06 11:16:21.293

	Column_name	Type	Computed	Length	Prec	Scale	Nullable	TrimTrailingBlanks	FixedLen
1	学号	char	no	5			no	no	no
2	姓名	char	no	20			no	no	no
3	课程号	char	no	6			no	no	no
4	成绩	s...	no	2	5	0	yes	(n/a)	(n/a)

	Identity	Seed	Increment	Not For Replication
1	No identity column defined.	NULL	NULL	NULL

	RowGuidCol
1	No rowguidcol column defined.

图 6-17 查看 stu_sc2 的详细信息

2）系统存储过程 sp_depends

系统存储过程 sp_depends 可以返回系统表中存储的任何信息，该系统表能够指出该对象所依赖的对象。除视图外，该系统存储过程可以在任何数据库对象上运行。其语法格式如下。

```
sp_depends 数据库对象名称
```

【例 6-10】 查看视图 stu_sc2 所依赖的对象。

在查询编辑器窗口中执行如下 Transact-SQL 语句。

```
sp_depends stu_sc2
```

执行结果如图 6-18 所示。

3）系统存储过程 sp_helptext

系统存储过程 sp_helptext 用于检索视图、触发器、存储过程的文本。其语法格式如下。

```
sp_helptext  视图（触发器、存储过程）
```

【例 6-11】 查询视图 sdept_avg_sage 的文本。

在查询编辑器窗口中执行如下 Transact-SQL 语句。

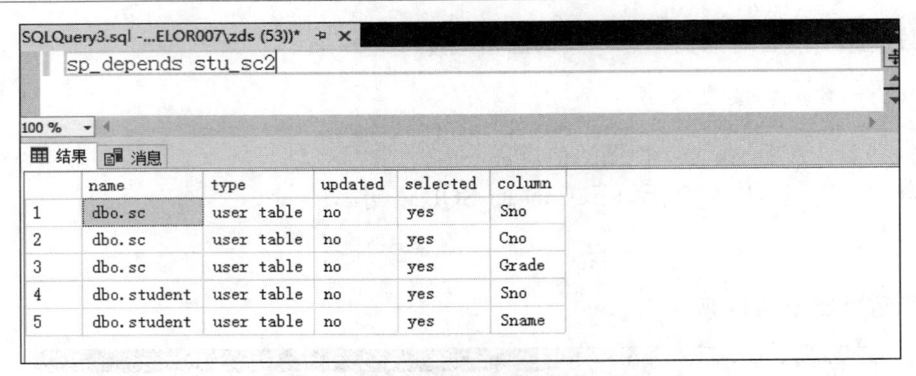

SQLQuery3.sql -...ELOR007\zds (53))*

sp_depends stu_sc2

100 %

结果 消息

	name	type	updated	selected	column
1	dbo.sc	user table	no	yes	Sno
2	dbo.sc	user table	no	yes	Cno
3	dbo.sc	user table	no	yes	Grade
4	dbo.student	user table	no	yes	Sno
5	dbo.student	user table	no	yes	Sname

图 6-18 视图 stu_sc2 所依赖的对象

```
sp_helptext sdept_avg_sage
```

执行结果如图 6-19 所示。

SQLQuery3.sql -...ELOR007\zds (53))*

sp_helptext sdept_avg_sage

100 %

结果 消息

	Text
1	CREATE VIEW dbo.sdept_avg_sage
2	AS
3	SELECT TOP (100) PERCENT Sdept AS 系别名称, AVG(Sage) AS 平均年龄
4	FROM dbo.student
5	GROUP BY Sdept
6	ORDER BY 平均年龄 DESC

图 6-19 查看视图 sdept_avg_sage 的文本

【例 6-12】 查询视图 stu_sc2 的信息。

在查询编辑器窗口中执行如下 Transact-SQL 语句。

```
sp_helptext stu_sc2
```

执行结果如图 6-20 所示。

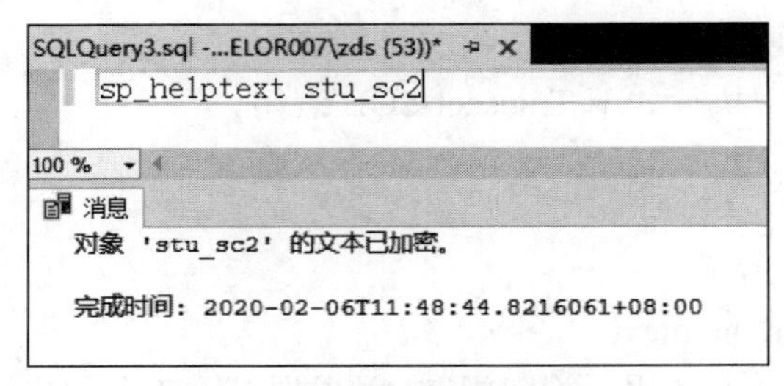

图 6-20 无法查看加密视图

说明：由于视图 stu_sc2 已加密，所以无法查看文本。

6.1.4 视图的应用

1. 利用视图查询数据

【例 6-13】 在学生选课数据库中，查询平均年龄超过 22 岁的系别及其平均年龄。

分析：在例 6-2 中已经建立了系别名称和平均年龄的视图 sdept_avg_sage，因此，此处只需要在此视图的基础上进行筛选。

在查询编辑器窗口中执行如下 Transact-SQL 语句。

```
USE 学生选课
GO
SELECT  系别名称,平均年龄
FROM sdept_avg_sage
WHERE 平均年龄>22
GO
```

执行结果如图 6-21 所示。

	系别名称	平均年龄
1	数学系	23

图 6-21 利用视图查询数据

2. 利用视图更新数据

【例 6-14】 在学生选课数据库中，利用已有视图 is_student(Sno,Sname,Ssex,Sage,Sdept)，增加一个新的女同学“李娜”：年龄为 22 岁，信息系，学号为 95088。

在查询编辑器窗口中执行如下 Transact-SQL 语句。

```
INSERT INTO is_student VALUES('95088','李娜','女',22,'信息系')
```

执行代码后，查看 student 表，发现李娜已经添加进去。

【例 6-15】 利用已经创建的视图 stu_sc 如图 6-22 所示，增加一个男同学“王勇”：学号为 95099，24 岁，数学系，选修了 1 号课程，成绩为 90 分。

在查询编辑器窗口中执行如下 Transact-SQL 语句。

```
INSERT INTO stu_sc(Sno,Sname,Ssex,Sage,Sdept,Cno,Grade) VALUES('95099',
'王勇','男',24,'数学系',1,90)
```

执行结果如图 6-22 所示。

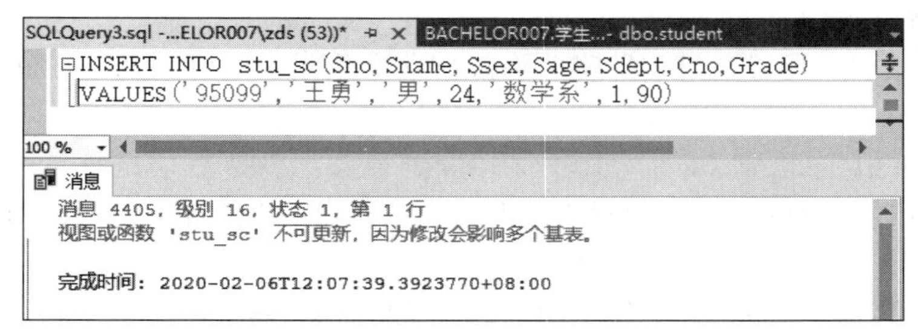

图 6-22 利用视图更新数据出错

说明：并不是所有的视图都可以用于修改数据，能否通过视图修改数据的基本原则为：如果这个操作能够最终落实到基本表上，并成为对基本表的正确操作，则可以通过视图修改数据，否则不行。

6.2 索　　引

本节介绍索引的作用以及如何创建和维护索引。

6.2.1 索引概述

1. 索引的作用

索引是一种重要的数据库对象，它由一行行的记录组成，而每一行记录都包含数据表中的一列或若干列的集合，而不是数据表中的所有列，因而能够提高数据的查询效率。此外，索引还确保列的唯一性，从而保证数据的完整性。

2. 索引的分类

SQL Server 2017 包含聚集索引、非聚集索引、唯一索引、包含性列索引、视图索引、全文索引和 XML 索引。其中，聚集索引和非聚集索引是数据库引擎最基本的索引。

1）聚集索引

在聚集索引（也称簇索引或簇集索引）中，表中的行的物理存储顺序和索引顺序完全相同(类似于图书目录和正文内容之间的关系)。聚集索引对表的物理数据页按列进行排序，然后重新存储到磁盘上。

2）非聚集索引

非聚集索引（也称非簇索引或非簇集索引）具有与表的数据行完全分离的结构，非聚集索引的叶节点存储了组成非聚集索引的关键字值和一个指针，指针指向数据页中的数据行，该行具有与索引键值相同的列值。非聚集索引不改变数据行的物理存储顺序，因而一个表可以有多个非聚集索引。

3）其他类型索引

（1）唯一索引。

如果为了保证表或视图的每一行在某种程度上都是唯一的，可以使用唯一索引。也就是说，索引值是唯一的。创建数据表时，如果设置了主键，则 SQL Server 2017 就会默认建立一个唯一索引。

（2）包含性列索引。

使用此类索引，可以通过将非键列添加到非聚集索引的叶级别来扩展非聚集索引的功能。

（3）视图索引。

它是为视图创建的索引，其存储方法与带聚集索引的表的存储方法相同。

（4）全文索引。

它是一种特殊类型的、基于标记的功能性索引，由 Microsoft SQL Server 全文引擎（MSFTESQL）服务创建和维护。

（5）XML 索引。

它是 XML 数据关联的索引形式，是 XML 二进制大型对象（BLOB）的已拆分持久表示形式，可分为主索引和辅助索引。

3. 索引和约束的关系

对列定义 PRIMARY KEY 约束和 UNIQUE 约束时，会自动创建索引。

1）PRIMARY　KEY 约束和索引

创建表时，如果将一个特定列标识为主键，则会自动对该列创建 PRIMARY KEY 约束和唯一聚集索引。

2）UNIQUE　约束和索引

默认情况下，创建 UNIQUE 约束，会自动对该列创建唯一非聚集索引。

说明：当用户从表中删除主键约束或唯一约束时，创建在这些约束列上的索引也会被自动删除。

3）独立索引

使用 CREATE INDEX 语句或 SQL Server Management Studio 中的“新建索引”对话框可以创建独立于约束的索引。

6.2.2　创建索引

创建索引有两种方法：一种是使用 SQL Server Management Studio 创建索引；另一种是使用 CREATE INDEX 语句创建索引。

1. 使用 SQL Server Management Studio

【例 6-16】　在学生表上创建并查看学生学号的聚集索引。

具体操作步骤如下。

（1）启动 SQL Server Management Studio。

（2）在“对象资源管理器”窗格中，展开“数据库”→“学生选课”→“表”→dbo.student→“索引”选项，可以发现系统已依据设置的主键自动产生了一个聚集索引 PK_student，如图 6-23 所示。

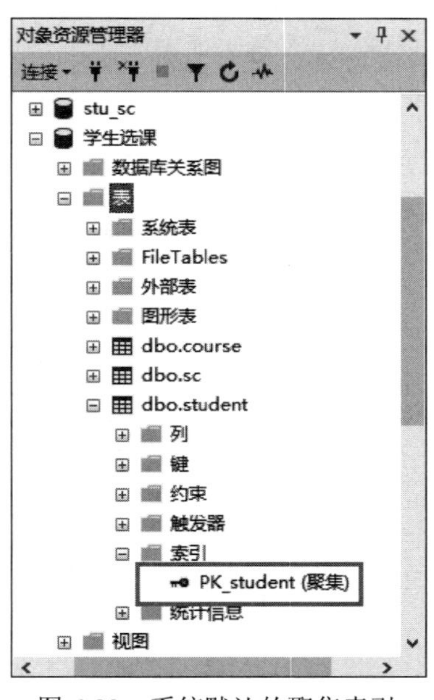

图 6-23　系统默认的聚集索引

说明：如果用户在 student 表中创建主键约束，则 SQL Server 2017 数据库引擎自动对该列创建 PRIMARY KEY 约束和唯一聚集索引。

（3）双击 PK_student 聚集索引，打开“索引属性- PK_student”窗口，如图 6-24 所示。

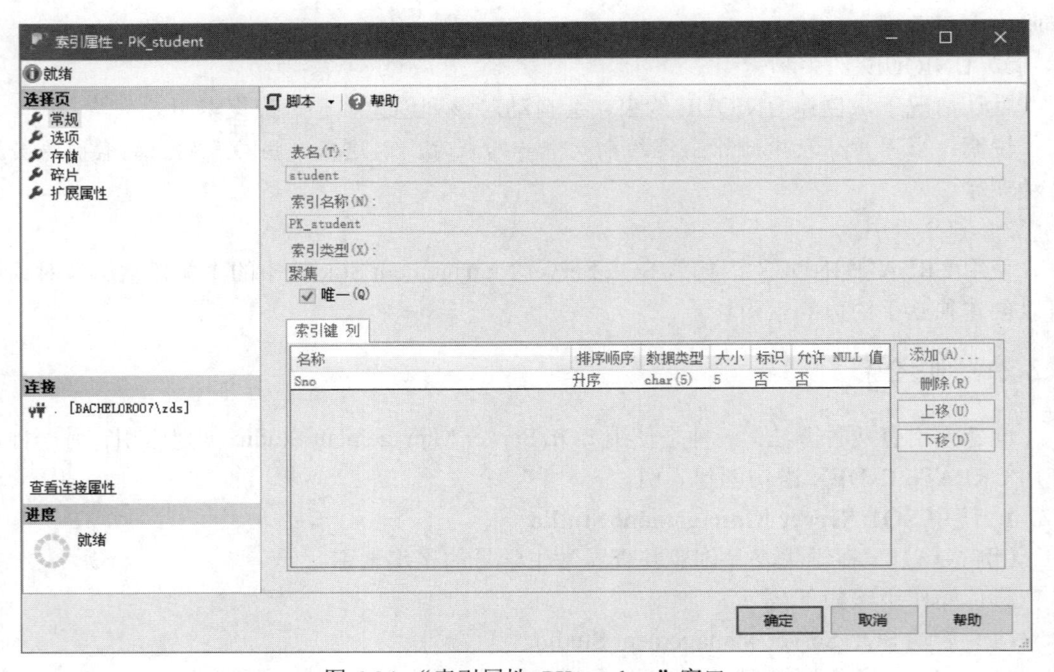

图 6-24 “索引属性- PK_student”窗口

（4）在“常规”选择页中，默认显示该索引相关信息，如基于的数据表、系统默认的索引名称、索引类型等。

【例 6-17】 在学生选课数据库中，经常要使用学生的姓名进行查询，为提高查询效率，创建姓名列为非聚集索引。

具体操作步骤如下。

（1）启动 SQL Server Management Studio。

（2）在“对象资源管理器”窗格中，展开“数据库”→“学生选课”→“表”→dbo.student 选项。

（3）右击“索引”选项，在弹出的快捷菜单中选择“新建索引”→“非聚集索引”命令，打开如图 6-25 所示的“新建索引”窗口，在“索引名称”文本框中输入 Sname_index。

（4）单击“添加”按钮，打开“从‘dbo.student’中选择列”窗口，勾选 Sname 复选框，单击“确定”按钮，如图 6-26 所示。

（5）返回“新建索引”窗口，单击“确定”按钮，就在 dbo.student 表中创建了一个不唯一的非聚集索引，结果如图 6-27 所示。

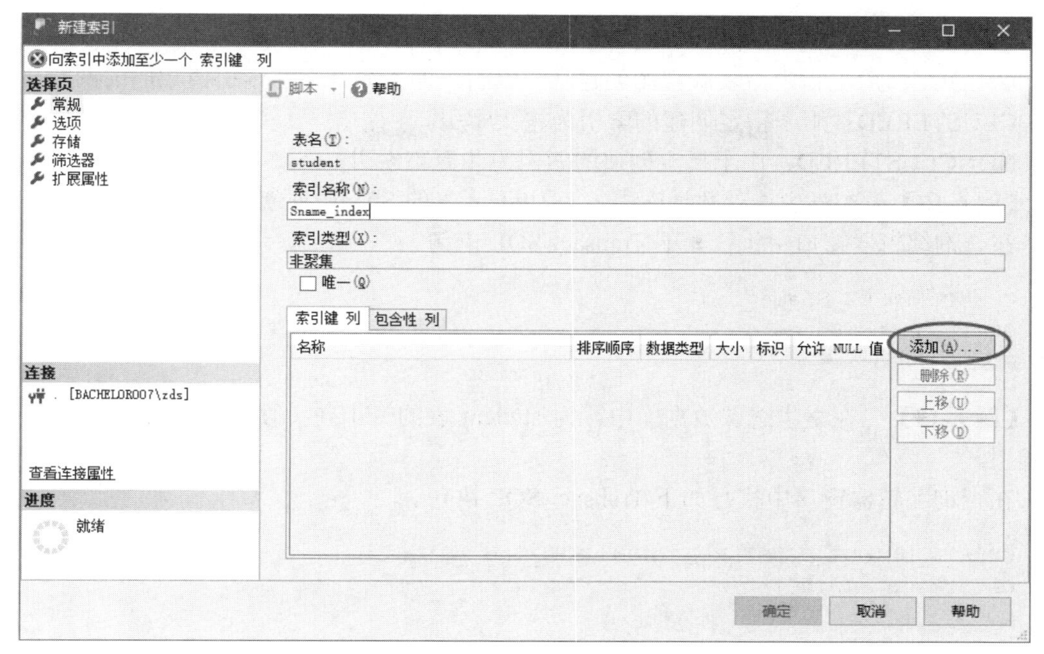

图 6-25 “新建索引”窗口

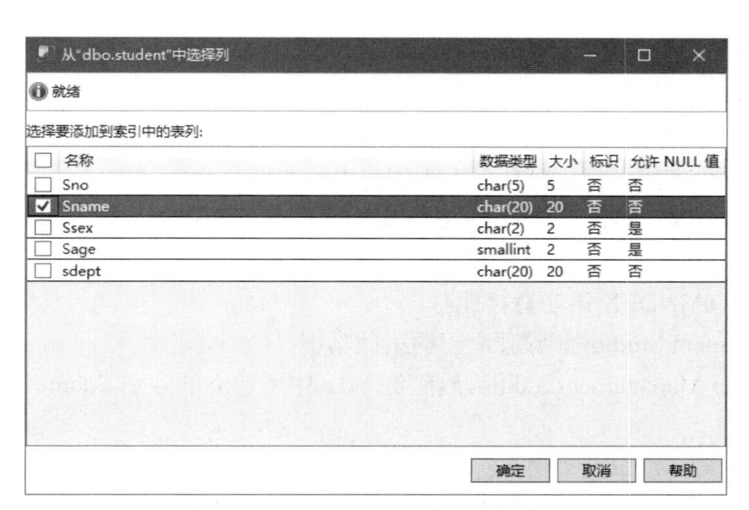

图 6-26 选择要添加到索引中的表列

图 6-27 创建姓名列的非聚集索引

2. 使用 CREATE INDEX 语句

使用 CREATE INDEX 语句，既可以创建聚集索引，也可以创建非聚集索引。其语法格式如下。

```
CREATE  [UNIQUE]  [CLUSTERED | NONCLUSTERED ]       /*索引的类型*/
INDEX 索引名
ON  {表名|视图名} 列名 [ ASC | DESC ] [,... n])
```

参数说明如下。

UNIQUE：用于指定为表或视图创建唯一索引，即不允许存在索引值相同的两行。

CLUSTERED：用于指定创建的索引为聚集索引。

NONCLUSTERED：用于指定创建的索引为非聚集索引。

【例 6-18】 在学生选课数据库中，为 student 表的 Sname 列创建非聚集索引。

在查询编辑器窗口中执行如下 Transact-SQL 语句。

```
CREATE INDEX Sname_ind
ON student (Sname)
GO
```

【例 6-19】 在学生选课数据库中，为 student 表的 Sid 列（假设有此列）创建唯一聚集索引。

在查询编辑器窗口中执行如下 Transact-SQL 语句。

```
CREATE UNIQUE CLUSTERED INDEX Sid_ind
ON student (Sid )
GO
```

说明： 如果表中已经有数据，在创建唯一索引时，SQL Server 将自动检验是否存在重复的值，若存在重复值，则无法创建唯一索引。

6.2.3 管理索引

1. 删除索引

当一个索引不再被需要时，可以将其从数据库中删除，以回收它当前使用的磁盘空间。根据索引的创建方式，可将要删除的索引分为两类：一类为创建表约束时自动创建的索引。对于此类索引，必须先删除 PRIMARY KEY 或 UNIQUE 约束，才能删除约束使用的索引。另一类为通过创建索引的方式创建的独立于约束的索引。对于此类索引，可以利用 SQL Server Management Studio 或 DROP INDEX 语句直接删除。

1）使用 SQL Server Management Studio 删除独立于约束的索引

【例 6-20】 使用 SQL Server Management Studio 删除例 6-18 中所建立的索引 Sname_ind。

具体操作步骤如下。

（1）在“对象资源管理器”窗格中展开“数据库”→“学生选课”→“表”→dbo.student→“索引”选项。

（2）右击 Sname_ind 索引，在弹出的快捷菜单中选择“删除”命令。

（3）在“删除对象”窗口中单击“确定”按钮。

2）使用 DROP INDEX 语句删除独立于约束的索引

使用 DROP INDEX 语句删除独立于约束的索引的语法格式如下。

```
DROP INDEX 表名.索引名 | 视图名.索引名[, ...n]
```

【例 6-21】 删除 student 表的索引 Sname_index。

在查询编辑器窗口中执行如下 Transact-SQL 语句。

```
DROP INDEX student.Sname_index
GO
```

【例 6-22】 删除 student 表中 PK_student 聚集索引。

在查询编辑器窗口中执行如下 Transact-SQL 语句。

```
DROP INDEX student.PK_student
GO
```

执行结果如图 6-28 所示。可以看出无法删除创建主键约束时创建的索引。

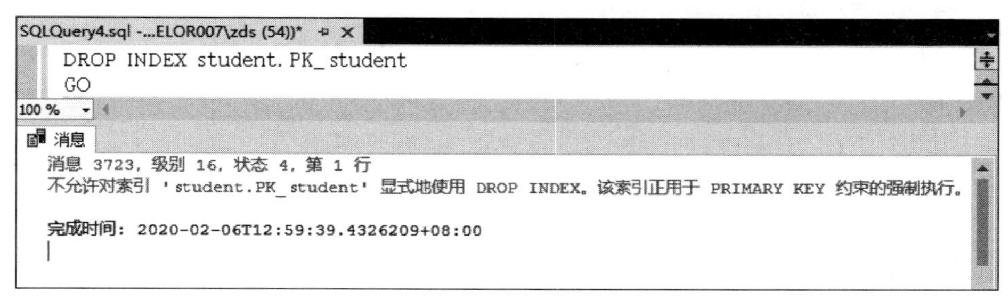

图 6-28　删除由主键约束创建的索引

说明：由于 PK_student 聚集索引是由 student 表在创建主键约束时自动创建的索引，所以无法利用 DROP INDEX 语句删除。

2. 查看索引

查看索引的方法有两种：一种是使用 SQL Server Management Studio 查看索引；另一种是通过系统存储过程查看索引名称。

1）使用 SQL Server Management Studio 查看索引

【例 6-23】 查看 student 表中 PK_student 索引信息。

具体操作步骤如下。

（1）在“对象资源管理器”窗格中展开“数据库”→“学生选课”→“表”→dbo.student→“索引”选项。

（2）右击 PK_student，在弹出的快捷菜单中选择“属性”命令，打开如图 6-29 所示的“索引属性-PK_student”窗口。通过窗口左侧的“选择页”，可以查看索引的所有详细信息。

2）通过系统存储过程查看索引信息

系统存储过程 sp_helpindex 可以返回表中所有索引的信息，其语法格式如下。

```
sp_helpindex  [@objname=]'name'
```

其中，[@objname=] 'name' 用于指定当前数据库中的表的名称。

【例 6-24】 使用系统存储过程查看 student 表中索引的信息。

在查询编辑器窗口中执行如下 Transact-SQL 语句。

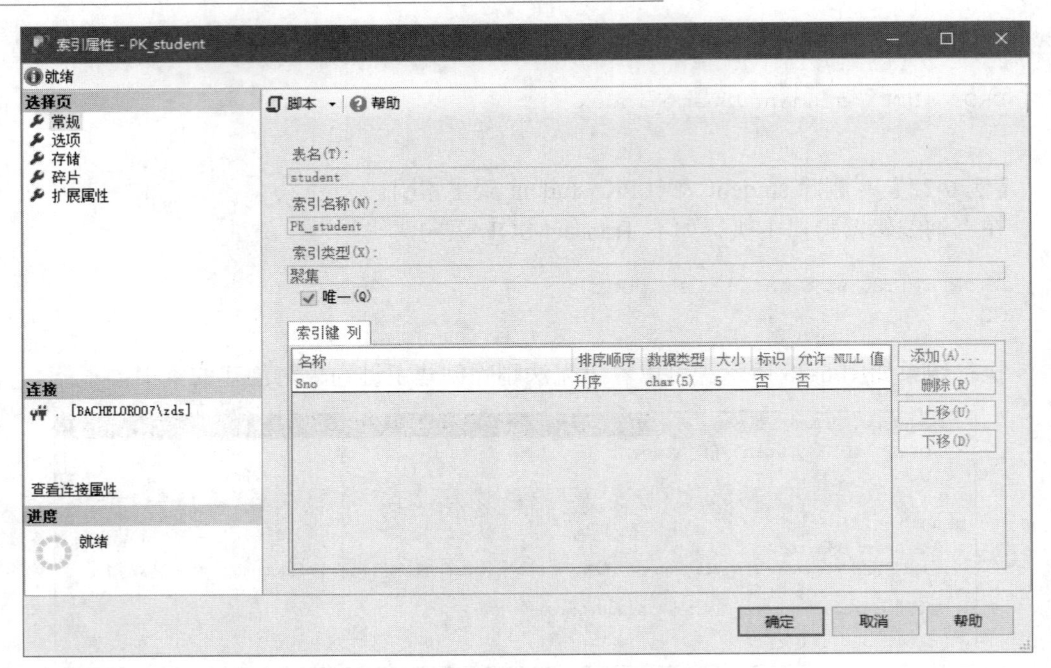

图 6-29 “索引属性-PK_student”窗口

```
USE 学生选课
GO
sp_helpindex student
GO
```

执行结果如图 6-30 所示。

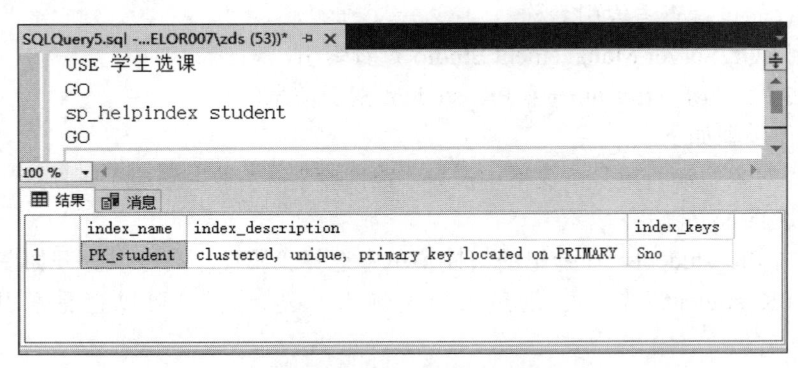

	index_name	index_description	index_keys
1	PK_student	clustered, unique, primary key located on PRIMARY	Sno

图 6-30 student 表中的索引信息

3. 重命名索引

利用系统存储过程 sp_rename 可以更改索引的名称，其语法格式如下。

```
sp_rename  '表名.原索引名称', '新索引名称'
```

【例 6-25】 将 student 表中的 Sname_index 索引重新命名为 Index_sname（前面已经删除该索引，测试前先重建该索引）。

在查询编辑器窗口中执行如下 Transact-SQL 语句。

```
USE 学生选课
GO
sp_rename 'student.Sname_index','index_Sname'
GO
```

执行结果如图 6-31 所示。

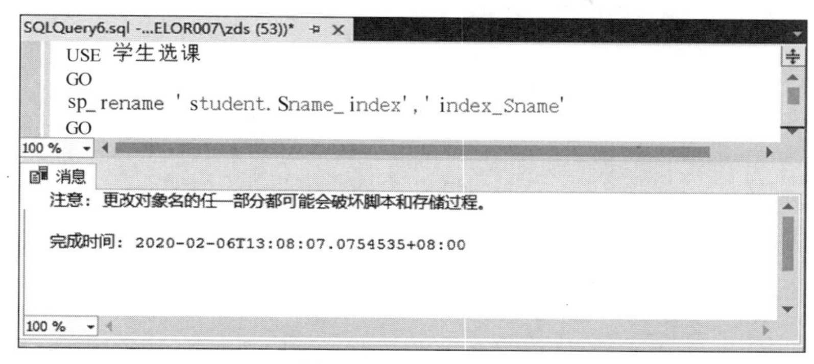

图 6-31　重命名索引

4. 维护索引

创建索引后，由于对数据进行的插入、删除、更新等操作会使得索引数据变得支离破碎，为了提高系统的性能，必须对索引进行维护。SQL Server 2017 提供了多种工具来维护索引。这些维护操作包括查看碎片信息、维护统计信息、整理碎片、分析索引性能、删除索引、重建索引等。

1）查看碎片信息

可以使用两种方法查看索引的碎片信息：使用 sys.dm_db_index_physical_stats 系统函数和使用 SQL Server Management Studio。

【例 6-26】　查看学生选课数据库中 student 表的 PK_student 索引的碎片信息。

具体操作步骤如下。

（1）启动 SQL Server Management Studio，在"对象资源管理器"窗格中展开"数据库"→"学生选课"→"表"→dbo.student→"索引"选项。

（2）右击 PK_student，在弹出的快捷菜单中选择"属性"命令，打开"索引属性-PK_student"窗口。单击窗口左侧"选择页"的"碎片"选项，即可查看 PK_student 索引的碎片信息，如图 6-32 所示。

2）维护统计信息

索引统计信息是查询优化器用来分析和评估查询、确定最优查询计划的基础数据。创建索引后，SQL Server 会自动存储有关的统计信息。使用 DBCC SHOW_STATISTICS 语句可以查看指定索引的统计信息。

【例 6-27】　查看 student 表的 PK_student 索引的统计信息。

在查询编辑器窗口中执行如下 Transact-SQL 语句。

```
DBCC SHOW_STATISTICS('student',PK_student)
```

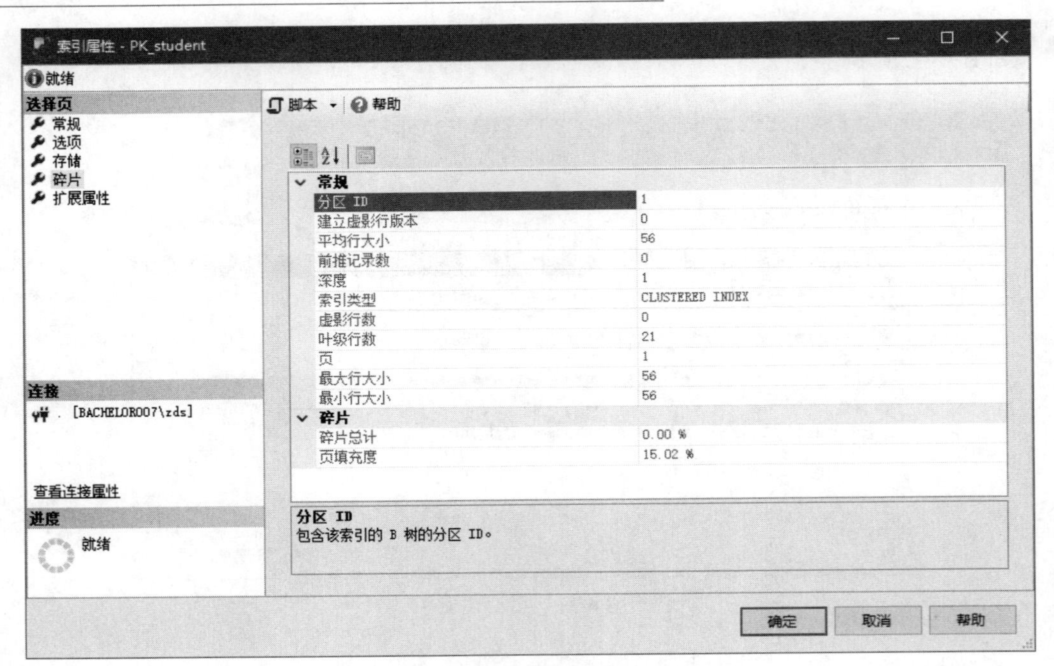

图 6-32　PK_student 索引的碎片信息

执行结果如图 6-33 所示。

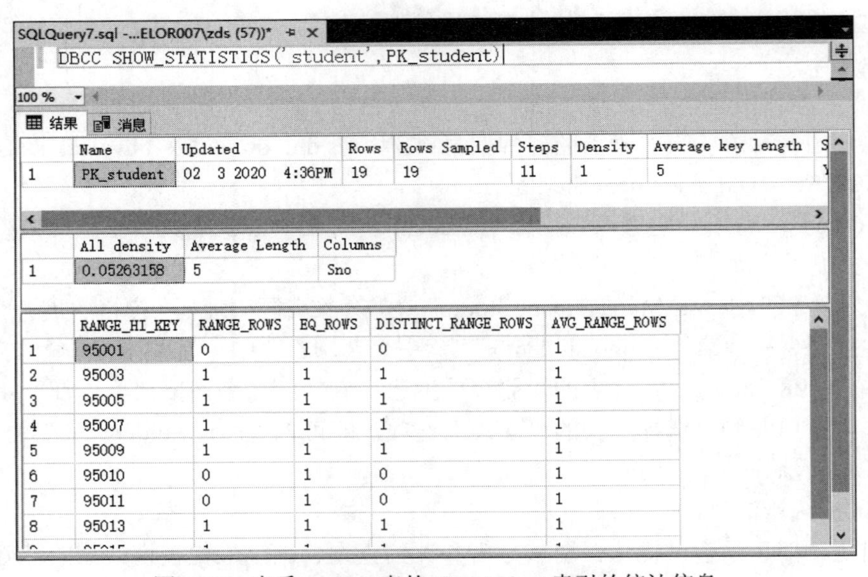

	Name	Updated	Rows	Rows Sampled	Steps	Density	Average key length
1	PK_student	02 3 2020 4:36PM	19	19	11	1	5

	All density	Average Length	Columns
1	0.05263158	5	Sno

	RANGE_HI_KEY	RANGE_ROWS	EQ_ROWS	DISTINCT_RANGE_ROWS	AVG_RANGE_ROWS
1	95001	0	1	0	1
2	95003	1	1	1	1
3	95005	1	1	1	1
4	95007	1	1	1	1
5	95009	1	1	1	1
6	95010	0	1	0	1
7	95011	0	1	0	1
8	95013	1	1	1	1

图 6-33　查看 student 表的 PK_student 索引的统计信息

3）整理碎片

碎片越多，索引的性能就越低，会导致应用程序响应缓慢。用户可以利用 DBCC INDEXDEFRAG 语句整理碎片。

【例 6-28】　对学生选课数据库中 student 表中的 PK_student 索引的所有分区进行碎片整理。

在查询编辑器窗口中执行如下 Transact-SQL 语句。

```
DBCC INDEXDEFRAG (学生选课,'student',PK_student)
```

6.2.4 索引的应用

索引有许多优点，如提高数据检索速度、保证数据记录的唯一性、加速表之间的连接。但也带来了许多缺点：创建索引要花费时间；索引要占用磁盘空间，创建的每个索引连同原先的数据源（表）都需要磁盘空间来存放数据；每次修改数据时索引都需要随之更新。因而在创建索引时，为了增强索引的性能，需参考以下基本原则。

1. 数据库准则

如果数据表中存储的数据量很大，但数据的更新操作少，查询操作很多，则可为其创建多个索引，以提高检索速度。

一个表如果创建有大量索引，则会影响数据库的工作效率，因而应避免对经常更新的表创建过多的索引，并且索引列要尽可能少。

对存储数据较少的数据表，一般不宜为其创建索引。

视图包含聚合、表连接或聚合和表连接的组合时，为视图创建索引可以显著地提升性能。

创建索引前，可以使用数据库引擎优化顾问分析数据库并生成索引建议。

2. 查询准则

为经常用于查询中的谓词和连接条件的所有列创建非聚集索引。

涵盖索引（本身就包含了查询语句所要查询的所有列）可以提高查询性能。

将插入或修改尽可能多的行的查询写入单个语句内，就可以利用优化的索引维护。

评估查询类型以及如何在查询中使用列。例如，在完全匹配的查询类型中使用的列就适合用于非聚集索引或聚集索引。

3. 索引列准则

推荐对唯一列和非空值列创建聚集索引，对于聚集索引，索引键长度应尽量短。

不能将 ntext、text、image、vachar（max）、nvarchar（max）和 varbinary（max）数据类型的列指定为索引键列。

XML 数据类型的列只能在 XML 索引中用作键列。

如果索引包含多个列，则应考虑列的顺序。

不要为重复值较多的列创建索引，否则检索时间会较长。

如果查询语句对列进行计算，则可考虑对计算列创建索引。

说明：为保持数据一致性，请删除本节插入的数据。

习　题　6

一、选择题

1.“CREATE UNIQUE INDEX AAA ON 学生表(学号)”将在学生表上创建名为 AAA 的（　　）。

A．唯一索引　　B．聚集索引　　C．复合索引　　D．唯一聚集索引

2．对视图的描述错误的是（　　）。

A．视图是一张虚拟的表

B．在存储视图时存储的是视图的定义

C．在存储视图时存储的是视图中的数据

D．可以像查询表一样来查询视图

3．在视图上不能完成的操作是（　　）。

A．在视图上定义新的视图　　B．查询操作

C．更新视图　　D．在视图上定义新的基本表

4．下列（　　）数据不适合创建索引。

A．经常被查询搜索的列，如经常在 WHERE 子句中出现的列

B．是外键或主键的列

C．重复进行修改的列

D．在 ORDER BY 子句中使用的列

二、填空题

1．视图是一种常用的________。

2．视图可以看成是从一个或几个________导出的虚表或存储在数据库中的查询。

3．数据库中只存放视图的________，而不存放视图对应的________，数据存放在原来的________中，当基本表中的数据发生变化时，从视图中查询出的数据________。

4．在一般情况下，当对数据进行________时，会产生索引碎片，索引碎片会降低数据库系统的性能，通过________使用系统函数，可以检测索引中是否存在碎片。

5．在数据表中创建主键约束时，会自动产生________索引。

6．可以使用________创建独立于约束的索引。

三、思考题

1．视图与表有何区别？

2．视图有哪些优点？

3．比较聚集索引和非聚集索引这两种索引结构的特点。

4．SQL Server 2017 中的索引分为哪几类？

第7章 存储过程的应用

学习目标

理解存储过程的作用；了解系统存储过程和扩展存储过程；学会创建、删除、修改存储过程；掌握执行各类存储过程的方法；学会根据实际需要设计学生选课数据库中的存储过程。

7.1 存储过程概述

7.1.1 存储过程的概念

数据库开发人员在进行数据库开发时，为了实现一定的功能，需要编写 Transact-SQL 语句，有时为了实现相同的功能，需要多次编写相同的 Transact-SQL 语句。由于这些 Transact-SQL 语句经常需要跨越传输途径从外部抵达服务器，不仅会造成应用程序运行效率低下，还会为数据库带来安全隐患。使用存储过程可以解决这一问题，存储过程（Stored Procedure）是一组能完成特定功能的 Transact-SQL 语句集，经编译后存储在数据库中，用户通过过程名和给出参数来调用它们。

在 SQL Server 中编写的存储过程，类似于其他编程语言中的过程。例如，存储过程可接收输入参数，并以输出参数的形式为调用语句返回一个或多个结果集；在存储过程中可以调用存储过程；返回执行存储过程的状态值，以表示执行存储过程的成功或失败。

说明：可以将存储过程想象成一个可以重复执行的应用程序，可以带有参数，也可以有返回值，方便用户执行重复的工作。

7.1.2 存储过程的特点

在 SQL Server 2017 中，使用存储过程和在客户端使用 Transact-SQL 程序相比有许多优点。

（1）允许模块化程序设计。

存储过程可由在数据库编程方面有专长的人员创建，并存储在数据库中，以后可在程序中任意调用该存储过程，实现应用程序统一访问数据库。存储过程独立于程序源代码，而且可以单独修改，这可以改进应用程序的可维护性。

（2）执行速度快。

存储过程在创建时被编译和优化了。程序调用一次存储过程后，相关信息就保存在内存中，下次调用时可以直接执行。而批处理的 Transact-SQL 语句在每次运行时都要进行编译和优化，因此速度相对较慢。

（3）能够有效降低网络流量。

一个需要数百行 Transact-SQL 代码的操作可以通过一条执行存储过程的语句来完成，而不需要在网络上发送数百行代码，因而可有效降低网络流量，提高应用程序的执行效率。

（4）提高数据库的安全性。

存储过程具有安全特性（如权限）和所有权链接，以及可以附加到它们的证书。用户可以被授予权限来执行存储过程，而不必直接对存储过程中引用的对象具有权限。存储过程可以强化应用程序的安全性。参数化存储过程有助于保护应用程序不受 SQL 注入攻击。

7.1.3 存储过程的分类

在 SQL Server 2017 中，存储过程分为 3 类：系统存储过程、用户自定义存储过程和扩展存储过程。

1. 系统存储过程

在 SQL Server 2017 中的许多管理活动都是通过一种特殊的存储过程执行的，这种存储过程称为系统存储过程。SQL Server 2017 提供的系统存储过程的名称一般都以“sp_”为前缀。例如，sp_help 就是一个系统存储过程，用来显示系统对象的信息。

在物理上，系统存储过程主要存储在源数据库 resource 中，但在逻辑上，它们出现在每个数据库的 sys 架构中。在 SQL Server Management Studio 中可以查看系统存储过程。打开学生选课数据库查看系统存储过程，如图 7-1 所示。

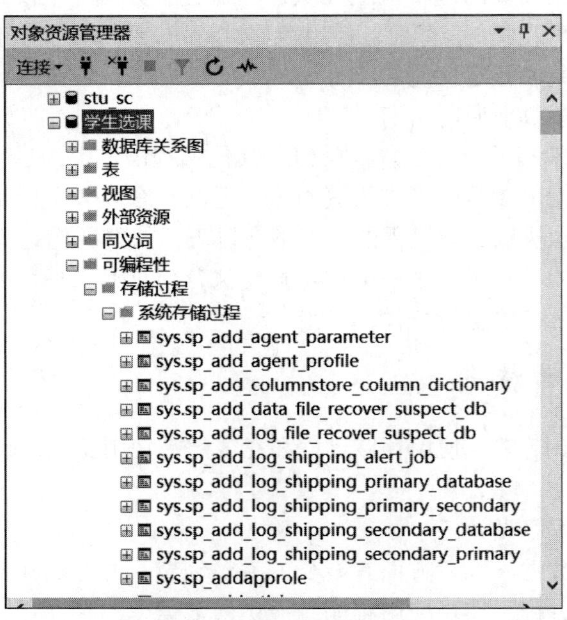

图 7-1　系统存储过程

2. 用户自定义存储过程

用户自定义存储过程是指由用户创建的、能完成某一特定功能的、可重用代码的模块或例程。在 SQL Server 2017 中，用户自定义存储过程有两种类型：Transact-SQL 或 CLR 存储过程。Transact-SQL 存储过程是指保存的 Transact-SQL 语句集合；CLR 存储过程是指对 Microsoft .NET Framework 提供的公共语言运行时（CLR）的方法的引用，可以接收用户提供的参数并返回运行结果。

3. 扩展存储过程

扩展存储过程是指使用编程语言创建自己的外部例程，是指 Microsoft SQL Server 实例可以动态加载和运行的 DLL。扩展存储过程直接在 SQL Server 实例的地址空间中运行，可以使用 SQL Server 扩展存储过程 API 完成编程。

7.2 创建和执行用户存储过程

存储过程的定义中主要包含两个组成部分。

（1）过程名称及其参数的说明：包括所有的输入参数以及传给调用者的输出参数。

（2）过程的主体：也称为过程体，是针对数据库的操作语句（Transact-SQL 语句），包括调用其他存储过程的语句。

在 SQL Server 2017 中，利用 CREATE PROCEDURE 语句创建存储过程，其语法格式如下。

```
CREATE  [ PROC | PROCEDURE]  存储过程名
      [ { @参数名称 参数数据类型 }  [ = 参数的默认值 ]
       [ OUTPUT ]  ]
       [ ,...n ]
       [ WITH  ENCRYPTION]
   [WITH  RECOMPILE ]
   AS
      sql_statement
```

参数说明如下。

@参数名称：存储过程可以没有参数，也可以声明一个或多个参数。参数名称必须以@作为第一个字符。参数后面带 OUTPUT，表示为输出参数。

WITH　ENCRYPTION：对存储过程加密，其他用户无法查看存储过程的定义。

WITH　RECOMPILE：每次执行该存储过程时都重新编译。

sql_statement：该存储过程中定义的编程语句。

根据存储过程定义中的参数形式，可以把存储过程分为不带参数的存储过程、带输入参数的存储过程和带输出参数的存储过程 3 类。

7.2.1 不带参数的存储过程

1. 创建不带参数的存储过程

创建不带参数的存储过程时，其简化后的语法格式如下。

```
CREATE  [ PROC | PROCEDURE]  存储过程名
    [ WITH  ENCRYPTION]  [WITH  RECOMPILE ]
AS
```

```
sql_statement
```

【例 7-1】 创建一个名为 p_course 的存储过程，用于查询课程的信息。

分析：由于没有指定任何查询条件，该存储过程查询所有课程信息，所以存储过程的核心查询语句为“SELECT * FROM course”。

在查询编辑器窗口中执行如下 Transact-SQL 语句。

```
USE 学生选课
GO
CREATE PROCEDURE p_course     /*定义过程名*/
AS
SELECT * FROM course          /*过程体*/
GO
```

【例 7-2】 创建带有复杂 SELECT 语句的存储过程：查询计算机系学生的选课情况，列出学生的姓名、课程名和成绩。

分析：存储过程的功能是查询计算机系学生的选课情况，条件固定，因此，该存储过程为不带参数的存储过程。过程体的查询语句如下。

```
SELECT Sname, Cname, Grade
FROM student s INNER JOIN sc
ON s.Sno = sc.Sno  INNER JOIN course c
ON c.Cno = sc.Cno
WHERE Sdept = '计算机系'
```

在创建存储过程前，最好先在查询编辑器窗口中执行存储过程的 Transact-SQL 语句，如果能够得到预期结果，再创建存储过程，如图 7-2 所示。

在查询编辑器窗口中执行如下 Transact-SQL 语句，创建所需的存储过程。

```
CREATE PROCEDURE  p_grade1
AS
SELECT Sname, Cname, Grade
    FROM Student s INNER JOIN sc
    ON s.sno = sc.sno  INNER JOIN course c
    ON c.cno = sc.cno
    WHERE Sdept = '计算机系'
```

结果 消息

	Sname	Cname	Grade
1	刘超华	数据库	87
2	刘超华	高等数学	76
3	刘超华	信息系统	79
4	刘超华	操作系统	80
5	刘超华	数据结构	81
6	刘超华	数据处理	82
7	刘超华	C语言	67
8	李小鹏	高等数学	NULL

图 7-2　查询计算机系学生的选课情况

2. 执行不带参数的存储过程

存储过程创建成功后，用户可以执行存储过程来检查存储过程的返回结果。在 SQL Server 2017 中，可以使用 EXECUTE 语句来调用它。执行不带参数的存储过程的语法结构如下。

```
EXEC[UTE]  存储过程名
```

【例 7-3】 执行创建的 p_grade1 存储过程。

在查询编辑器窗口中执行如下 Transact-SQL 语句。

```
EXEC  p_grade1
```

执行结果如图 7-3 所示，与图 7-2 所示完全相同，表示存储过程创建成功。

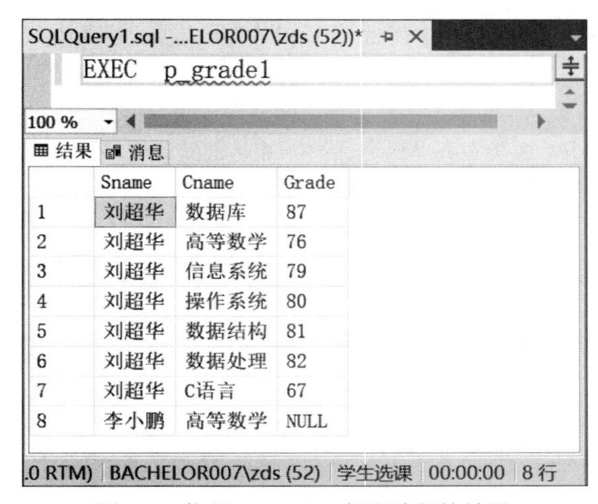

图 7-3 执行 p_grade1 存储过程的结果

3. 创建存储过程的步骤

从总体上来说，创建存储过程可分为 3 个步骤，下面以例 7-2 为例进行说明。

1）实现过程体的功能

在查询编辑器窗口中执行过程体的语句，确认其符合要求。

例如，例 7-2 中查询计算机系学生的选课情况的语句。

```
SELECT Sname, Cname, Grade
    FROM student s INNER JOIN sc
    ON s.Sno = sc.Sno  INNER JOIN course c
    ON c.Cno = sc.Cno
    WHERE Sdept = '计算机系'
```

2）创建存储过程

如果第一步执行的结果符合预期，则按照存储过程的语法定义存储过程。

```
CREATE PROCEDURE  p_grade1
  AS
SELECT Sname, Cname, Grade
```

```
    FROM student s INNER JOIN sc
    ON s.Sno = sc.Sno  INNER JOIN course c
    ON c.Cno = sc.Cno
    WHERE Sdept = '计算机系'
```


3）验证正确性

执行存储过程，验证存储过程的正确性。

```
EXEC p_grade1
```

7.2.2 带输入参数的存储过程

1. 创建带输入参数的存储过程

输入参数是指由调用语句向存储过程传递的参数，在创建存储过程时定义输入参数，而在执行该存储过程时给出相应的变量值。创建带输入参数的存储过程的语法格式如下。

```
CREATE  [ PROC | PROCEDURE]   存储过程名
      [ { @参数名称 参数数据类型 }  [ = 参数的默认值 ] [ ,... n ]
       [ WITH  ENCRYPTION]
   [WITH  RECOMPILE ]
    AS
    sql_statement
```

其中，“{@参数名称 参数数据类型} [=参数的默认值]”用于定义局部变量为存储过程的参数。例如，“@i int=1”表示局部变量@i 为参数，@i 的默认值为 1，也就是，如果在执行存储过程中未提供参数值，则使用默认值 1。

【例 7-4】 创建一个存储过程，实现根据学生学号，列出学生的姓名和所在系。

分析：根据学生的学号来确定存储过程的执行，所以本题是带输入参数的存储过程，参数为学生的学号 Sno，定义变量@sno，用来接收输入的学生学号。查询语句如下。

```
SELECT Sname, Sdept FROM student WHERE Sno=@sno
```

1）测试过程体的正确性

为了测试方便，假定输入参数@Sno='95001'，则相应的查询语句为 SELECT Sname, Sdept FROM student WHERE Sno='95001'。

在查询编辑器窗口中执行查询语句，结果如图 7-4 所示。

	Sname	Sdept
1	刘超华	计算机系

图 7-4 查询学号为 95001 的学生信息

2）创建存储过程

在查询编辑器窗口中执行如下 Transact-SQL 语句。

```
CREATE PROCEDURE p_student
```

```
@Sno CHAR(5)
AS
SELECT Sname,Sdept FROM student WHERE Sno=@Sno
```

【例 7-5】 查询某个指定系学生的考试情况，列出学生的姓名、所在系、课程名和考试成绩。

分析：本题查询体为三表连接查询，输入参数为系别名称，可以定义参数@dept，用于接收输入参数。

查询语句如下。

```
SELECT Sname,Sdept,Cname,Grade
FROM student,sc,course
WHERE student.Sno=sc.Sno AND sc.Cno=course.Cno AND Sdept=@dept
```

为了测试 Transact-SQL 语句的正确性，可以临时替代@dept 的值，确认符合要求后，创建存储过程。

在查询编辑器窗口中执行如下 Transact-SQL 语句。

```
CREATE PROCEDURE p_grade2
@Dept CHAR(20)
AS
SELECT Sname,Sdept,Cname,Grade
FROM student,sc,course
WHERE student.Sno=sc.Sno AND sc.Cno=course.Cno AND Sdept=@dept
```

【例 7-6】 创建名为 liststudent 的存储过程，该存储过程能根据输入的学生系别和性别，找出符合条件的所有学生。

分析：存储过程的功能是查找符合条件的学生信息，条件是指定系别和性别，因此在存储过程中需要指定两个变量：性别@sex 和系别@dept。查询语句如下。

```
SELECT *
FROM student
WHERE Ssex=@sex AND Sdept=@dept
```

在查询编辑器窗口中使用具体的条件，替代@sex 和@dept 测试过程体是否符合要求。

在查询编辑器窗口中执行如下 Transact-SQL 语句，创建存储过程。

```
CREATE PROCEDURE liststudent
@Sex char(2),
@Dept char(20)
AS
SELECT *
FROM student
WHERE Ssex=@sex AND Sdept=@dept
```

2. 执行带输入参数的存储过程

执行带输入参数的存储过程有两种方法：一种是使用参数名传递参数值；另一种是按位置传递参数值。

1）使用参数名传递参数值

其语法格式如下。

```
EXEC 存储过程名
[@参数名=参数值][DEFAULT]
[,...n]
```

【例 7-7】 使用存储过程 p_grade2 获得信息系学生的选课情况，包括姓名、所在系、课程名和成绩。

分析：查询某具体系的学生选课情况，在已经有存储过程 p_grade2 的基础上，只需让存储过程中@dept 参数的值为“信息系”即可。

在查询编辑器窗口中执行如下 Transact-SQL 语句。

```
EXEC p_grade2 @dept='信息系'
```

执行结果如图 7-5 所示。

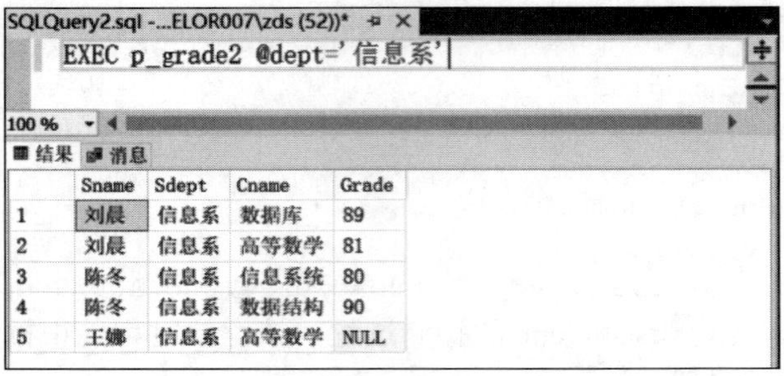

SQLQuery2.sql -...ELOR007\zds (52))*

```
EXEC p_grade2 @dept='信息系'
```

100 %

结果 消息

	Sname	Sdept	Cname	Grade
1	刘晨	信息系	数据库	89
2	刘晨	信息系	高等数学	81
3	陈冬	信息系	信息系统	80
4	陈冬	信息系	数据结构	90
5	王娜	信息系	高等数学	NULL

图 7-5　执行存储过程 p_grade2 的结果

【例 7-8】 利用存储过程 liststudent，查找计算机系女生的信息。

分析：存储过程 liststudent 中需要两个参数值：性别@sex 和系别@dept 的值，查找计算机系女生的信息就是“@sex='女',@dept='计算机系'”。

在查询编辑器窗口中执行如下 Transact-SQL 语句。

```
EXEC liststudent @sex='女',@dept='计算机系'
```

执行结果如图 7-6 所示。

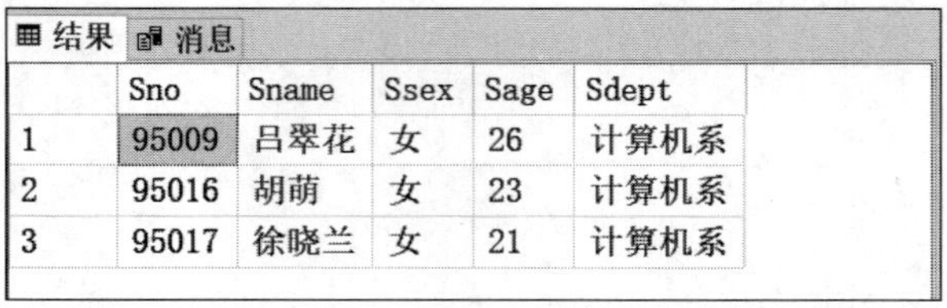

结果 消息

	Sno	Sname	Ssex	Sage	Sdept
1	95009	吕翠花	女	26	计算机系
2	95016	胡萌	女	23	计算机系
3	95017	徐晓兰	女	21	计算机系

图 7-6　执行带双参数的存储过程

2）按位置传递参数值

该方法是指在执行过程中，按照输入参数的位置直接给出参数的传递值。当存储过程有多个参数时，值的顺序必须与创建存储过程时定义参数的顺序相一致。也就是说，参数值传递的顺序就是参数定义的顺序。如果参数是字符类型或日期类型，则需要将这些参数值使用单引号引起来。执行存储过程时，按位置传递参数值的语法格式如下。

```
EXEC 存储过程名
[参数值 1,参数值 2,...]
```

【例 7-9】 按位置传递执行存储过程 liststudent，查找计算机系的女生信息。

在查询编辑器窗口中执行如下 Transact-SQL 语句。

```
EXEC liststudent '女','计算机系'
```

执行结果与例 7-8 相同，但按位置传递参数值相对更简洁。

【例 7-10】 创建一个带通配符参数的存储过程 student_name，用于查询指定姓氏的学生信息。

分析：可以定义变量@Sname，用于获得传入的姓氏，如果没有提供具体的参数，则默认为“%”，即查询所有姓氏的学生信息。

在查询编辑器窗口中执行如下 Transact-SQL 语句。

```
CREATE PROCEDURE student_name
@Sname varchar(20)= '%'
AS
SELECT *
FROM student
WHERE Sname Like @Sname
```

【例 7-11】 利用 student_name 查询所有学生信息和姓“陈”的学生信息。

执行结果如图 7-7 所示。

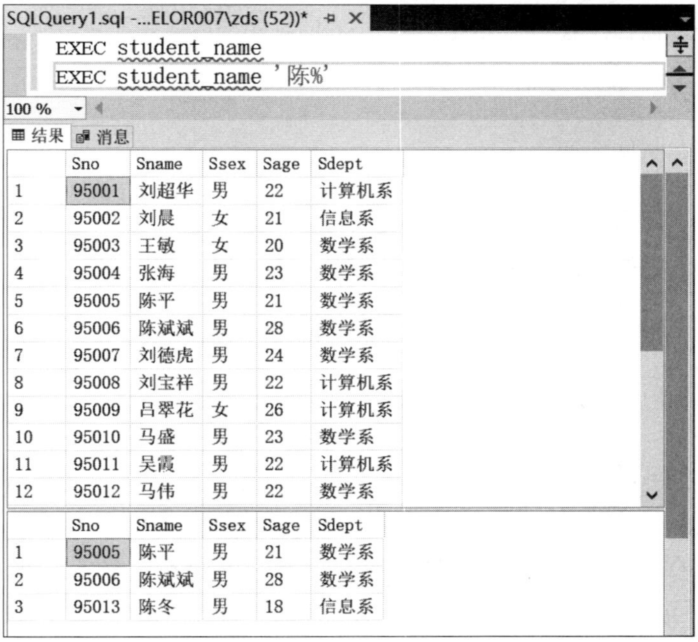

SQLQuery1.sql -...ELOR007\zds (52))*

```
EXEC student_name
EXEC student_name '陈%'
```

100 %

结果 消息

	Sno	Sname	Ssex	Sage	Sdept
1	95001	刘超华	男	22	计算机系
2	95002	刘晨	女	21	信息系
3	95003	王敏	女	20	数学系
4	95004	张海	男	23	数学系
5	95005	陈平	男	21	数学系
6	95006	陈斌斌	男	28	数学系
7	95007	刘德虎	男	24	数学系
8	95008	刘宝祥	男	22	计算机系
9	95009	吕翠花	女	26	计算机系
10	95010	马盛	男	23	数学系
11	95011	吴霞	男	22	计算机系
12	95012	马伟	男	22	数学系

	Sno	Sname	Ssex	Sage	Sdept
1	95005	陈平	男	21	数学系
2	95006	陈斌斌	男	28	数学系
3	95013	陈冬	男	18	信息系

图 7-7 带通配符的存储过程的执行

说明：此处学生姓名参数@Sname的类型为varchar(20)，而不是char(20)，原因是如果定义为char(20)，则系统会认为@Sname的默认值是'%'（包含19个空格），这样无法查询出正确结果。

7.2.3 带输出参数的存储过程

1. 创建带输出参数的存储过程

从存储过程中返回一个或多个值。这是通过在创建存储过程的语句中定义输出参数来实现的。参数定义的具体语法格式如下。

```
@参数名 数据类型[=默认值] OUTPUT
```

其中，保留字OUTPUT指明这是一个输出参数。值得注意的是，输出参数必须位于所有输入参数说明之后。

2. 执行带输出参数的存储过程

为了接收某一存储过程的返回值，在调用该存储过程的程序中，也必须声明作为输出的传递参数。这个输出传递参数可声明为局部变量，用来存放返回值。

执行带输出参数的存储过程的语法格式如下。

```
EXEC[UTE] 存储过程名
[[@参数名=]{参数值|@变量[ OUTPUT ]|[默认值]}][,...n]
```

【例7-12】 创建一个存储过程，用于计算两个数的乘积，且可将计算结果用输出参数返回给调用者。

分析：存储过程的功能是求两个数的乘积，所以需要两个输入参数@var1 int和@var2 int；执行存储过程后要求返回结果，所以需要定义一个变量作为输出参数@var3 int OUTPUT。

在查询编辑器窗口中执行如下Transact-SQL语句。

```
CREATE PROCEDURE p_sum
@var1 int,  @var2  int,
@var3 int OUTPUT
AS
SET  @var3 = @var1 * @var2
```

【例7-13】 执行例7-12创建的存储过程。

在查询编辑器窗口中执行如下Transact-SQL语句。

```
DECLARE @res int
EXECUTE p_sum 3,8,@res OUTPUT
PRINT @res
```

【例7-14】 创建一个带输出参数的存储过程并执行。要求输入学生的学号，输出该学生的各科成绩总和。

分析：要求存储过程的功能是求指定学生（学号）的各科成绩之和，所以需要一个输入参数@snchar(5)用来接收输入的学号，一个输出参数@s int output用来存储成绩总和并返回结果。

在查询编辑器窗口中执行如下 Transact-SQL 语句。

```
CREATE PROCEDURE p_sgrade
@sn char(5),  @s int OUTPUT
AS
SELECT @s=SUM(Grade)
FROM sc
WHERE Sno=@sn
```

执行、查询并输出'95001' 的总成绩的语句如下。

```
DECLARE @s int
EXECUTE p_sgrade '95001',@s OUTPUT
PRINT @s
```

7.3 管理存储过程

7.3.1 查看存储过程

存储过程被创建之后，它的名称被存储在系统表 sysobjects 中，它的源代码被存放在系统表 syscomments 中。用户可以使用系统存储过程来查看用户创建的存储过程的相关信息。

（1）sp_help 用于显示存储过程的参数及其数据类型。其语法格式如下。

```
sp_help  [[@objname=] 存储过程名 ]
```

【例 7-15】 查看 p_grade2 存储过程的参数和数据类型。

在查询编辑器窗口中执行如下 Transact-SQL 语句。

```
USE 学生选课
GO
sp_help p_grade2
```

执行结果如图 7-8 所示。

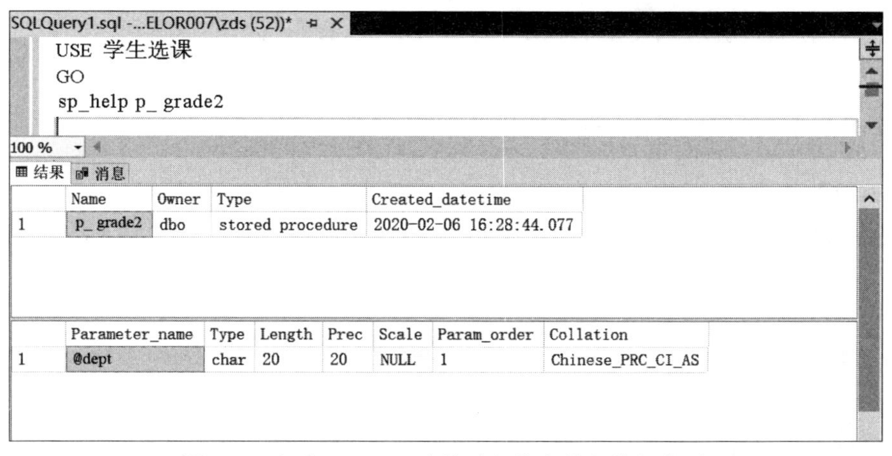

图 7-8 查看 p_grade2 存储过程的参数和数据类型

（2）sp_helptext 用于显示存储过程的源代码。其语法格式如下。

```
sp_helptext [[@objname=]存储过程]
```

【例 7-16】 查看 p_grade2 存储过程的源代码。

在查询编辑器窗口中执行如下 Transact-SQL 语句。

```
USE 学生选课
GO
sp_helptext p_grade2
GO
```

执行结果如图 7-9 所示。

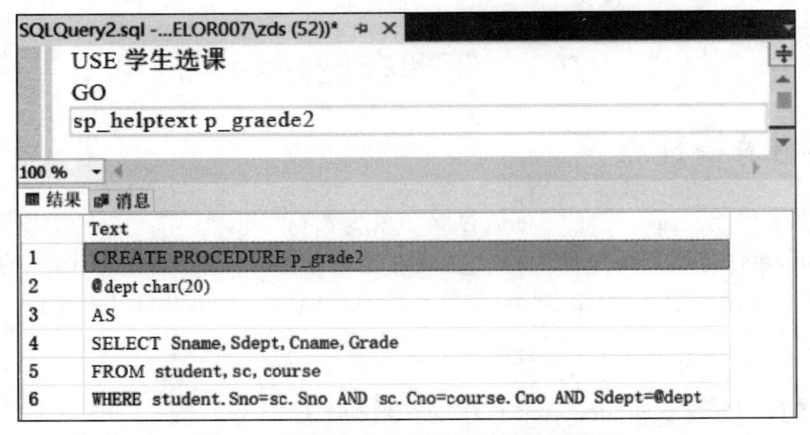

图 7-9 查看 p_grade2 存储过程的源代码

说明：如果在创建存储过程时使用了 WITH ENCYPTION 选项，那么使用 sp_helptext 将无法查看存储过程的源代码。

7.3.2 删除用户存储过程

删除用户存储过程可以使用 DROP 命令。DROP 命令用于从当前数据库中删除一个或多个存储过程，语法格式如下。

```
DROP {PROC | PROCEDURE } 存储过程名 [ ,... n ]
```

【例 7-17】 删除 p_sum 存储过程。

在查询编辑器窗口中执行如下 Transact-SQL 语句。

```
USE 学生选课
GO
DROP PROCEDURE p_sum
GO
```

【例 7-18】 使用 SQL Server Management Studio 删除 liststudent 存储过程。

具体操作步骤如下。

（1）在“对象资源管理器”窗格中，展开“数据库”→“学生选课”→“可编程性”→“存储过程”选项。

（2）右击 liststudent 存储过程，在弹出的快捷菜单中选择“删除”命令。

（3）弹出“删除对象”对话框，单击“确定”按钮，完成删除。

7.3.3 修改存储过程

如果需要修改存储过程，可以先删除存储过程，再重建存储过程；或者使用 ALTER PROCEDURE 语句，更改先前通过 CREATE PROCEDURE 语句创建的存储过程。使用 ALTER PROCEDURE 语句是为了保持存储过程的权限。ALTER PROCEDURE 语句的语法格式如下。

```
ALTER  [ PROC | PROCEDURE]  存储过程名
        [ { @参数名称 参数数据类型 }  [ = 参数的默认值 ]
        [ OUTPUT ]  ]
        [ ,...n ]
        [ WITH  ENCRYPTION]
    [WITH  RECOMPILE ]
     AS
        sql_statement
```

【例 7-19】 修改例 7-10 中创建的存储过程 student_name，使其能够根据提供的姓名模糊查询学生信息，并要求存储过程代码不能查看。

具体操作步骤如下。

（1）在“对象资源管理器”窗格中，展开“数据库”→“学生选课”→“可编程性”→“存储过程”选项。

（2）右击 student_name 存储过程，在弹出的快捷菜单中选择“修改”命令。

（3）在打开的查询编辑器窗口中，对代码做如下修改。

```
SET ANSI_NULLS ON
SET QUOTED_IDENTIFIER ON
GO
ALTER PROCEDURE [dbo].[student_name]
@Sname varchar(20)      --去掉"=%"
WITH ENCRYPTION         --加密
AS
     SELECT *
     FROM student
     WHERE Sname like '%'+@Sname+'%'  --模糊查询
GO
```

（4）单击工具栏上的 ▷ 执行(X) 按钮，修改存储过程。

测试执行存储过程效果如图 7-10 所示。

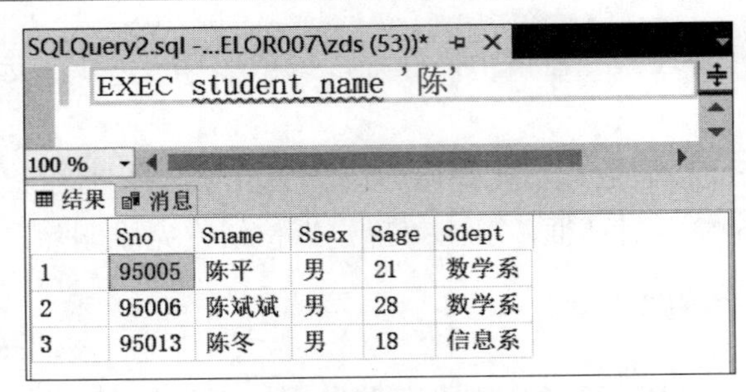

	Sno	Sname	Ssex	Sage	Sdept
1	95005	陈平	男	21	数学系
2	95006	陈斌斌	男	28	数学系
3	95013	陈冬	男	18	信息系

图 7-10　执行模糊查询学生信息的存储过程

7.4　系统存储过程和扩展存储过程

7.4.1　系统存储过程

系统表是 SQL Server 2017 用来存放各种对象信息的地方，而系统表存放在 master 和 msdb 数据库中，且大部分以“sp_”开头。系统表中存放的信息大部分是数值数据，SQL Server 2017 提供了大约 1230 个系统存储过程，帮助用户修改系统表。下面对常用系统存储过程做简单的介绍。

sp_tables：返回可在当前环境中查询的表和视图的列表。

sp_stored_procedures：返回当前环境中的存储过程列表。

sp_rename：在当前数据库中更改用户创建对象的名称。此对象可以是表、索引、列和别名数据类型等。

sp_renamedb：更改数据库的名称。

sp_help：用于查看数据库对象（sys.sysobjects 兼容视图中列出的所有对象）、用户定义数据类型或 SQL Server 2017 提供的数据类型的信息。

sp_helptext：返回用户定义的规则、默认值、未加密的 Transact-SQL 存储过程、用户定义的 Transact-SQL 函数、触发器、计算列、CHECK 约束、视图或系统对象（如系统存储过程）的内容。

sp_who：提供有关 Microsoft SQL Server Database Engine 实例中当前用户和进程的信息。

sp_password：为 Microsoft SQL Server 添加登录名或更改密码。

【例 7-20】　查看可在当前环境中查询的表和视图的列表。

在查询编辑器窗口中执行如下 Transact-SQL 语句。

```
USE 学生选课
GO
EXEC sp_tables
```

执行结果如图 7-11 所示。

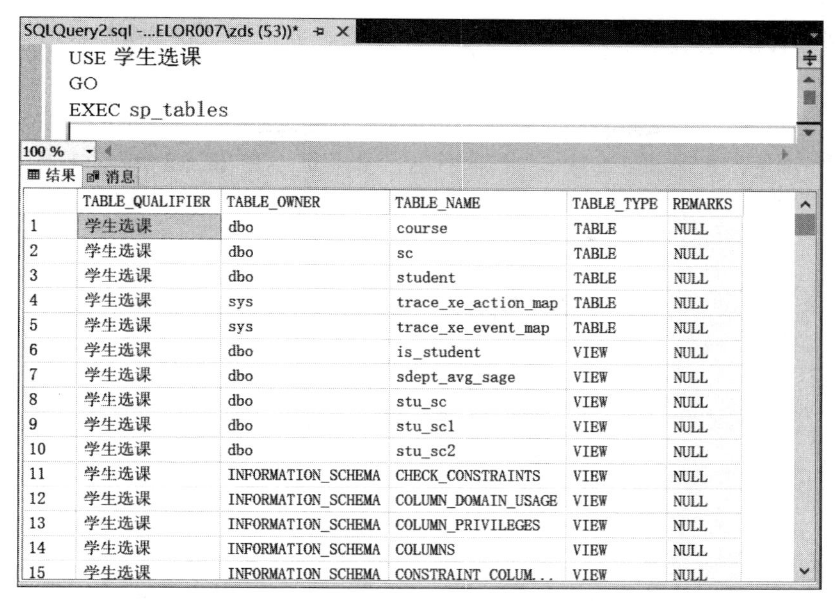

图 7-11　执行 sp_tables 系统存储过程

7.4.2　扩展存储过程

使用扩展存储过程能够在程序设计语言（如 C 语言）中创建自己的外部例程。扩展存储过程是 SQL Server 实例可以动态加载和运行的 DLL，扩展了 SQL Server 2017 的性能，常以“xp_”开头。常用扩展存储过程介绍如下。

xp_cmdshell：用来运行平常在命令提示符下执行的程序，如 DIR （显示目录）和 MD（更改目录）命令等。

xp_sscanf：将数据从字符串读入每个格式参数所指定的参数位置。

xp_sprintf：设置一系列字符和值的格式并将其存储到字符串输出参数中。每个格式参数都用相应的参数替换。

【例 7-21】　使用 xp_cmdshell 语句返回指定 F 盘的 soft 文件夹下的文件列表。

（1）在查询编辑器窗口中执行如下 Transact-SQL 语句。

```
EXEC xp_cmdshell 'DIR F:\soft\*. *'
```

单击“执行”按钮，结果如图 7-12 所示。系统提示出错信息“此组件已作为此服务器安全配置的一部分而被关闭”，所以需要通过配置外围应用配置器来启动该功能。

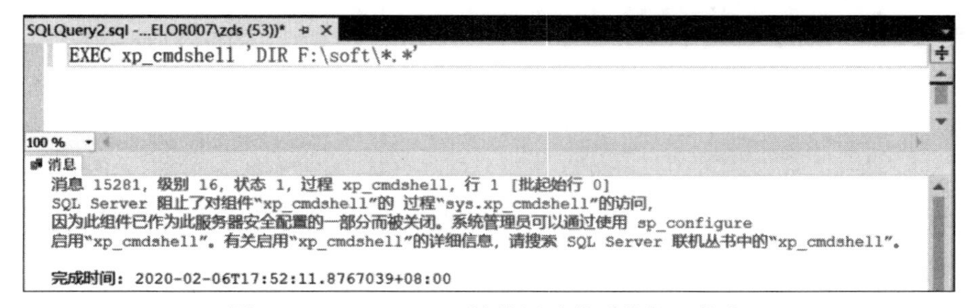

图 7-12　xp_cmdshell 被禁用时的系统提示信息

（2）配置外围应用配置器，操作步骤如下。

在“对象资源管理器”窗格中，选择服务器并右击，在弹出的快捷菜单中选择 Facets 命令，如图 7-13 所示。在弹出的“查看方面-BACHELOR007”对话框的“方面”下拉列表框中选择“外围应用配置器”选项，在“方面属性”中设置 XPCmdShellEnabled 属性为 True，单击“确定”按钮，如图 7-14 所示。

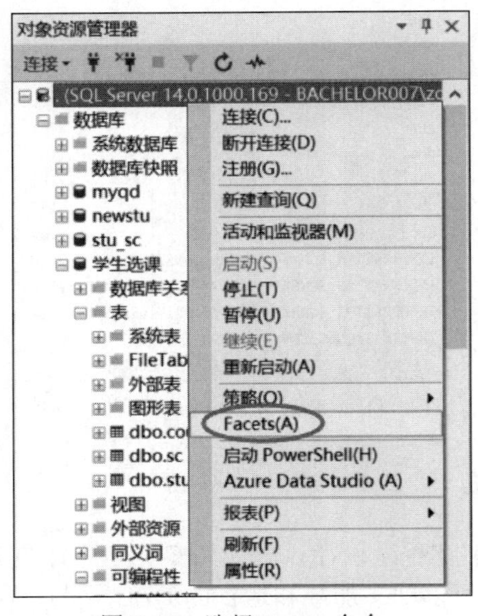

图 7-13 选择 Facets 命令

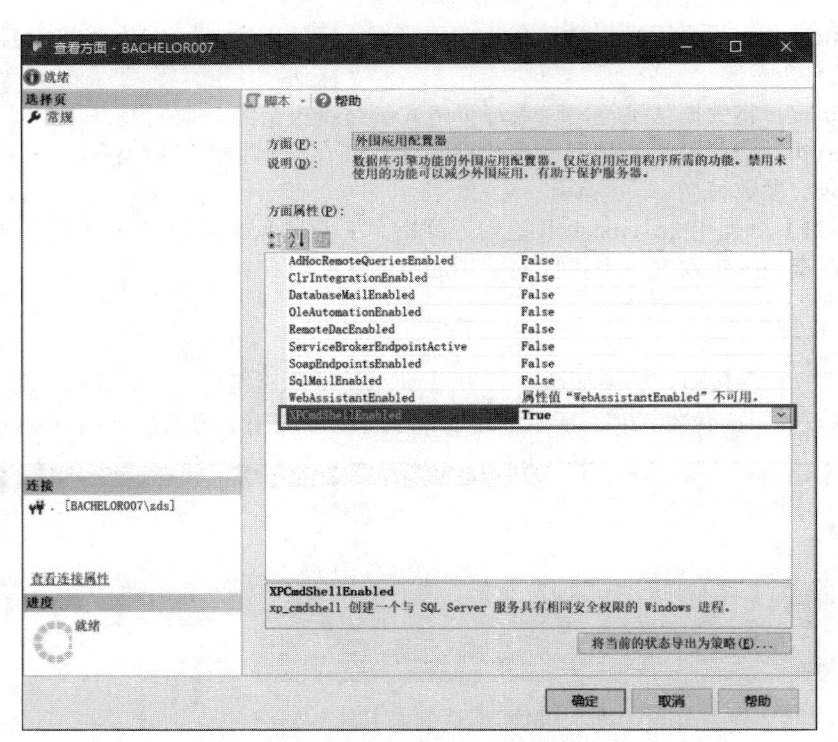

图 7-14 启用 xp_cmdshell 扩展存储过程

（3）重复步骤（1），使用 xp_cmdshell 扩展存储过程查看 F 盘的 soft 文件夹下的文件列表，执行结果如图 7-15 所示。

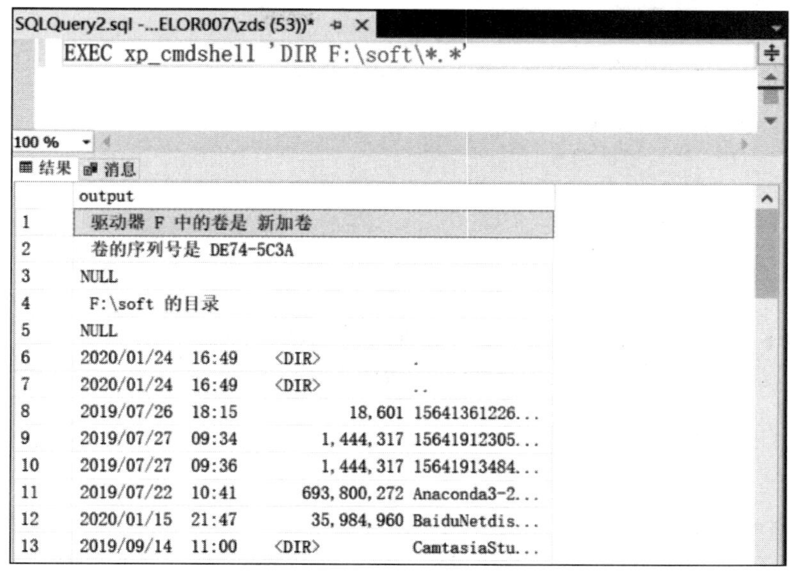

图 7-15　使用 xp_cmdshell 查看 F 盘的 soft 文件夹的信息

7.5　存储过程的具体应用

在一个数据库中创建存储过程需要考虑以下因素。

（1）一个存储过程完成一个任务。

（2）不要使用“sp_”来命名用户存储过程。

（3）可以使用 WITH ENCRYPTION 加密存储过程，以免存储过程的源代码被人查阅。

（4）在存储过程的开始位置执行 SET 语句。

（5）在服务器上创建、测试存储过程。

7.5.1　操作表的存储过程

在学生选课数据库中，经常要对各类表进行插入、删除和更新操作。

【例 7-22】　创建一个存储过程，将指定课程的学分增加 2 分。

分析：将指定课程的学分增加 2 分，需要使用输入参数，假定为@cno，则相应的更新学分的 Transact-SQL 语句为“UPDATE course SET Credit = Credit + 2　WHERE Cno = @Cno”。

在查询编辑器窗口中执行如下 Transact-SQL 语句。

```
CREATE PROC p_updatecredit1
@Cno char(6)
AS
UPDATE course SET Credit = Credit + 2
WHERE Cno = @Cno
```

【例 7-23】 将指定课程的学分改为指定值，要求指定值必须为 1～10，否则不予修改。

分析： 既要指定课程，又要指定学分，所以本题需要两个输入参数@Cno、@Credit；要求指定学分为 1～10，可以使用 IF 语句进行判断。

在查询编辑器窗口中执行如下 Transact-SQL 语句。

```
CREATE PROC p_updatecredit2
@Cno char(6),@Credit int
AS
IF @Credit BETWEEN 1 AND 10
UPDATE course SET Credit = @Credit
WHERE Cno = @Cno
```

【例 7-24】 删除指定学生（学号）成绩不及格的修课记录。

在查询编辑器窗口中执行如下 Transact-SQL 语句。

```
CREATE PROC p_deletesc
@Sno char(7)
AS
DELETE FROM sc
WHERE Sno = @Sno AND Grade < 60
```

7.5.2 获取信息的存储过程

在学生选课数据库中，由于经常要了解学生选课信息，因此可以创建查询符合指定条件的学生选课信息的存储过程。

【例 7-25】 修改 p_grade2 存储过程，使其能查询指定系中成绩大于或等于 80 分的学生姓名、所在系、课程名和成绩。

分析： 修改存储过程可以直接使用 ALTER PROCEDURE 语句。

在查询编辑器窗口中执行如下 Transact-SQL 语句。

```
ALTER  PROCEDURE  p_grade2
@dept char(20)
AS
 SELECT Sname, Sdept, Cname, Grade
 FROM student s INNER JOIN sc
 ON s.Sno = sc.Sno  INNER JOIN course c
 ON c.Cno = sc.Cno
 WHERE Sdept = @dept AND Grade >= 80
```

习 题 7

一、选择题

1．sp_help 属于（　　）。

A．系统存储过程　　　　B．用户定义存储过程

C．扩展存储过程　　　　　　　　　　D．其他

2．定义存储过程中使用（　　）可以对存储过程加密，其他用户无法查看存储过程的定义。

A．WITH　RECOMPILE　　　　　　　B．WITH　ENCRYPTION

C．WITH　REPLACE　　　　　　　　D．WITH　OUTPUT

3．存储过程中定义输出参数使用的关键字是（　　）。

A．INPUT　　　B．OUTPUT　　　C．EXTEND　　　D．OUTLOOK

4．用于显示存储过程的参数及其数据类型的系统存储过程是（　　）。

A．sp_helptext　　B．sp_renamedb　　C．sp_help　　D．sp_rename

二、填空题

1．存储过程在第一次执行时进行编译，并将结果存储在_______中，用于以后调用。

2．SQL Server 2017 中存储过程包括 3 种类型，分别是_______、_______和_______。

3．存储过程有多种使用方式，其中比较常用的是使用_______语句。

4．可以使用_______语句来加密存储过程，防止未授权用户通过 SELECT 语句查看该存储过程代码。

5．_______是已经存储在 SQL Server 服务器中的一组预编译过的 Transact-SQL 语句。

三、思考题

1．简述存储过程的基本功能和特点。

2．简述存储过程的创建方法和执行方法。

3．创建一个含输入输出参数的存储过程，统计指定课程的平均成绩，并用输出参数返回。

第8章 触发器的应用

学习目标

了解触发器的作用和分类；掌握创建、执行、修改和删除触发器的方法；掌握INSERTED表和DELETED表的使用；了解DML触发器的类型；了解触发器的禁用和启用；能够根据实际情况开发数据库中的触发器。

8.1 触发器概述

8.1.1 触发器的作用

触发器是一种特殊类型的存储过程，一般存储过程通过存储过程名即可直接调用而执行，但触发器不需要用EXEC命令调用，而是在某个指定的事件执行时被激活。触发器通常可以完成一定的业务规则，除了用于SQL Server约束、默认值和规则的完整性检查之外，还可以完成难以用普通约束实现的复杂的功能限制。

8.1.2 触发器的分类

SQL Server 2017提供了两种类型的触发器：DML触发器和DDL触发器。

1. DML触发器

当数据库中发生数据操纵语言（DML）事件时将调用DML触发器。DML事件包括在指定表或视图中修改数据的INSERT语句、UPDATE语句或DELETE语句，DML触发器有助于在表或视图中修改数据强制业务规则，扩展数据的完整性。

1）DML触发器的应用

（1）实现数据库中数据的级联更改。

（2）防止恶意或错误的INSERT、UPDATE以及DELETE操作，并强制执行比CHECK约束定义的限制更为复杂的其他限制。

（3）引用其他表中的列。

（4）评估数据修改前后表的状态，并根据该差异采取措施。

（5）一个表中的多个同类DML触发器（INSERT、UPDATE或DELETE）允许采取多个不同的操作来响应同一个修改语句。

2）DML触发器的分类

DML触发器通常可分为3类：AFTER触发器、INSTEAD OF触发器和CLR触发器。

AFTER 触发器：数据修改完成后触发器被激活。执行顺序：数据表约束检查→修改表中的数据→激活触发器。

INSTEAD OF 触发器：这类触发器会取代原来要进行的操作，在数据修改之前被激活，数据如何修改完全取决于触发器的内容。执行顺序：激活触发器→若触发器涉及数据修改，则检查表约束。

CLR 触发器：可以是 AFTER 触发器或 INSTEAD OF 触发器，还可以是 DDL 触发器。CLR 触发器将执行在新托管代码编程模型（在.NET Framework 中创建并在 SQL Server 中上传的程序集的成员）中编写的方法，而不用执行 Transact-SQL 存储过程。

2. DDL 触发器

在 CREATE、ALTER、DROP 和其他 DDL 操作发生时激活的触发器称为 DDL 触发器。DDL 触发器用于执行管理任务，并强制影响数据库的业务规则。它们通常在数据库或服务器中某一类型的所有命令执行时被激活。

8.1.3 DML 触发器与约束比较

DML 触发器和约束各有其优点。DML 触发器的主要优点在于它们可以包含使用 Transact-SQL 代码的复杂处理逻辑。DML 触发器支持约束的所有功能，但 DML 触发器对于给定的功能并不总是最恰当的方法。

当约束支持的功能无法满足应用程序的功能要求时，DML 触发器非常有用。例如，除非 REFERENCES 子句定义了级联引用操作，否则 FOREIGN KEY 约束只能用与另一列中的值完全匹配的值来验证列值。DML 触发器可以将更改通过级联方式传播给数据库中的相关表；不过，通过级联引用完整性约束可以更有效地执行这些更改。

约束只能通过标准化的系统错误消息来传递错误消息。如果应用程序需要使用自定义消息和较为复杂的错误处理，则必须使用触发器。

DML 触发器可以禁止或回滚违反引用完整性的更改，从而取消所尝试的数据修改操作。当更改外键且新值与其主键不匹配时，这样的触发器将生效。FOREIGN KEY 约束通常也用于此目的。

如果包含触发器的表上存在约束，则在 INSTEAD OF 触发器执行后但在 AFTER 触发器执行前检查这些约束。如果违反了约束，则回滚 INSTEAD OF 触发器的操作且不执行 AFTER 触发器。

8.1.4 INSERTED 表和 DELETED 表

在进行数据更新操作时，会产生两个临时的、用于记录更改前后变化的表：INSERTED 表和 DELETED 表。这两个表保存在高速缓存中，它们的结构与创建触发器的表的结构相同。触发器类型不同，创建的两个临时表的情况和记录都不同，如表 8-1 所示。

表 8-1 INSERTED 表和 DELETED 表

操作类型	INSERTED 表	DELETED 表	操作类型	INSERTED 表	DELETED 表
INSERT	插入的记录	不创建	UPDATE	修改后的记录	修改前的记录
DELETE	不创建	删除的记录			

从表 8-1 中可以看出，对具有触发器的表进行 INSERT、DELETE 和 UPDATE 操作时，过程分别如下。

（1）INSERT 操作：插入到表中的新行被复制到 INSERTED 表中。

（2）DELETE 操作：从表中删除的行被转移到 DELETED 表中。

（3）UPDATE 操作：先从表中删除旧行，然后向表中插入新行。其中，删除的旧行被转移到 DELETED 表中，插入到表中的新行被复制到 INSERTED 表中。

8.2 DML 触发器

创建触发器的语法格式如下。

```
CREATE  TRIGGER  触发器名
     ON  表名或视图名
     {FOR | AFTER | INSTEAD OF }
       {INSERT[,] | UPDAT E[,] | DELETE }
    [WITH  ENCRYPTION ]
    AS
       [IF UPDATE (列名 1)
    [{AND | OR } UPDATE(列名 2)[...n]
      sql_statements
```

FOR|AFTER|INSTEAD OF：选择触发器的类型，如果仅指定 FOR 关键字，则 AFTER 为默认值。

INSERT [,] |UPDATE [,] |DELETE：用来指明哪种数据操作将激活触发器。

IF UPDATE（列名）：用来测定对特定列是进行插入操作还是更新操作，但不与删除操作用在一起。

WITH ENCRYPTION：表示对 CREATE TRIGGER 语句的文本进行加密处理，防止将触发器作为 SQL Server 副本的一部分进行发布。

8.2.1 创建 DML 触发器

1. INSERT 触发器

INSERT 触发器通常用来验证被触发器监控的字段中的数据满足要求的标准，以确保数据完整性。

【例 8-1】 创建一个触发器，当向学生表中插入数据时，发出消息提示“插入一条记录!”。

分析：本题要求插入数据时给出消息提示，所以需要使用 INSERT 触发器。

（1）创建触发器。

在查询编辑器窗口中执行如下 Transact-SQL 语句。

```
CREATE TRIGGER tr_instu
ON student
FOR INSERT
AS
```

```
PRINT '插入一条记录!'
```

（2）测试触发器。

使用 INSERT 语句，在查询编辑器窗口中插入数据，具体代码如下。

```
INSERT INTO student VALUES('95088','张飞','男',25,'数学系')
```

执行结果如图 8-1 所示。在“消息”窗格中，除插入记录时常见的提示“(1 行受影响)”外，还显示文本“插入一条记录!”，这正是触发器中设定的，说明触发器被激活了。

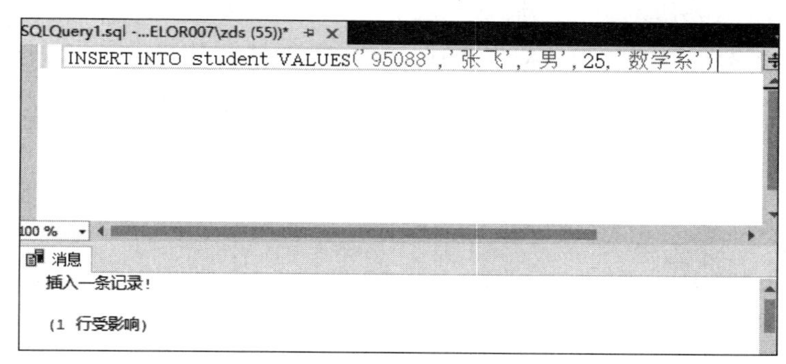

图 8-1　INSERT 触发器

2. DELETE 触发器

DELETE 触发器通常用于两种情况：第一种情况是为了防止那些确实需要删除但会引起数据一致性问题的记录被删除；第二种情况是删除主记录时执行子记录的级联删除操作。

当激发 DELETE 触发器后，SQL Server 2017 将被删除的记录转移到 DELETED 表中。使用 DELETE 触发器时，用户需注意以下两点。

（1）当删除的记录被转移到 DELETED 表中时，数据表中将不再存在该记录。也就是说，数据表和 DELETED 表中不可能有相同的记录信息。

（2）临时表 DELETED 存放在内存中，以提高系统性能。

【例 8-2】　在 student 表中创建触发器 tr_delstu，当删除学生信息时，如果该学生没有选课，可以删除；如果有选课，则撤销删除，并显示无法删除的信息。

分析：本例要求在删除数据时激发触发器，所以应采用 DELETE 触发器。判断学生是否选课，只需要判断 DELETED 表中的学号是否也存在于 sc 表中，将 DELETED 表和 sc 表按照学号相等进行连接，如果存在结果集，则不能删除，并提示“当前删除学生中有人选课，不能删除!”，同时使用 ROLLBACK 撤销删除操作。

（1）创建触发器。

在查询编辑器窗口中执行如下 Transact-SQL 语句。

```
CREATE TRIGGER tr_delstu
ON student
FOR DELETE
AS
IF EXISTS(SELECT * FROM DELETED INNER JOIN sc on DELETED.Sno=sc.Sno)
BEGIN
PRINT '当前删除学生中有人选课,不能删除!'
```

```
ROLLBACK
end
```

（2）测试触发器。

在查询编辑器窗口中输入如下 Transact-SQL 语句，测试触发器的工作状态（注意，请删除 sc 表上的外键 FK_sc_student 后测试，测试完再恢复外键）。

```
DELETE FROM student WHERE Sno='95001'
```

执行结果如图 8-2 所示。在“消息”窗格中显示“当前删除学生中有人选课，不能删除！”查看 student 表发现要删除的数据还在，表示触发器被激活，阻止了删除。

图 8-2　DELETE 触发器

【例 8-3】　在 course 表上创建触发器 tr_ofdel，实现如下功能：当从 course 表中删除记录时，不允许删除表中的数据，并给出提示信息。

分析： 当删除表数据时，不允许删除，可以采用 INSTEAD OF 触发器实现。

（1）创建触发器。

在查询编辑器窗口中执行如下 Transact-SQL 语句。

```
CREATE TRIGGER tr_ofdel
ON course
INSTEAD OF DELETE
AS
PRINT '本表中的数据不允许删除！'
```

（2）测试触发器。

在查询编辑器窗口中执行如下 Transact-SQL 语句。

```
DELETE FROM course WHERE Cno=9
```

执行结果如图 8-3 所示。

图 8-3　INSTEAD OF 触发器

为验证指定数据是否被删除，在查询编辑器窗口中执行如下语句。

```
SELECT * FROM course WHERE Cno=9
```

执行结果如图 8-4 所示，编号为 9 的课程“网页制作”依然保留在 course 表中。

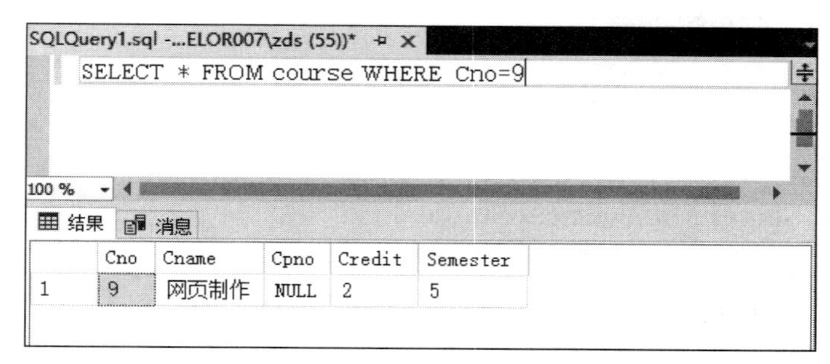

图 8-4 验证 instead of 触发器效果

3. UPDATE 触发器

UPDATE 触发器的工作相当于删除一条旧的记录，插入一条新的记录。因此，可将 UPDATE 语句分成两步操作，即捕获原始行的 DELETE 语句和捕获更新行的 INSERT 语句。当在定义有触发器的表上执行 UPDATE 语句时，原始行被移入 DELETED 表，更新行被移入 INSERTED 表。

【例 8-4】 创建一个修改触发器，防止用户修改 course 表中课程的开课学期。

分析：防止修改，要用到 UPDATE 触发器。

（1）创建触发器。

在查询编辑器窗口中执行如下 Transact-SQL 语句。

```
CREATE TRIGGER tr_up
ON course
FOR UPDATE
AS
IF UPDATE(Semester)
BEGIN
PRINT '禁止修改开课学期!'
ROLLBACK
END
```

（2）测试触发器。

在查询编辑器窗口中执行如下 Transact-SQL 语句。

```
UPDATE course SET Semester=5 WHERE Cno='1'
```

执行结果如图 8-5 所示，提示错误信息“禁止修改开课学期!”。

8.2.2 修改触发器

要对已有的触发器进行修改，有如下两种方法。

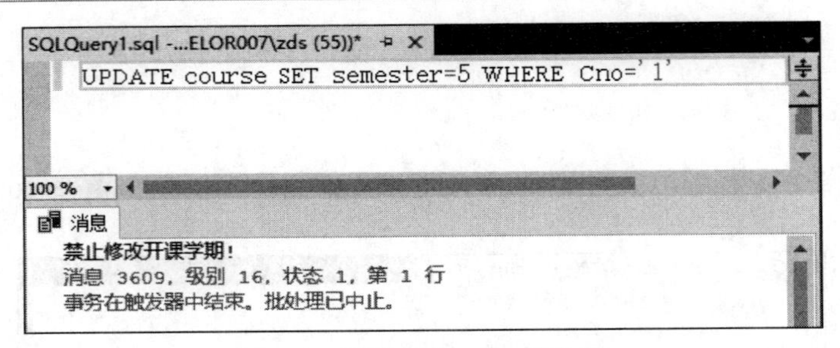

图 8-5 测试 UPDATE 触发器

1. 使用 SQL Server Management Studio

【例 8-5】 修改例 8-4 中创建的 tr_up 触发器，防止用户修改 course 表中课程的学分。

分析：学分列为 Credit，防止修改学分，只需要使用 UPDATE 在 Credit 列上建立触发器。

具体操作步骤如下。

（1）启动 SQL Server Management Studio。

（2）在“对象资源管理器”窗格中，展开“数据库”→“学生选课”→“表”→dbo.course→“触发器”选项，右击 tr_up 触发器，在弹出的快捷菜单中选择“修改”命令，如图 8-6 所示。

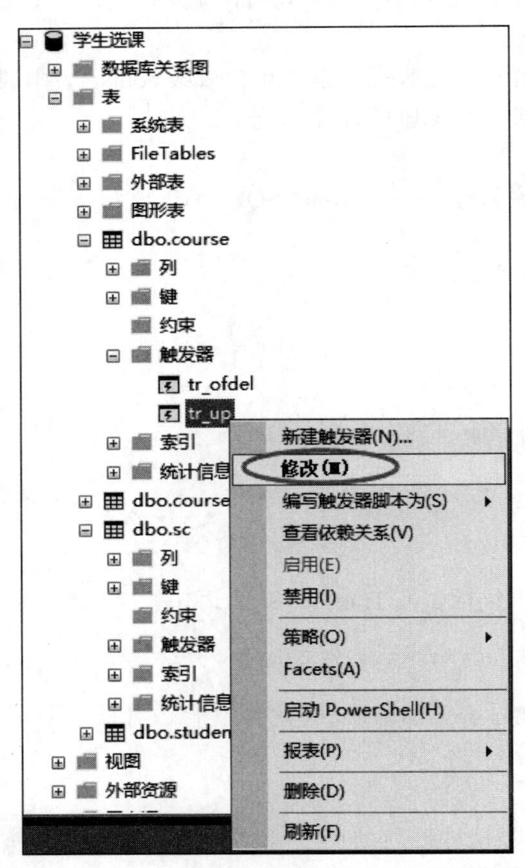

图 8-6 使用 SQL Server Management Studio 修改触发器 1

（3）在查询编辑器窗口中修改相应的 Transact-SQL 语句，如图 8-7 所示。

```
SQLQuery2.sql -...ELOR007\zds (65))*    SQLQuery1.sql -...ELOR007\zds (55))*
USE [学生选课]
GO
/****** Object:  TRIGGER [dbo].[tr_up]    Script Date: 2020/2/7 11:25:21 ******/
SET ANSI_NULLS ON
GO
SET QUOTED_IDENTIFIER ON
GO
ALTER TRIGGER [dbo].[tr_up]
ON [dbo].[course]
FOR UPDATE
AS
IF UPDATE(Credit)
BEGIN
PRINT '禁止修改课程学分!'
ROLLBACK
END
100 %
```

图 8-7　使用 SQL Server Management Studio 修改触发器 2

（4）单击 ▷ 执行(X) 按钮，修改触发器。

2. 使用 ALTER TRIGGER 语句

其语法格式如下。

```
ALTER TRIGGER  触发器名
    ON 表名或视图名
    [ WITH ENCRYPTION ]
( FOR | AFTER | INSTEAD OF )
{ [ DELETE ] [ , ] [ INSERT ] [ , ] [ UPDATE ] }
AS
sql_statements
```

8.3　DDL 触发器

如同 DML 触发器，DDL 触发器将激发存储过程以响应事件。但与 DML 触发器不同的是，DDL 触发器响应数据定义语言（DDL），如 CREATE、ALTER 和 DROP 语句，而 DML 触发器响应数据操纵语言（DML），如 UPDATE、INSERT 和 DELETE 语句。

DDL 触发器常用于如下情况。

（1）防止对数据库架构进行某些更改。

（2）响应数据库架构中的更改。

（3）记录数据库架构中的更改或事件。

创建 DDL 触发器的语法格式如下。

```
CREATE TRIGGER  触发器名
ON  { ALL SERVER | DATABASE }
[WITH  ENCRYPTION ]
{ FOR | AFTER } { DDL 事件} [ ,...n ]
AS
    sql_statement
```

其中，每一个 DDL 事件都对应一个 Transact-SQL 语句，DDL 事件名称是由 Transact-SQL 语句中的关键字以及在这些关键字之间所加的下画线构成的。例如，删除表事件为 DROP_TABLE，修改表事件为 ALTER_TABLE，修改索引事件为 ALTER_INDEX，删除索引事件为 DROP_INDEX。

【例 8-6】 创建一个用于防止用户删除学生选课数据库中任何数据表的触发器。

（1）创建触发器。

在查询编辑器窗口中执行如下 Transact-SQL 语句，执行后在“对象资源管理器”窗格中展开“数据库”→“学生选课”→“可编程性”→“数据库触发器”选项，可以看到如图 8-8 所示的数据库触发器 tr_drop_table。

```
CREATE TRIGGER tr_drop_table
ON DATABASE
FOR drop_table
AS
PRINT '禁止在该数据库删除表!'
ROLLBACK
```

图 8-8　数据库触发器

（2）测试触发器。

在查询编辑器窗口中执行如下 Transact-SQL 语句。

```
DROP TABLE course
```

执行结果如图 8-9 所示，系统提示“事务在触发器中结束。”，刷新“表”选项，发现 course 表依然存在。

说明： 外键约束优先级别高于触发器，测试触发器效果前，先删除外键约束，测试完再恢复。

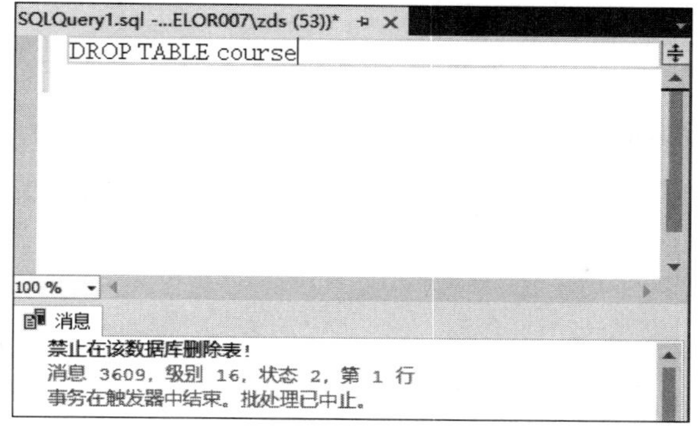

图 8-9　DDL 触发器

8.4　管理触发器

8.4.1　查看触发器

使用系统存储过程 sp_help、sp_helptext 和 sp_depents 可查看触发器的不同信息。

sp_ help：显示触发器的所有者和创建时间。

sp_ helptext：显示触发器的源代码。

sp_depends：显示该触发器参照的对象清单。

【例 8-7】　查看 tr_ofdel 触发器的所有者和创建时间等信息。

在查询编辑器窗口中执行如下 Transact-SQL 语句。

```
USE 学生选课
GO
sp_help 'tr_ofdel'
GO
```

执行结果如图 8-10 所示。

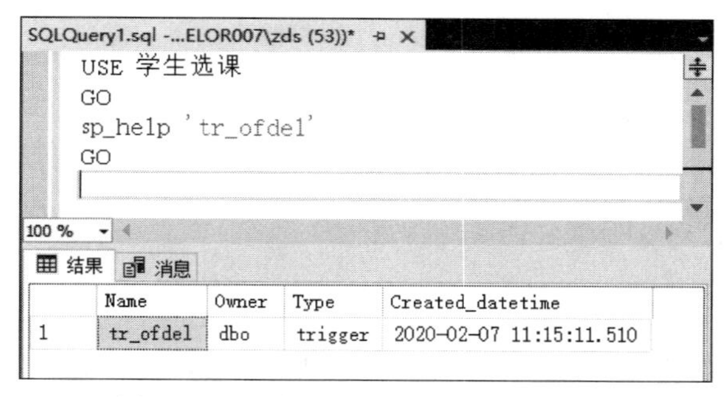

图 8-10　通过 sp_help 查看触发器信息

【例 8-8】　查看 tr_ofdel 触发器的源代码。

在查询编辑器窗口中执行如下 Transact-SQL 语句。

```
USE 学生选课
GO
```

```
sp_helptext 'tr_ofdel'
GO
```

执行结果如图 8-11 所示。

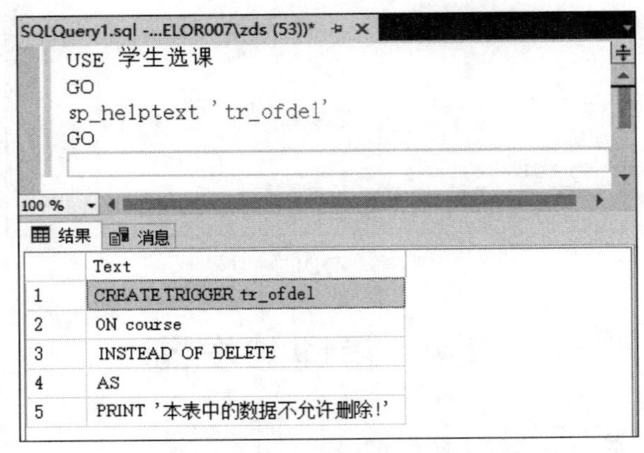

图 8-11　查看 tr_ofdel 触发器源代码

8.4.2　删除触发器

要删除一个触发器，它所基于的表和数据将不会受到影响。用户可以在 SQL Server Management Studio 中直接删除触发器，也可使用 DROP TRIGGER 语句删除。使用 DROP TRIGGER 语句的语法格式如下。

```
DROP TRIGGER trigger_name  [...n]
ON { DATABASE | ALL SERVER }  [; ]
```

说明： 当参照的表被删除时，触发器也会被自动删除。

【例 8-9】　删除 tr_ofdel 触发器。

在查询编辑器窗口中执行如下 Transact-SQL 语句。

```
USE 学生选课
GO
DROP TRIGGER tr_ofdel
GO
```

8.4.3　禁用或启用触发器

1. 禁用触发器

当不再需要某个触发器时，可将其禁用或删除。禁用触发器后，触发器仍存在于该表上。但是，当执行任意 INSERT、UPDATE 或 DELETE 语句时，触发器的动作将不再执行。

禁用触发器的语法格式如下。

```
DISABLE TRIGGER {ALL| 触发器名 [,...n] }
ON{ object_name|DATABASE|ALL SERVER }
```

【例 8-10】　使用 SQL Server Management Studio 禁用 student 表上的 tr_instu 触发器。

具体操作步骤如下。

（1）启动 SQL Server Management Studio，在“对象资源管理器”窗格中，展开“数据库”→“学生选课”→“表”→dbo.student→“触发器”选项。

（2）右击 tr_instu 选项，在弹出的快捷菜单中选择“禁用”命令。

【例 8-11】 使用代码禁用 student 表上的 tr_delstu 触发器。

在查询编辑器窗口中执行如下 Transact-SQL 语句。

```
USE 学生选课
GO
DISABLE TRIGGER tr_delstu ON student
```

执行后，在“对象资源管理器”窗格中展开“数据库”→“学生选课”→dbo.student→“触发器”选项，显示效果如图 8-12 所示。

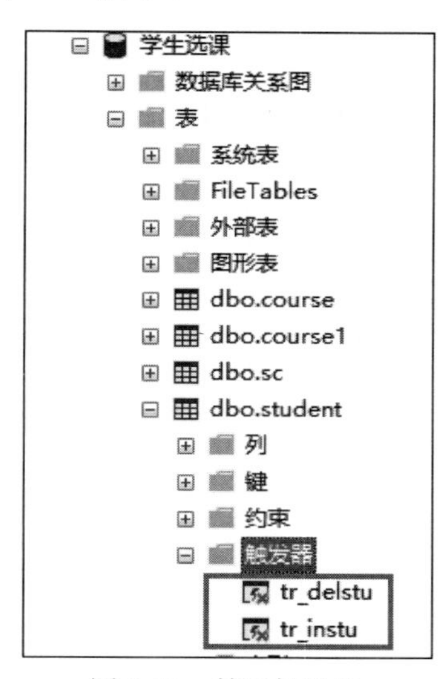

图 8-12 禁用触发器

2. 启用触发器

已禁用的触发器可以被重新启用。触发器会以最初被创建的方式激活。默认情况下，创建触发器后会启用触发器。启用触发器的语法格式如下。

```
ENABLE TRIGGER {ALL|触发器名 [,...n] }
ON{ object_name|DATABASE|ALL SERVER }
```

【例 8-12】 使用 SQL Server Management Studio 启用 student 表上的 tr_instu 触发器。

具体操作步骤如下。

（1）启动 SQL Server Management Studio，在“对象资源管理器”窗格中，展开“数据库”→“学生选课”→“表”→dbo.student→“触发器”选项。

（2）右击 tr_instu 选项，在弹出的快捷菜单中选择“启用”命令。

【例 8-13】 使用代码启用 student 表上的 tr_delstu 触发器。

在查询编辑器窗口中执行如下 Transact-SQL 语句。

```
USE 学生选课
GO
ENABLE TRIGGER tr_delstu ON student
```


8.5 触发器应用举例

【例 8-14】 创建一个触发器，当添加一个新学生时，默认在 sc 表中插入这个学生选修 1 号课程，成绩为空。

分析：本题要求插入学生信息时，同时向 sc 表中插入数据，因此需要在 student 表中创建 INSERT 触发器，并在触发器中实现对 sc 表的操作。正在插入的数据在表 INSERTED 表中，从中取出插入学生的学号赋值给变量@cc，然后使用“INSERT INTO sc VALUES（@cc,'1',NULL）”实现向 sc 表中插入数据。

（1）创建触发器。

在查询编辑器窗口中执行如下 Transact-SQL 语句。

```
USE 学生选课
GO
CREATE TRIGGER in_sc
ON student
FOR INSERT
AS
DECLARE @cc char(5)
SELECT @cc=Sno FROM INSERTED
INSERT INTO sc
VALUES(@cc,'1',NULL)
GO
```

（2）测试触发器。

向 student 表中插入一条记录，语句如下。

```
INSERT INTO student VALUES('95089','毛小惠','女',23,'数学系')
```

执行后效果如图 8-13 所示。出现“插入一条记录！”和两次“(1 行受影响)”。说明触

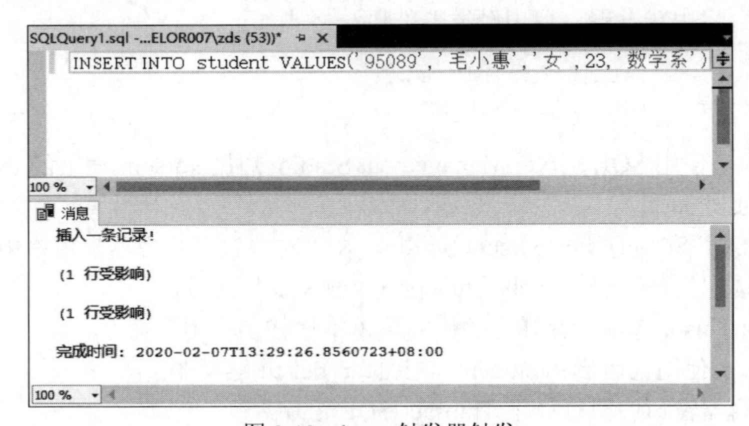

图 8-13 in_sc 触发器触发

发器 tr_instu 和触发器 in_sc 都起到作用。进一步通过查询 sc 表验证，结果如图 8-14 所示。

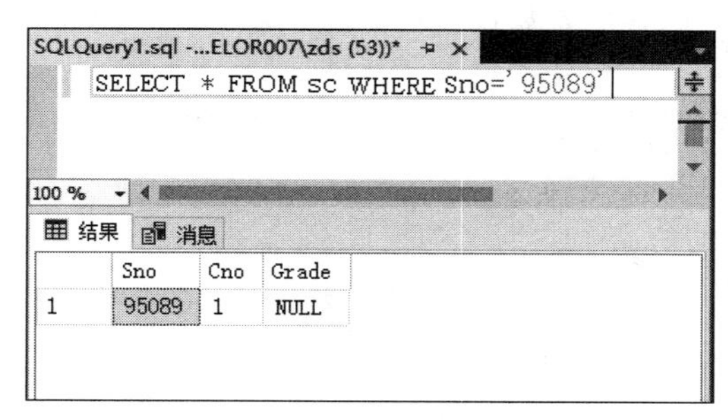

图 8-14　触发器 in_sc 向 sc 表插入了记录

【例 8-15】　创建一个触发器，当删除学生基本信息时，同时删除学生的选课信息。

分析：要在删除学生基本信息时触发器实现相应功能，所以应该在 student 表上建立 DELETE 触发器。即将删除的学生学号在 DELETED 表中，从 sc 表中删除这些学号的选课信息就实现了本例要求的功能。

（1）创建触发器。

在查询编辑器窗口中执行如下 Transact-SQL 语句。

```
USE 学生选课
GO
   CREATE TRIGGER dell_sc
   ON student
   FOR DELETE
   AS
   DELETE FROM sc
   WHERE Sno IN (SELECT Sno FROM DELETED)
```

（2）测试触发器。

删除刚插入的学生“毛小惠”，测试触发器。

```
DELETE FROM student WHERE Sname='毛小惠'
```

出现如图 8-15 所示的错误，说明约束在触发器之前起作用。

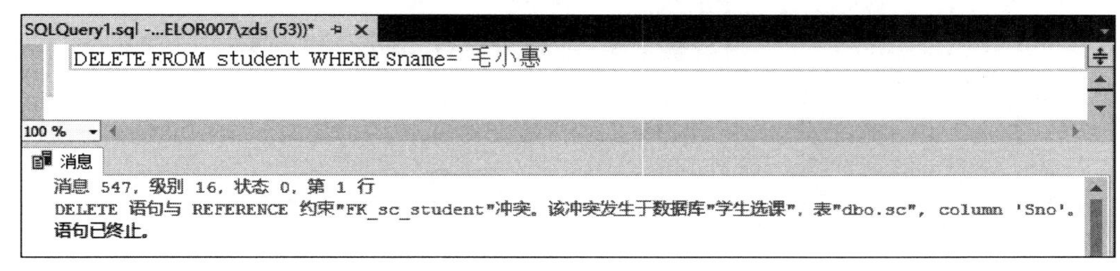

图 8-15　约束先于触发器起作用

解决此问题的方式有以下两种。

（1）删除约束再执行。显然，如果约束是必需的，则此方法无效。

（2）修改触发器为替代触发器。

将触发器改为替代触发器的具体操作步骤如下。

（1）在“对象资源管理器”窗格中，展开“数据库”→“学生选课”→“表”→dbo.student→“触发器”选项。

（2）右击 dell_sc 触发器，在弹出的快捷菜单中选择“修改”命令。

（3）修改触发器代码，具体如下。

```
ALTER TRIGGER [dell_sc]
    ON [dbo].[student]
    INSTEAD OF DELETE  --使用替代触发器
    AS
    BEGIN
        DELETE FROM sc
        WHERE Sno IN (SELECT Sno FROM DELETED)
        DELETE FROM student WHERE Sno IN (SELECT Sno FROM DELETED)
end
```

再次执行 DELETE FROM student WHERE Sname='毛小惠'，执行结果如图 8-16 所示。系统提示 3 次“1 行受影响”，实际上只有两行被删除，第一次删除被替代了。

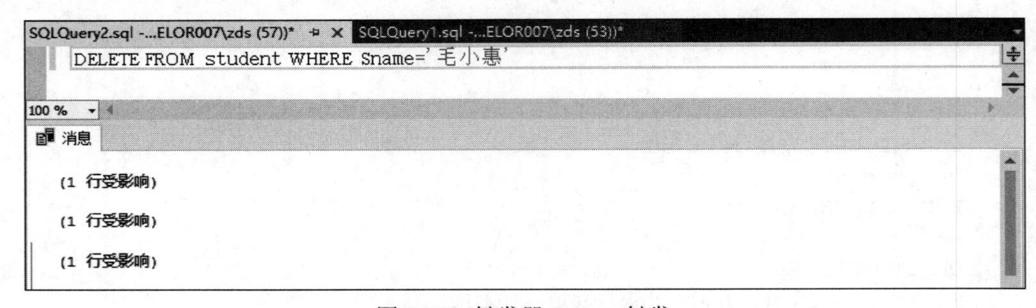

图 8-16　触发器 dell_sc 触发

在查询编辑器窗口中执行如下查询语句。

```
SELECT * FROM student WHERE Sno='95089'
SELECT * FROM sc WHERE Sno='95089'
```

执行结果如图 8-17 所示，实现了本例要求的功能。

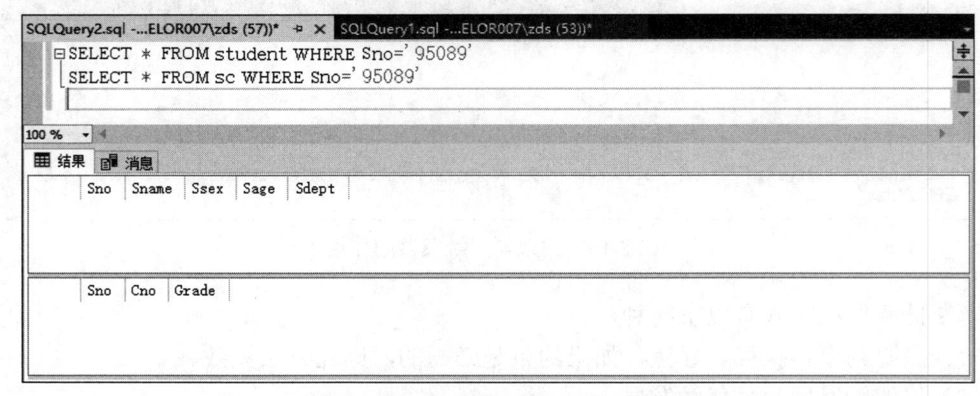

图 8-17　验证触发器 dell_sc 激发的结果

习 题 8

一、选择题

1．在 SQL Server 中，触发器不具有（　　）类型。

A．INSERT 触发器　　B．UPDATE 触发器

C．DELETE 触发器　　D．SELECT 触发器

2．关于触发器，下列说法错误的是（　　）。

A．触发器是一种特殊类型的存储过程

B．DDL 触发器包括 INSERT 触发器、UPDATE 触发器、DELETE 触发器等基本触发器

C．触发器可以同步数据库中的相关数据表，进行级联更改

D．DDL 触发器和 DML 触发器可以通过 CREATE TRIGGER 语句来创建，都是为了响应事件而被激发的

3．可以响应 INSERT 语句的触发器是（　　）。

A．INSERT 触发器　　B．DELETE 触发器

C．UPDATE 触发器　　D．DDL 触发器

4．可以响应 CREATE TABLE 语句的触发器是（　　）。

A．INSERT 触发器　　B．DELETE 触发器

C．UPDATE 触发器　　D．DDL 触发器

5．触发器可以建在（　　）中。

A．表　　B．过程　　C．数据库　　D．函数

6．删除触发器 mytri 的正确命令是（　　）。

A．DELECT　mytri　　B．TRUNCATE　mytri

C．DROP　mytri　　D．REMMOVE　mytri

二、思考题

1．什么是触发器？它与存储过程有什么区别与联系？

2．SQL Server 2017 中的触发器可以分为哪两类？分别有什么作用？

第9章 数据库安全性管理

学习目标

掌握 SQL Server 2017 的安全机制；掌握登录名、用户名、角色之间的联系和区别；掌握服务器的安全管理；掌握数据库对象的安全管理。

9.1 SQL Server 2017 的安全机制

在 SQL Server 2017 中，数据的安全保护由 4 个层次构成：远程网络主机通过 Internet 访问 SQL Server 2017 服务器所在的网络；所有网络中的主机访问 SQL Server 2017 服务器；访问 SQL Server 2017 数据库；访问 SQL Server 2017 数据库中的数据库对象。

SQL Server 2017 提供了安全控制功能。SQL Server 2017 服务器就好比一幢办公大楼，楼内有许多房间（数据库），每个房间中放着不少的文件（数据库对象：表、视图、过程、函数、字段等）。如果要查看财务文件（访问数据库对象），则必须经过以下几个步骤。

1. 通路——计算机连接

要到达办公大楼（数据库服务器），必须要有通路，也就是要登录到安装 SQL Server 服务器的计算机。客户机和服务器之间数据的传输必然要经过网络，SQL Server 2017 支持采用 SSL（安全套接层）的 TCP/IP 来对数据进行加密传输，以有效避免黑客对数据的截获，这属于网络的传输安全。

说明：为了远程访问 SQL Server 实例，需要一个网络协议以建立到 SQL Server 服务器的连接。为了避免系统资源的浪费，只需要激活自己需要的网络连接协议。

2. 登堂——登录服务器

用户到达办公大楼，必须通过保安的检查才可以进入，而用户要访问 SQL Server 2017 服务器，必须提供合法的登录名和密码，这样才能登录 SQL Server 2017 服务器。

3. 入室——访问数据

进入办公大楼后，还必须有一把进入房间（数据库）的钥匙才能进入房间。也就是说，用户使用登录名和密码登录服务器后，并不意味着就能够访问服务器上的数据库，只有将登录名映射成指定的数据库的用户，才能访问指定数据库。

4. 查看文件——访问数据库对象

用户只允许访问拥有权限的文件，比如只有会计才允许查看财务报表。用户登录服务器的最终目的是查看或修改数据库中特定的数据库对象，如数据表、视图等。在 SQL Server 2017 中，可以指定不同的登录名对同一数据库中的数据库对象具有不同的访问权限。也就是说，有的用户只拥有查看权限，有的用户则拥有查看和修改权限。

9.2 服务器安全的管理

SQL Server 2017 服务器的安全建立在对服务器登录名和密码的控制基础之上，用户在登录服务器时所采用的登录名和密码，决定了用户在成功登录服务器后所拥有的访问权限。

9.2.1 身份验证模式

SQL Server 2017 服务器的身份验证模式是指服务器如何处理登录名和密码。SQL Server 2017 提供了两种身份验证模式：Windows 身份验证模式和混合身份验证模式。

1. Windows 身份验证模式

在 Windows 身份验证模式中，SQL Server 2017 依赖于 Windows 操作系统提供的登录安全机制，SQL Server 2017 检验登录用户是否被 Windows 验证身份，并根据这一验证来决定是否允许该登录用户访问 SQL Server 2017 服务器。也就是说，登录名一旦通过操系统的验证，便可以不通过其他任何凭证来访问 SQL Server 2017 服务器。

2. 混合身份验证模式

混合身份验证模式即采用 Windows 身份验证和 SQL Server 身份验证两种验证模式。这种验证模式的登录过程为：首先用户登录到客户端网络，然后使用登录名和密码打开与 SQL Server 2017 服务器的连接，此时的连接是一个不安全的连接，因为 SQL Server 2017 服务器指定的是混合身份验证模式，而不是 Windows 身份验证模式，SQL Server 2017 服务器将登录名和密码与预存在数据库中的登录名和密码进行比较和验证，如果一致，则允许登录用户访问相应资源。

【例 9-1】 修改学生选课数据库服务器的身份验证模式为混合身份验证模式。

具体操作步骤如下。

（1）启动 SQL Server Management Studio。

（2）在“对象资源管理器”窗格中，右击学生选课数据库所在服务器 BACHELOR007，在弹出的快捷菜单中选择“属性”命令。

（3）在打开的“服务器属性-BACHELOR007”窗口中，选择“安全性”选项，如图 9-1 所示。

（4）在窗口的“服务器身份验证”区域选中“SQL Server 和 Windows 身份验证模式”单选按钮。

（5）单击“确定”按钮，完成设置。

说明：更改身份验证模式后，需要重新启动 SQL Server 实例才能生效。

9.2.2 创建登录名

【例 9-2】 在学生选课数据库所在的服务器上，创建 SQL Server 身份验证的登录名。

具体操作步骤如下。

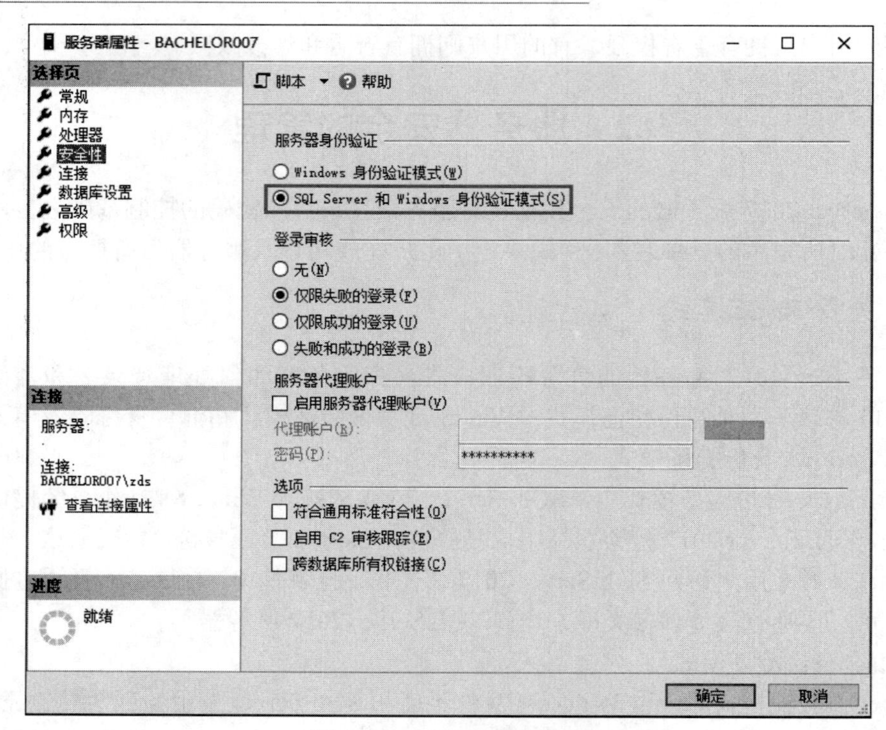

图 9-1　更改身份验证模式

（1）在“对象资源管理器”窗格中展开“安全性”选项，右击“登录名”，在弹出的快捷菜单中选择“新建登录名”命令，如图 9-2 所示。

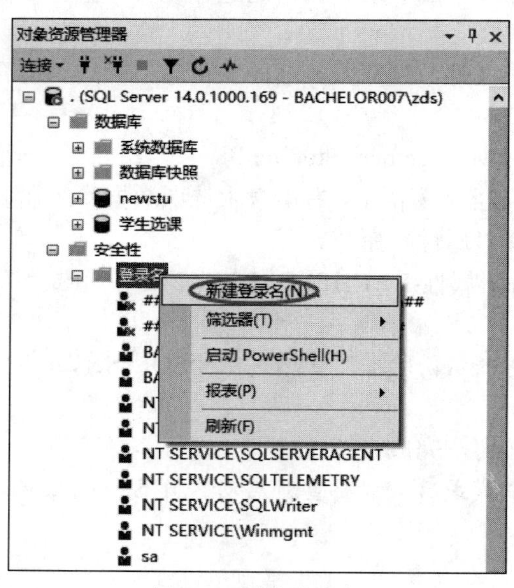

图 9-2　新建登录名

（2）打开“登录名-新建”窗口，在其左侧单击“常规”选项，打开“常规”选择页，如图 9-3 所示。

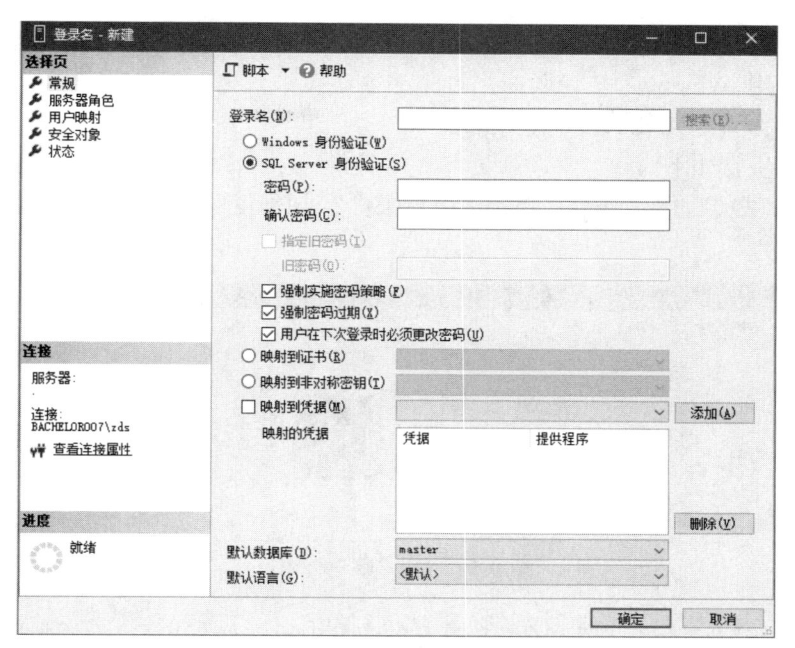

图 9-3 “登录名-新建”窗口

（3）在“登录名”文本框中输入 SQL_User，选中“SQL Server 身份验证”单选按钮，在“密码”和“确认密码”文本框中输入 123456。

（4）取消勾选“强制实施密码策略”复选框，设置效果如图 9-4 所示。

图 9-4 设置新的登录名

（5）单击“确定”按钮，完成登录名的创建。

【例 9-3】 在学生选课数据库所在服务器上，创建 Windows 身份验证的登录名。

分析：使用 Windows 身份验证，首先必须在操作系统中创建用户，然后将新创建的 Windows 用户作为 SQL Server 的登录名。

具体操作步骤如下。

（1）打开“控制面板”窗口，单击“用户账户”选项，打开“用户账户”窗口，如图 9-5 所示。

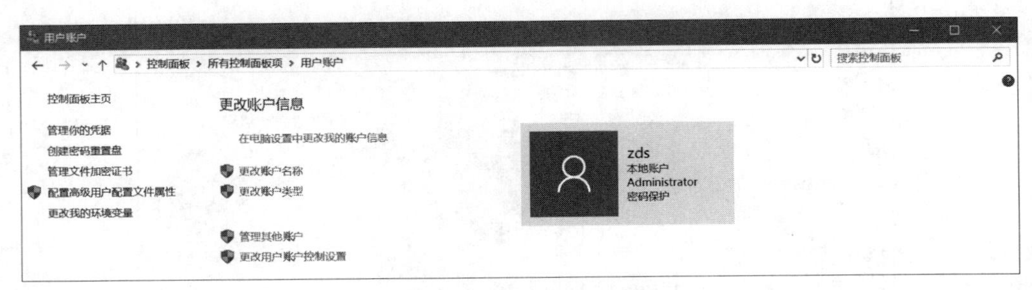

图 9-5 “用户账户”窗口

（2）单击“管理其他账户”选项，在打开的窗口中单击“在计算机设置中添加新用户”，打开如图 9-6 所示的窗口，选择“将其他人添加到这台电脑”，在打开的“Microsoft 账户”窗口中，单击“我没有这个人的登录信息”，并在打开的下一个窗口中选择“添加一个没有 Microsoft 账户的用户”，如图 9-7 所示。

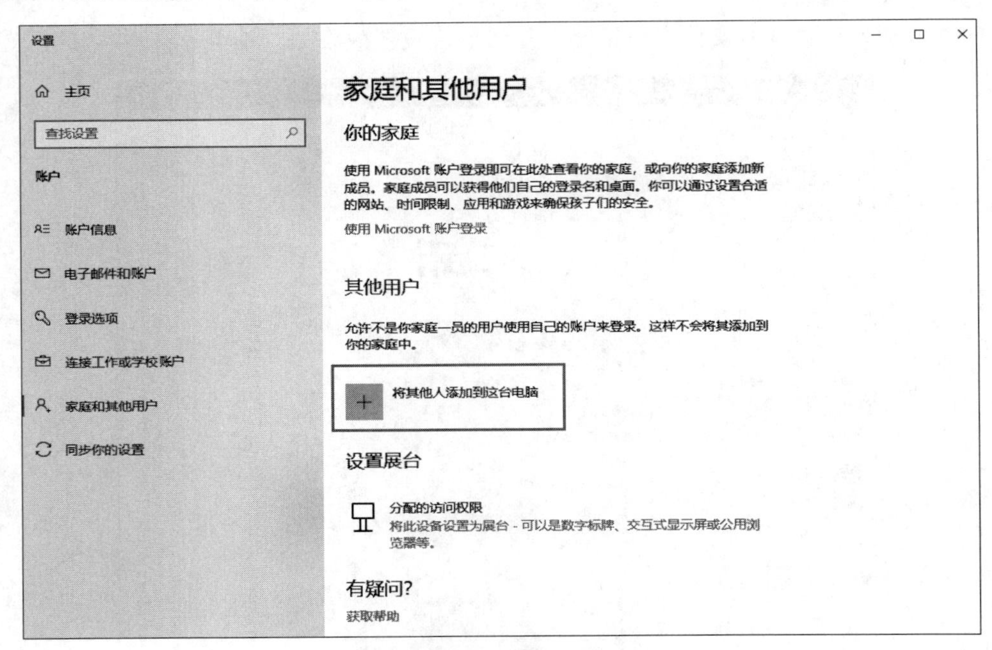

图 9-6 创建新的本地账户 1

（3）在“为这台电脑创建一个账户”界面，输入账户名 adong，并设置好密码以及忘记密码时的安全保护问题，如图 9-8 所示。

Microsoft 账户

Microsoft

创建账户

someone@example.com

改为使用电话号码

获取新的电子邮件地址

添加一个没有 Microsoft 账户的用户

后退　下一步

使用条款　隐私与 Cookie

图 9-7　创建新的本地账户 2

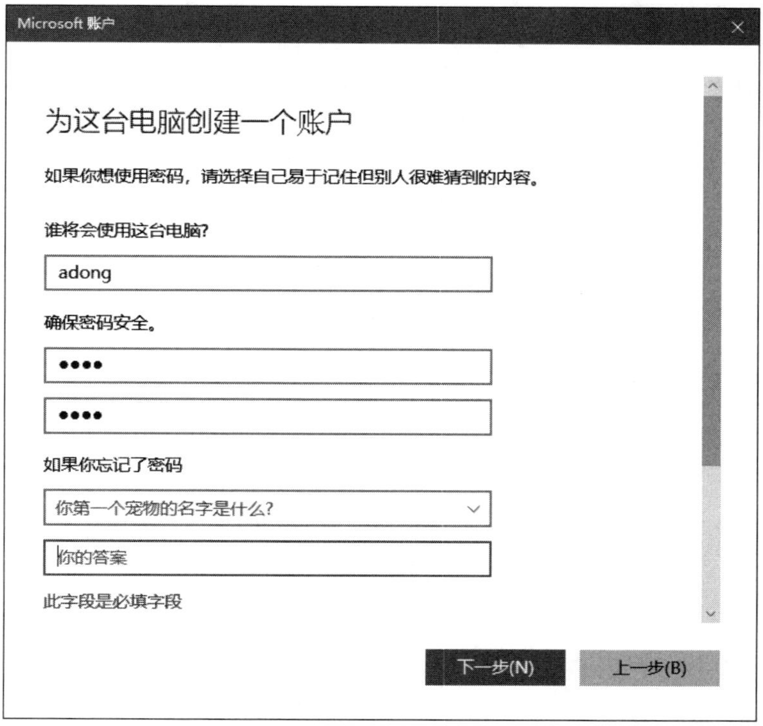

Microsoft 账户

为这台电脑创建一个账户

如果你想使用密码，请选择自己易于记住但别人很难猜到的内容。

谁将会使用这台电脑?

adong

确保密码安全。

••••

••••

如果你忘记了密码

你第一个宠物的名字是什么?

你的答案

此字段是必填字段

下一步(N)　上一步(B)

图 9-8　创建本地账户 3

（4）填写完毕后，单击“下一步”按钮，完成新账户的创建，这时可以通过展开“控制面板”→“所有控制面板项”→“用户账户”→“管理账户”选项看到系统中已经增加了 adong 这个新账户，如图 9-9 所示。

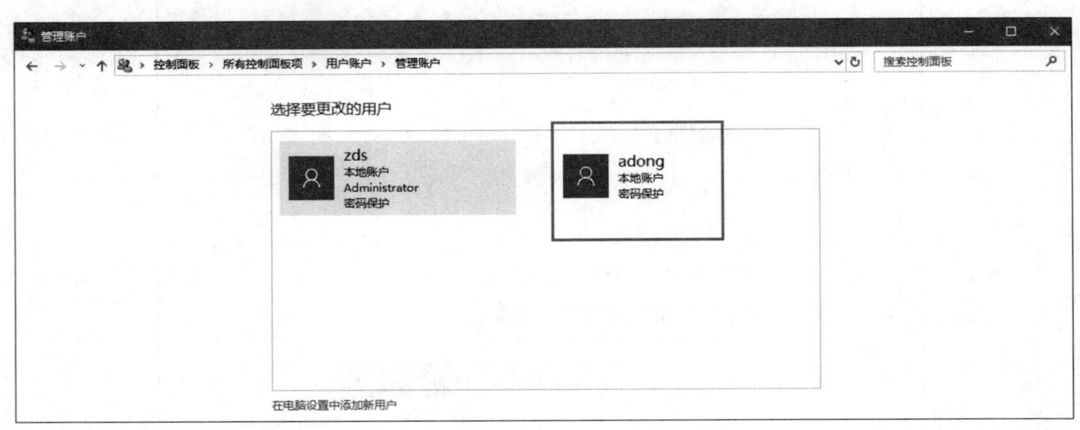

图 9-9　查看系统所有用户

（5）启动 SQL Server Management Studio。

（6）在“对象资源管理器”窗格中展开“安全性”选项，右击“登录名”，在弹出的快捷菜单中选择“新建登录名”命令。

（7）打开“登录名-新建”窗口，单击“常规”选项，在右侧选中“Windows 身份验证”单选按钮，如图 9-10 所示。

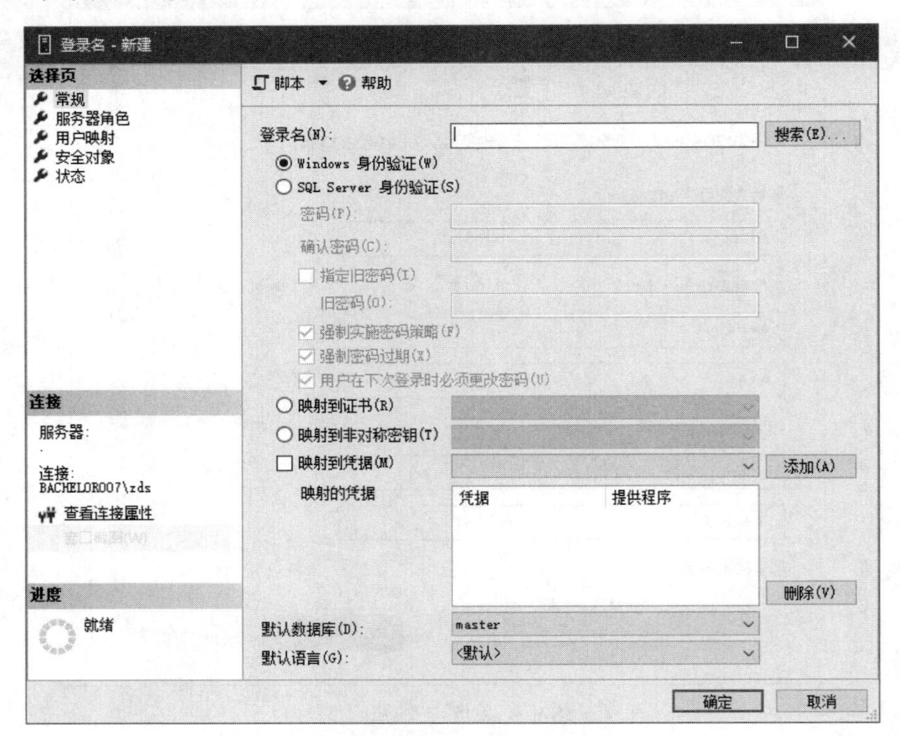

图 9-10　新建 Windows 登录名

（8）单击“搜索”按钮，弹出如图 9-11 所示的“选择用户或组”对话框，再单击“高级”按钮，在弹出的对话框中单击“立即查找”按钮，找到刚刚创建的 Windows 账户 adong，单击“确定”按钮，如图 9-12 所示。返回上一层，单击“确定”按钮，直至所有对话框关闭，完成 Windows 登录名的创建。

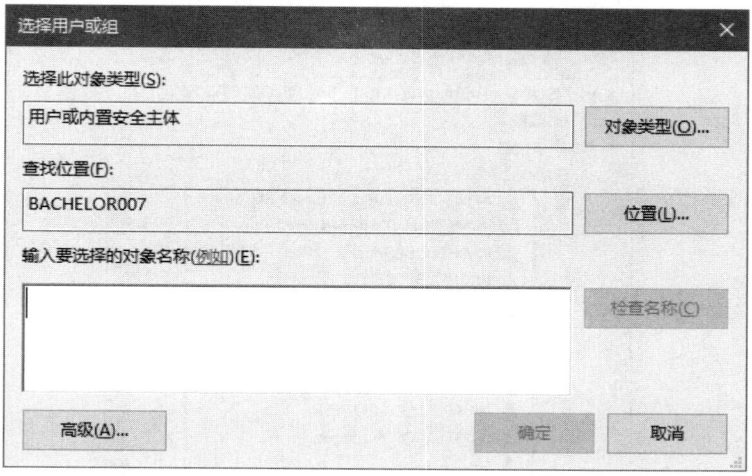

图 9-11 “选择用户或组”对话框

图 9-12 选择 adong 账户

【例 9-4】 查看服务器上所有的登录名。

具体操作步骤如下。

（1）启动 SQL Server Management Studio。

（2）在“对象资源管理器”窗格中展开“安全性”→“登录名”选项，如图 9-13 所示。

图 9-13 查看所有登录名

【例 9-5】 在学生选课数据库所在服务器 BACHELOR007 上创建登录名 Vivi，密码为 123456，默认数据库为学生选课。

在查询编辑器窗口中执行如下 Transact-SQL 语句。

```
CREATE LOGIN Vivi
WITH Password='123456',
DEFAULT_DATABASE=学生选课
```

说明：创建登录用 CREATE LOGIN，更改登录用 ALTER LOGIN，删除登录用 DROP LOGIN。

【例 9-6】 删除例 9-3 创建的 Windows 登录名 adong。

分析：删除登录名既可以使用 SQL Server Management Studio，也可以用 Transact-SQL 语句。

方法 1：使用 SQL Server Management Studio 具体操作步骤如下。

（1）启动 SQL Server Management Studio。

（2）在“对象资源管理器”窗格中展开“安全性”→“登录名”选项。

（3）选中 BACHELOR007\adong 并右击，在弹出的快捷菜单中选择“删除”命令，打开“删除对象”对话框，单击“确定”按钮，执行删除操作。

方法 2：使用 Transact-SQL 语句删除登录名。

在查询编辑器窗口中执行如下 Transact-SQL 语句。

```
DROP LOGIN [BACHELOR007\adong]
```

9.3 数据库用户的管理

在 SQL Server 服务器中，用户提出访问数据库的请求时，必须通过 SQL Server 两个阶段的安全审核，即验证与授权。验证阶段是使用登录名来标识用户，而且只验证输入的登录名能否连接至 SQL Server 服务器。如果验证成功，登录名就会连接至 SQL Server 服务器。但仅有登录名，用户还不能访问服务器中的数据库。

例如，利用在例 9-5 中创建的登录名 Vivi 登录到服务器时，会出现如图 9-14 所示的“无法打开用户默认数据库”的提示。

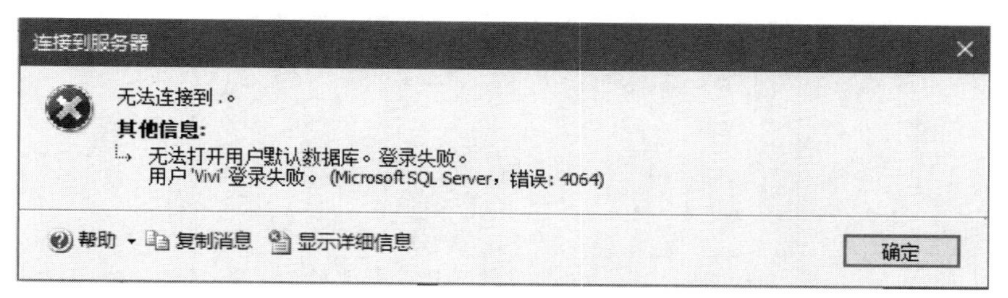

图 9-14　新建登录名无法打开用户默认数据库

说明： 使用 Vivi 登录数据库，如图 9-15 所示，注意选择身份验证模式为“SQL Server 身份验证”。若连接时出现如图 9-16 所示的提示，则说明当前服务器身份验证模式设置不对，或者没有生效，需要重启数据库引擎服务，如图 9-17 所示。

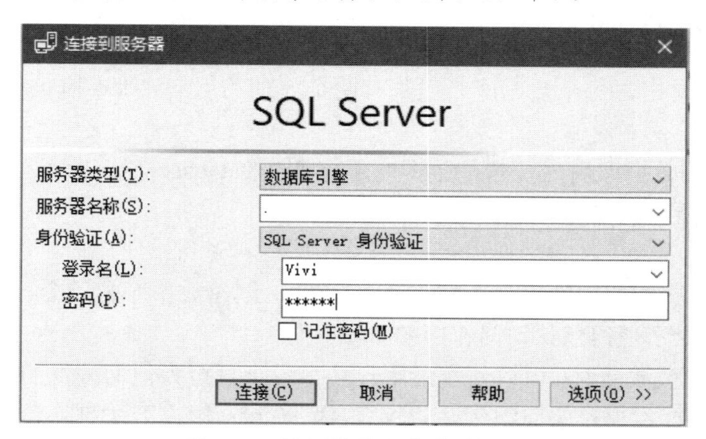

图 9-15　用新登录名登录服务器

图 9-16　连接服务器时的错误提示

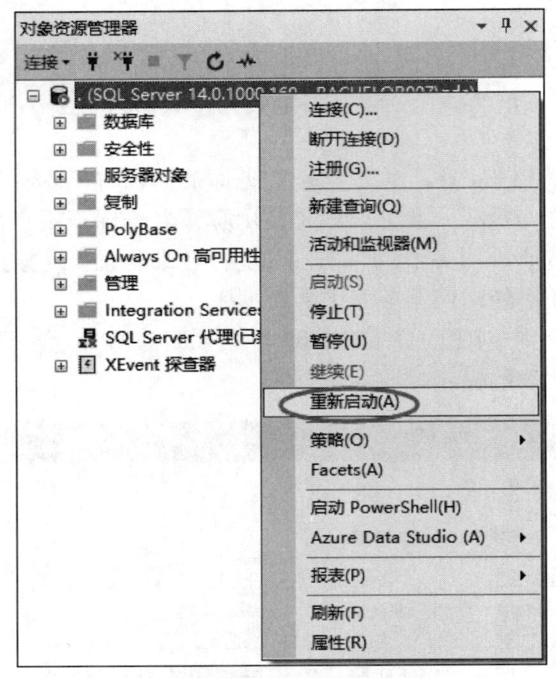

图 9-17　重新启动数据库实例

用户登录成功后，服务器会针对这一登录名请求的数据库寻找相对应的数据库用户，如果登录名不是要访问的数据库用户，则依然无法访问数据库。

9.3.1　默认用户

在 SQL Server 中，每个数据库一般都有两个默认的用户：dbo 和 guest。

1. dbo

dbo 是特殊的数据库用户，它是数据库所有者（Database Owner），具有隐式权限，可在数据库中执行所有的操作。

2. guest

guest 也是特殊的数据库用户，它与 dbo 一样，创建数据库之后会自动生成。guest 用户为登录人员提供了获得默认访问权限的方法。

当 guest 用户被激活时，可以使登录用户获得没有直接为他们提供的访问权限；外面的用户可以使用 guest 用户登录而得到访问权限。由于 guest 用户无法删除，因此建议限制 guest 用户的权限。

【例 9-7】　测试 guest 用户权限对登录名的影响。

具体操作步骤如下。

（1）打开“对象资源管理器”窗格，展开“数据库”→学生选课→“安全性”→“用户”选项，在 guest 上右击，在弹出的快捷菜单中选择“属性”命令，如图 9-18 所示。

（2）在打开的“数据库用户-guest”的“成员身份”选择页中，设置数据库角色成员身份为 db_owner，然后单击“确定”按钮，如图 9-19 所示。

图 9-18　设置 guest 用户权限

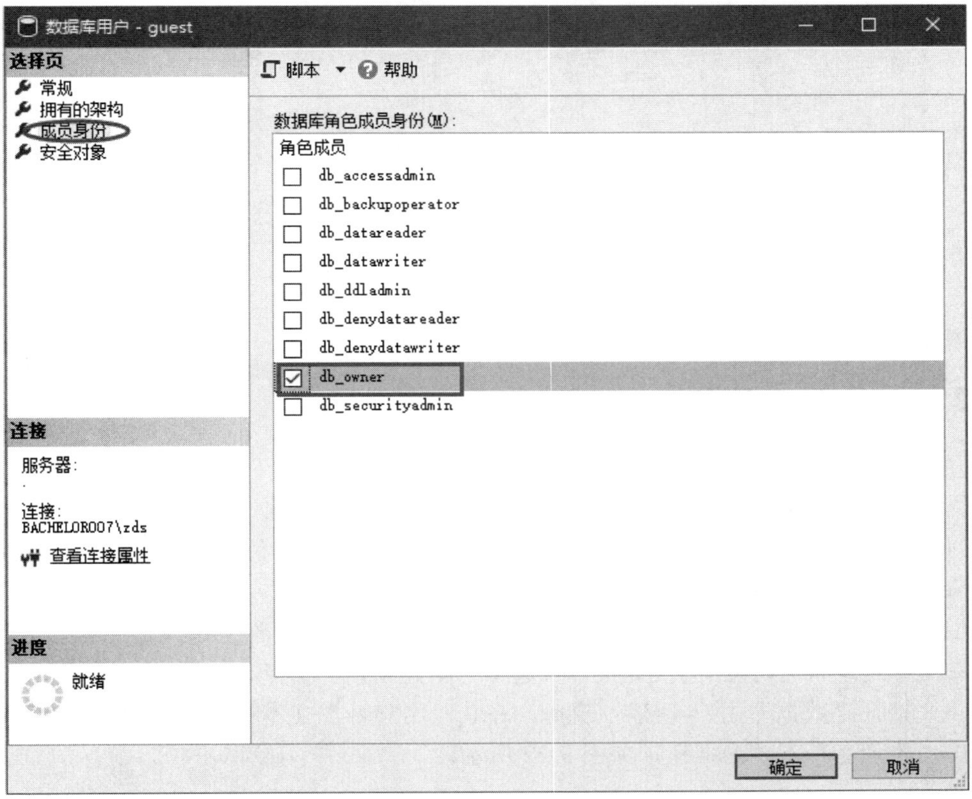

图 9-19　设置 guest 数据库角色成员身份

（3）单击工具栏上的“新建查询”命令，在查询编辑器窗口中，执行 Transact-SQL 命令“Grant Connect To Guest”，启用 guest 用户。

（4）单击“文件”菜单，在下列列表中选择“断开与资源管理器的连接”。

（5）以 SQL Server 身份验证模式登录，输入登录名 Vivi 和密码 123456。

（6）登入数据库后，单击“新建查询”按钮，在查询编辑器窗口中执行如下语句。

```
USE 学生选课
GO
SELECT * FROM student
```

执行结果如图 9-20 所示，可见，新登录名 Vivi 得到了数据库用户 guest 的权限。所以，限制 guest 用户的权限十分必要。

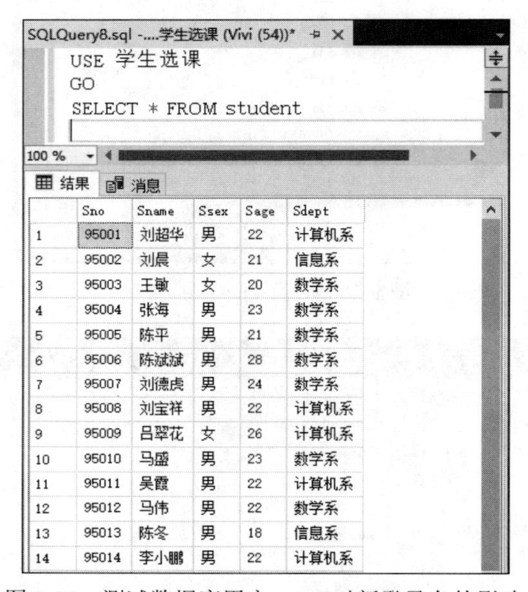

	Sno	Sname	Ssex	Sage	Sdept
1	95001	刘超华	男	22	计算机系
2	95002	刘晨	女	21	信息系
3	95003	王敏	女	20	数学系
4	95004	张海	男	23	数学系
5	95005	陈平	男	21	数学系
6	95006	陈斌斌	男	28	数学系
7	95007	刘德虎	男	24	数学系
8	95008	刘宝祥	男	22	计算机系
9	95009	吕翠花	女	26	计算机系
10	95010	马盛	男	23	数学系
11	95011	吴霞	男	22	计算机系
12	95012	马伟	男	22	数学系
13	95013	陈冬	男	18	信息系
14	95014	李小鹏	男	22	计算机系

图 9-20　测试数据库用户 guest 对新登录名的影响

说明：执行完本例后，删除 guest 用户的 db_owner 角色。

9.3.2　添加数据库用户

【例 9-8】　将登录名 Vivi 映射到学生选课数据库的用户上。

具体操作步骤如下。

（1）启动 SQL Server Management Studio，以超级用户身份（Windows 的管理员或者 SQL Server 的 Sa）连上数据库实例。

（2）在“对象资源管理器”窗格中，展开“数据库”→“学生选课”→“安全性”选项，右击“用户”，在弹出的快捷菜单中选择“新建用户”命令，如图 9-21 所示。

（3）打开“数据库用户-新建”窗口，在其“用户名”文本框中输入用户名 db_user1，再单击“登录名”右侧的按钮，如图 9-22 所示。

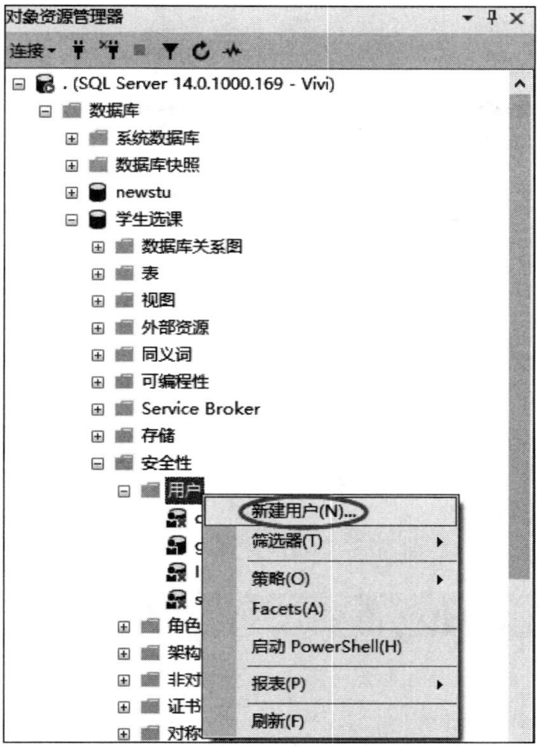

图 9-21　新建数据库用户

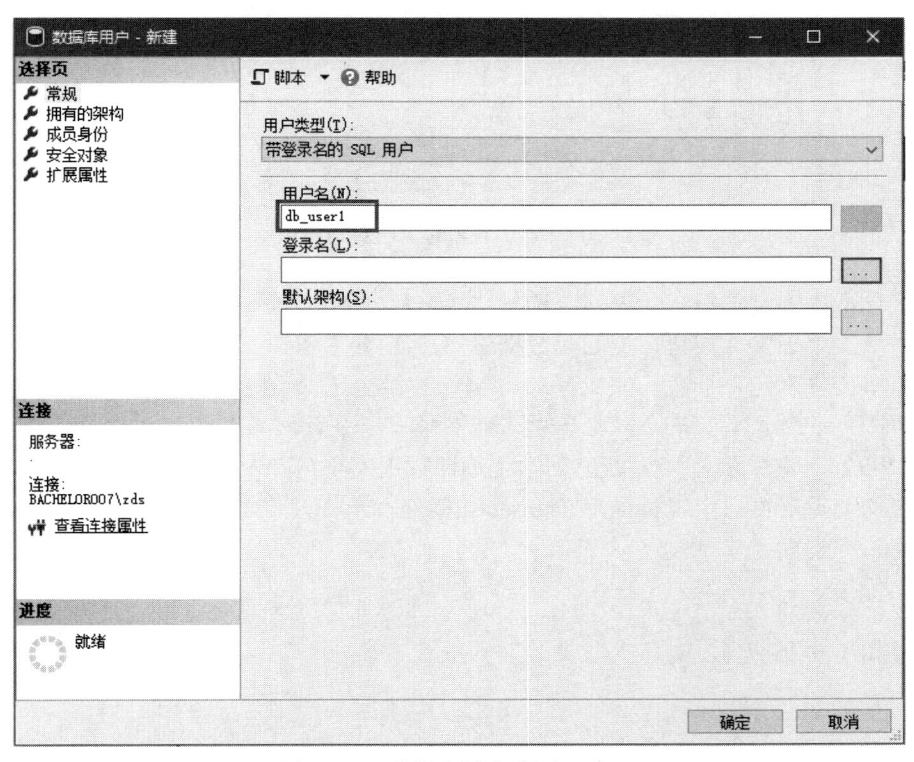

图 9-22　“数据库用户-新建”窗口

（4）在弹出的“选择登录名”对话框中，单击“浏览”按钮，如图 9-23 所示；弹出“查找对象”对话框，浏览已有的登录名，选择登录名 Vivi，如图 9-24 所示。

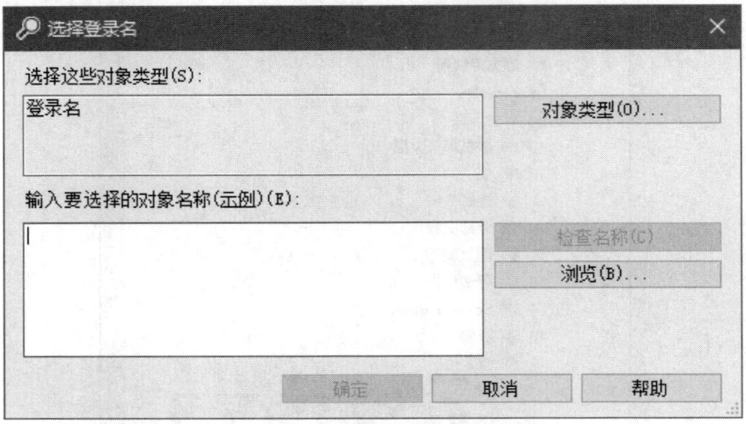

图 9-23 “选择登录名”对话框

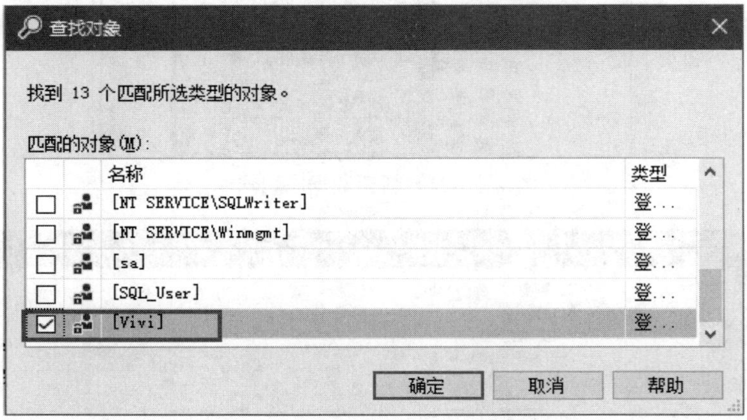

图 9-24 “查找对象”对话框

（5）单击“确定”按钮，返回“选择登录名”对话框。

（6）单击“确定”按钮，返回“数据库用户-新建”窗口。

（7）单击“确定”按钮，完成登录名 Vivi 到学生选课数据库用户 db_user1 的映射。

说明：一个登录名在一个数据库中只能有唯一一个数据库用户与之对应。

【例 9-9】 将登录名 Vivi 映射到学生选课数据库用户 db_user2。

在查询编辑器窗口中执行如下 Transact-SQL 语句。

```
CREATE USER db_user2
FOR LOGIN Vivi
```

结果如图 9-25 所示。

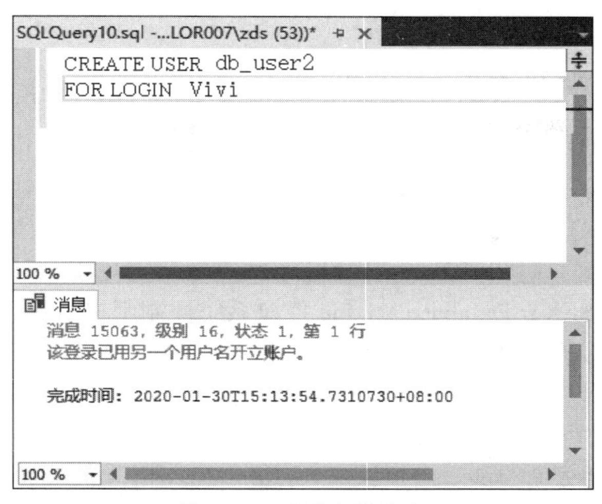

图 9-25 映射出错信息

9.4 权限的管理

在 SQL Server 2017 中，不同的数据库用户具有不同的数据库访问权限。用户要对数据库执行访问操作，就必须获得相应的操作权限，即得到数据库管理系统的操作权限授权。在 SQL Server 2017 中，未被授权的用户将无法访问或存取数据库中的数据。

例如，利用已经映射到数据库学生选课上的登录名 Vivi 登录到服务器后，在查询编辑器窗口中输入查询语句，但是结果报错，如图 9-26 所示，错误提示为“拒绝了对对象'student'（数据库'学生选课'，架构'dbo'）的 SELECT 权限”。

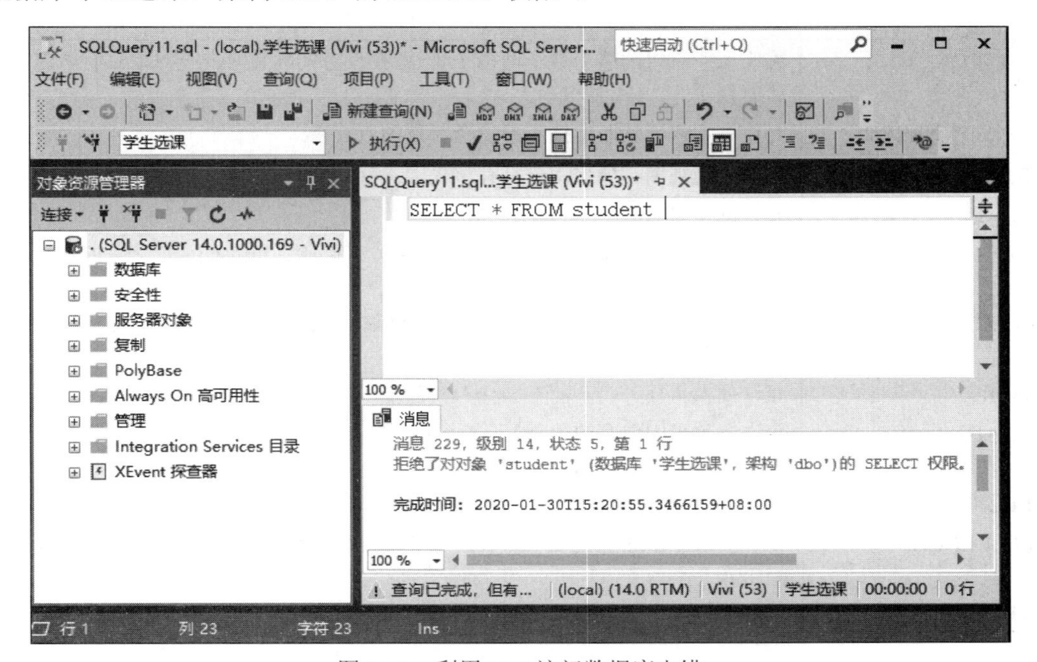

图 9-26 利用 Vivi 访问数据库出错

9.4.1 授权的安全对象

SQL Server 2017 Database Engine 管理着可以通过权限进行保护的实体的分层集合，这些实体称为“安全对象”。在安全对象中，最突出的是服务器和数据库，但可以在更细的级别上设置离散权限。SQL Server 通过验证主体是否已获得适当的权限来控制主体对安全对象执行的操作。

安全对象是 SQL Server Database Engine 授权系统控制用户对其进行访问的资源。通过创建可以为自己设置安全性“范围”的嵌套层次结构，可以将某些安全对象包含在其他安全对象中。安全对象范围有服务器、数据库、架构和对象类。

（1）服务器包含的安全对象：端点、登录名、数据库等。

（2）数据库包含的安全对象：用户、角色、应用程序角色、程序集、消息类型、路由、约定和架构等。

（3）架构包含的安全对象：类型、XML 架构集合和对象等。

（4）对象类的安全对象：聚合、约束、函数、存储过程、队列、统计信息、同义词、表和视图等。

9.4.2 权限类别

在 SQL Server 2017 中可设置的权限内容较为复杂，从服务器到对象共有 94 个权限可以授予安全对象。SQL Server 2017 中主要的权限类别如表 9-1 所示。

表 9-1 SQL Server 2017 中主要的权限类别

权　限	描　述
CONTROL	将类似所有权的能力授予被授予者。被授权者实际上对安全对象具有所定义的所有权限
TAKE OWNERSHIP	允许被授权者获取所授予的安全对象的所有权
VIEW DEFINITION	允许定义视图。如果用户具有该权限，就利用表或函数定义视图
CREATE	允许创建对象
ALTER	允许创建（CREATE）、更改（ALTER）或删除（DELETE）受保护的对象及其下层所有的对象
SELECT	允许“看”数据。如果用户具有该权限，就可以在授权的表或视图上运行 SELECT 语句
INSERT	允许插入新行
UPDATE	允许修改表中现有的数据，但不允许添加或删除表中的行。当用户在某一列上获得这个权限时，只能修改该列的数据
DELETE	允许删除数据行
REFERENCE	允许插入行，这里被插入的表具有外键约束，参照了用户 SELECT 权限的另一张表
EXECUTE	允许执行一个特定存储过程

9.4.3 权限管理

1. 指定服务器权限

【例 9-10】 指定 Vivi 具有创建数据库的权限。

具体操作步骤如下。

（1）以 Windows 身份验证模式连接到服务器后，在“对象资源管理器”窗格中右击服务器 BACHELOR007，在弹出的快捷菜单中选择“属性”命令，如图 9-27 所示。

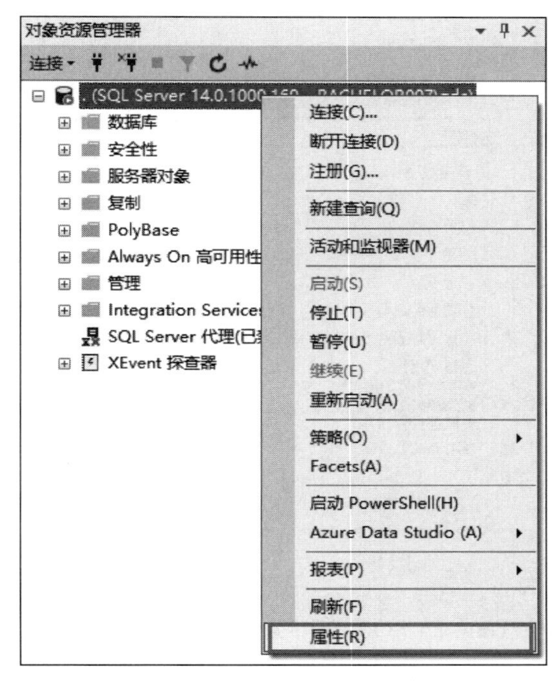

图 9-27 选择“属性”命令

（2）打开“服务器属性-BACHELOR007”窗口，在窗口左侧的“选择页”列表中选择“权限”选项，在“登录名或角色”区域中选择要设置权限的对象 Vivi，在“Vivi 的权限”区域的“显式”选项卡中勾选“创建任意数据库”后的“授予”复选框，如图 9-28 所示。

（3）单击“确定”按钮，完成服务器权限的设置。

图 9-28 中各部分的说明如下。

登录名或角色：指定被设置权限的对象。

权限：当前登录名可设置的权限。

授权者：当前登录至 SQL Server 服务器的登录名。

授予：表示授予权限。

授予并允许转授：表示授予选中对象的权限可由选中对象再授予其他对象。

拒绝：指禁止使用。

说明：“授予”“授予并允许转授”和“拒绝”3 个选项的选择有其连带关系：选中“拒绝”选项，就自动取消选中“授予”及“授予并允许转授”选项；若选中“授予并允许转授”选项，则取消选中“拒绝”选项并选中“授予”选项。

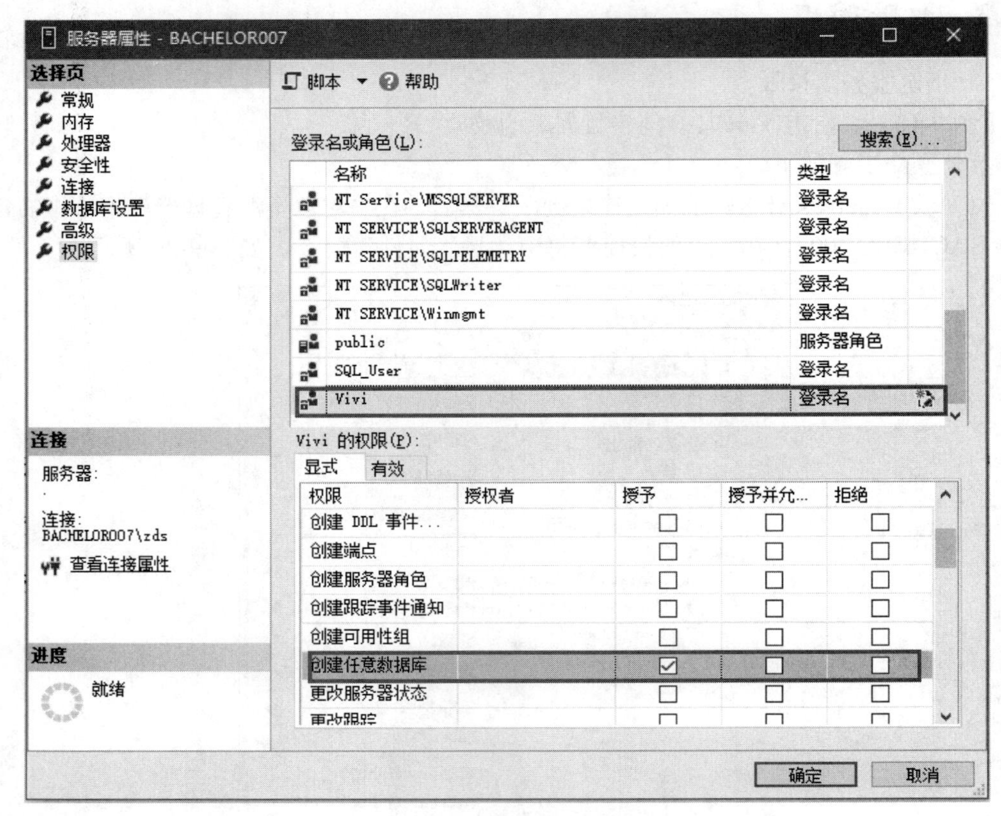

图 9-28　设置服务器权限

本例也可以使用如下 Transact-SQL 语句实现。

```
GRANT CREATE DATABASE To Vivi
```

2. 设置数据库权限

【例 9-11】 指定学生选课数据库中的用户名 db_user1 具有创建表和视图的权限。

具体操作步骤如下。

（1）在“对象资源管理器”窗格中，右击“数据库”选项下的“学生选课”，在弹出的快捷菜单中选择“属性”命令。

（2）打开“数据库属性-学生选课”窗口，在窗口左侧的“选择页”列表中选择“权限”选项，在“用户或角色”区域中选择要设置权限的对象 db_user1，在“db_user1 的权限”区域的“显式”选项卡中进行授权设置，如图 9-29 所示。

本例也可以使用如下 Transact-SQL 语句实现。

```
GRANT CREATE TABLE TO db_user1
GRANT CREATE VIEW TO db_user1
```

3. 设置数据库对象权限

【例 9-12】 指定学生选课数据库中的用户名 db_user1 在 course 表上具有所有权限。

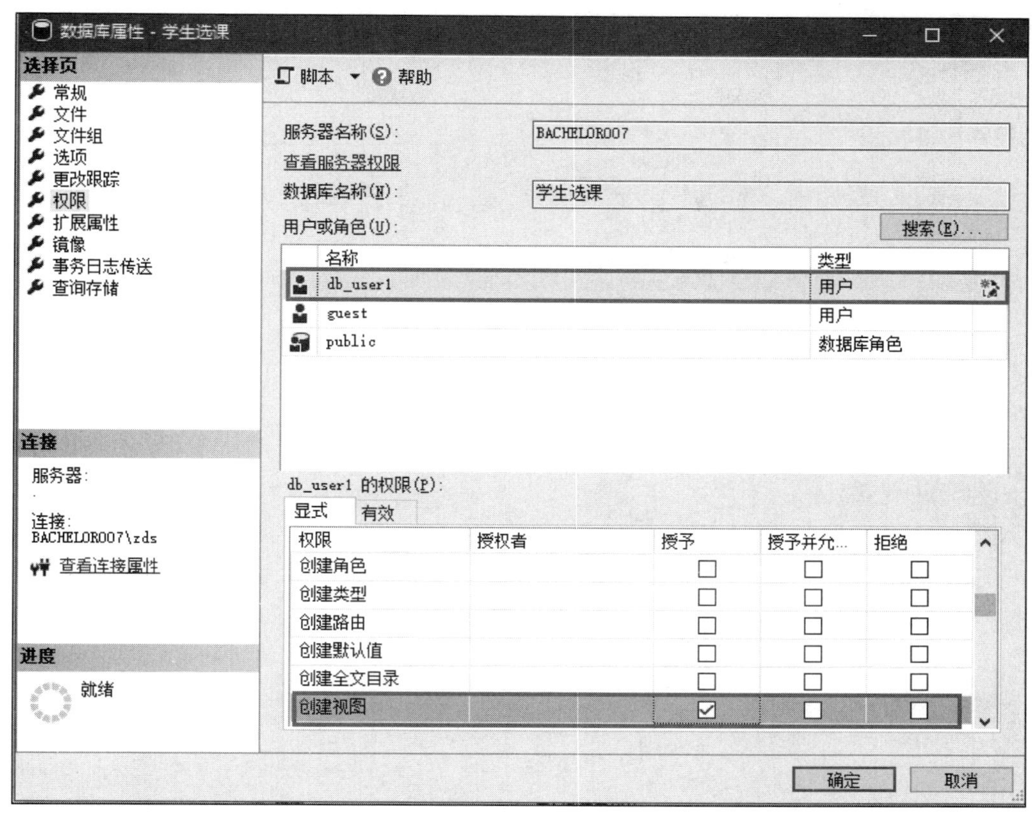

图 9-29　设置数据库用户权限

具体操作步骤如下。

（1）在“对象资源管理器”窗格中，展开“数据库”→“学生选课”→“表”选项。

（2）右击 course 表，在弹出的快捷菜单中选择“属性”命令。

（3）打开“表属性-course”窗口，在“选择页”列表中选择“权限”选项。

（4）单击“搜索”按钮，弹出“选择用户或角色”对话框，单击“浏览”按钮，弹出“查找对象”对话框，选中 db_user1 用户名，然后返回“表属性-course”窗口。

（5）在“用户或角色”区域中选择要设置权限的对象 db_user1，在“db_user1 的权限”区域的“显式”选项卡进行授权设置，如图 9-30 所示。

【例 9-13】　用 Transact-SQL 语句为学生选课数据库中的用户名 db_user1 授权、收回权限和拒绝权限。

分析：用 Transact-SQL 语句管理对象权限主要是通过 GRANT（授权）、REVOKE（收回权限）、DENY（拒绝权限）来实现的。只有权限高的用户才能给权限低的用户授权，通常采用 Sa 或者 Windows 管理员身份登录并进行权限的管理。

（1）授予 db_user1 查询 student 表的权限：GRANT SELECT ON student TO db_user1。

（2）收回 db_user1 查询 student 表的权限：REVOKE SELECT ON student FROM db_user1。

（3）拒绝 db_user1 更新 student 表的权限：DENY UPDATE ON student TO db_user1。

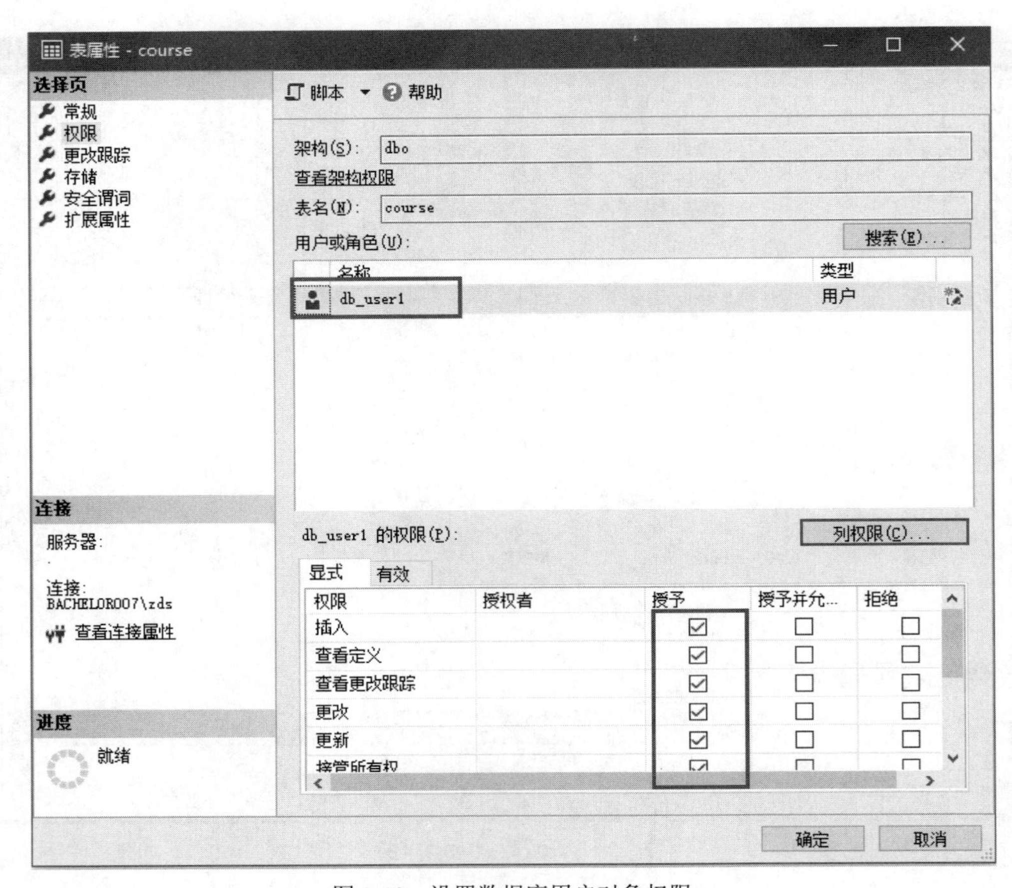

图 9-30 设置数据库用户对象权限

9.5 角色管理

为了保证数据库的安全性，逐一设置用户的权限，方法较直观和方便。然而，如果数据库的用户数很多，则设置权限的工作将会变得烦琐复杂。在 SQL Server 2017 中可通过为角色设置权限来解决此类问题。

角色的概念类似于 Windows 操作系统中“组”的概念。在 SQL Server 2017 中，系统已经创建了多个角色，直接将用户设置为某个角色的成员，那么该用户就会继承这个角色的权限。

在 SQL Server 2017 中，角色分为 3 类：服务器角色、数据库角色和应用程序角色。下面主要介绍服务器角色和数据库角色。

9.5.1 服务器角色

服务器角色是针对服务器已定义的不同权限，管理人员无法创建服务器角色，只能选择合适的固定服务器角色。固定服务器角色共有 8 个，如表 9-2 所示。

表 9-2　固定服务器角色

固定服务器角色	允许权限
bulkadmin（大容量插入操作管理者）	可以使用 BULK INSERT 语句，有指以用户指定的个数将数据文件加载到数据表或视图
dbcreator（数据库创建者）	可以创建、更改、删除和还原任何数据库
diskadmin（磁盘管理员）	可以管理数据库在磁盘的文件
processadmin（进程管理员）	可以结束在 SQL Server 执行个体中执行的进程
Securityadmin（安全管理员）	可以管理登录及其属性
serveradmin（服务管理员）	可以更改整个服务器的配置选项与关闭服务器
setupadmin（安装管理员）	可以新建和删除连接服务器，也可以执行部分系统存储过程
sysadmin（系统管理员）	可以执行服务器中的所有活动

【例 9-14】　将登录名 Vivi 添加为服务器角色 sysadmin 的成员。

具体操作步骤如下。

（1）启动 SQL Server Management Studio，以 Windows 管理员身份登录。

（2）在“对象资源管理器”窗格中展开“安全性”→“登录名”选项，右击 Vivi，在弹出的快捷菜单中选择“属性”命令。

（3）打开“登录属性-Vivi”窗口，在“选择页”列表中选择“服务器角色”选项，在右侧的“服务器角色”区域中勾选 sysadmin 复选框，如图 9-31 所示。

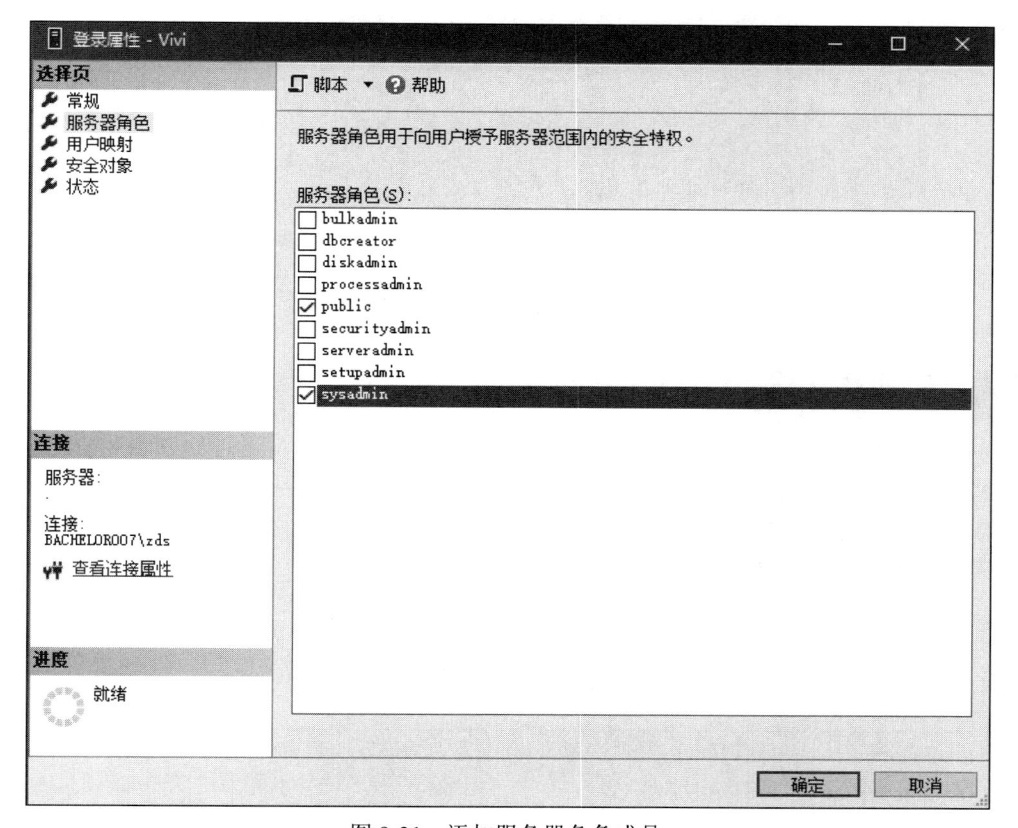

图 9-31　添加服务器角色成员

（4）单击“确定”按钮，完成设置。

【例 9-15】　查看服务器角色 sysadmin 的成员。

具体操作步骤如下。

（1）启动 SQL Server Management Studio，以 Windows 管理员身份登录。

（2）在“对象资源管理器”窗格中展开“安全性”→“服务器角色”选项。

（3）双击 sysadmin 选项，打开“服务器角色属性-sysadmin”窗口，如图 9-32 所示。从图中可见，该角色中已经存在例 9-14 添加的成员 Vivi。

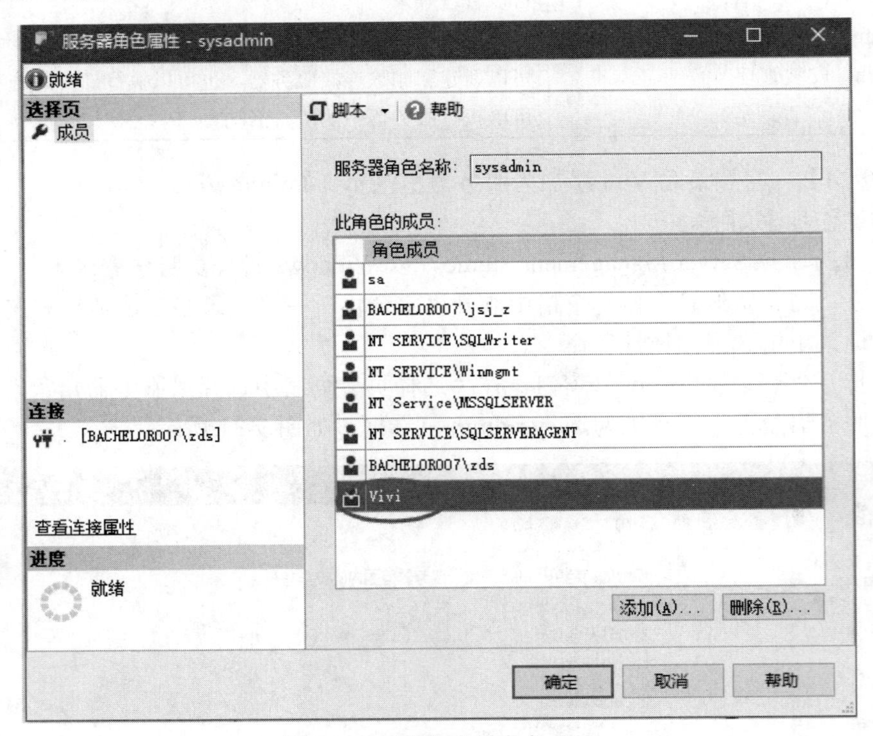

图 9-32　查看服务器角色成员

9.5.2　数据库角色

为方便对数据库用户及权限的管理，可以将一组具有相同权限的数据库用户组织在一起，这一组具有相同权限的用户就称为数据库角色。

1. 系统内置数据库角色

创建数据库之后，系统便会自动创建 10 个内置数据库角色，这 10 个角色及权限如表 9-3 所示。

表 9-3　数据库系统内置角色及权限

数据库角色	允许权限
db_accessadmin	可以新建或删除 Windows 登录、Windows 组及 SQL Server 登录的访问权
db_backupoperator	可以备份数据库
db_datareader	可以读取所有用户数据表的所有数据

续表

数据库角色	允许权限
db_datawriter	可以添加、删除或修改所有用户数据表中的数据
db_ddladmin	可在数据库中执行任何数据定义语言的命令
db_denydatareader	不能读取数据库中任何用户数据表的数据
db_denydatawriter	不能添加、修改或删除数据库中任何用户数据表的数据
db_owner	可以在数据库上执行所有的配置和维护活动、删除数据库
db_securityadmin	可以修改角色成员资格与管理权限
public	拥有数据库中用户的所有默认权限

2. 用户自定义数据库角色

用户可以根据实际情况自定义一系列角色，并为每个角色授予合适的权限。用户自定义数据库角色的成员可以是数据库的用户，也可以是用户定义的角色。

1）创建用户自定义数据库角色

【例 9-16】 使用 SQL Server Management Studio 创建数据库角色 stu_role1。

具体操作步骤如下。

（1）启动 SQL Server Management Studio。

（2）在“对象资源管理器”窗格中展开“数据库”→“学生选课”→“安全性”→“角色”选项。

（3）右击“数据库角色”选项，在弹出的快捷菜单中选择“新建数据库角色”命令，打开“数据库角色-新建”窗口，如图 9-33 所示。

图 9-33　新建数据库角色

（4）输入新建数据库角色名称，单击“确定”按钮即可。

说明：没有选择所有者的数据库角色为创建者所有。

本例也可以使用如下 Transact-SQL 语句实现。

```
CREATE ROLE stu_role1
```

2）为用户自定义数据库角色授权

为用户自定义数据库角色授权可以使用 SQL Server Management Studio 和 Transact-SQL 语句两种方法。

【例 9-17】 使用 SQL Server Management Studio 为 stu_role1 角色授予查询、更新 student 表的权限。

具体操作步骤如下。

（1）打开 SQL Server Management Studio，在“对象资源管理器”窗格中展开“数据库”→“学生选课”→“安全性”→“角色”→“数据库角色”选项。

（2）右击 stu_role1，在弹出的快捷菜单中选择“属性”命令。

（3）在打开的“数据库角色属性-stu_role1”窗口的左侧选择“安全对象”选项，如图 9-34 所示。

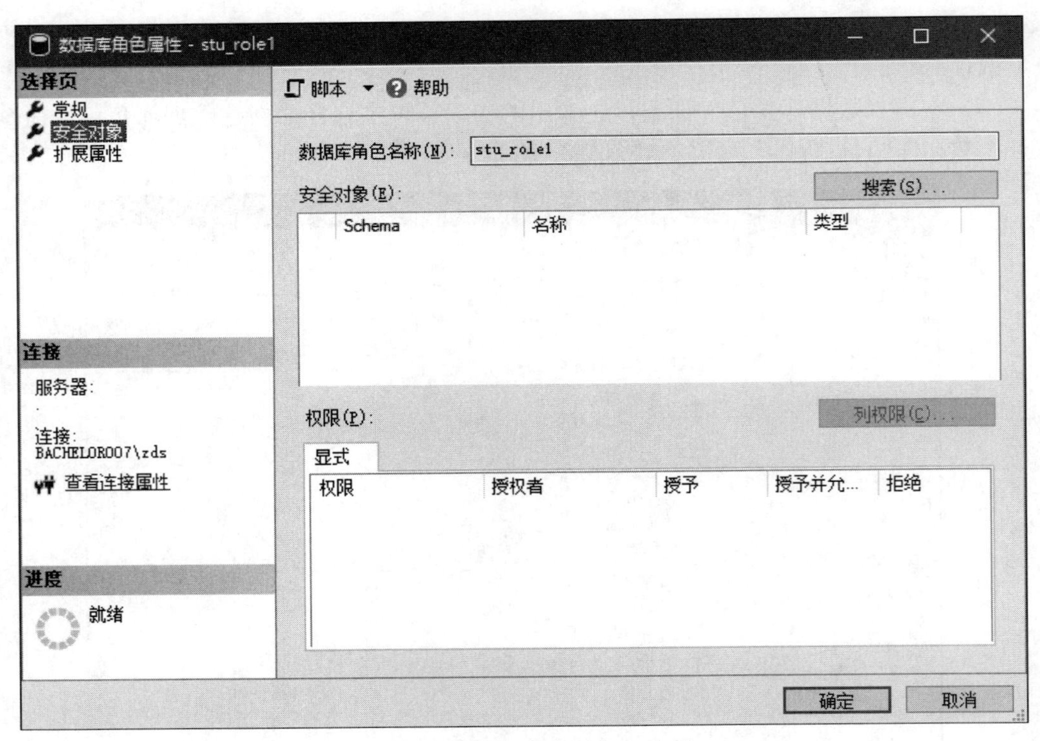

图 9-34　选择“安全对象”选项

（4）单击“搜索”按钮，在弹出的“添加对象”对话框中选择“特定对象”，然后单击“确定”按钮，弹出如图 9-35 所示的对话框。

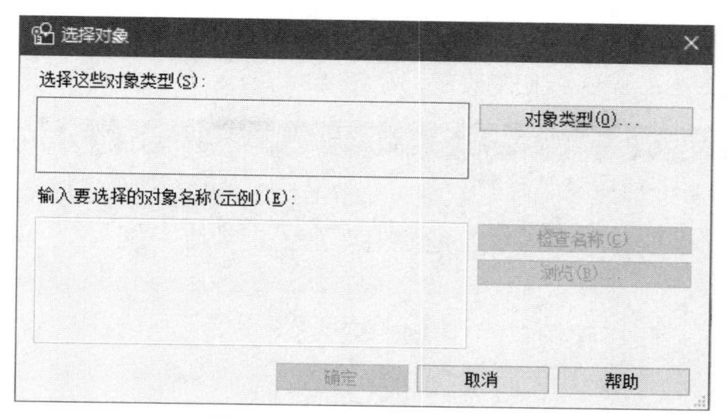

图 9-35 “选择对象”对话框

（5）单击“对象类型”按钮，在弹出的“对象类型”对话框中选择“表”，单击“确定”按钮，返回“选择对象”对话框，如图 9-36 所示。

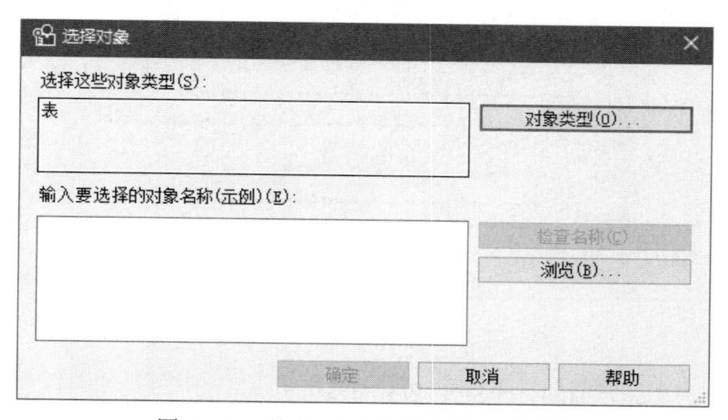

图 9-36 返回后的“选择对象”对话框

（6）单击“浏览”按钮，弹出如图 9-37 所示的“查找对象”对话框，勾选[dbo].[student]复选框，单击“确定”按钮，返回“选择对象”对话框；再单击“确定”按钮，返回“数据库角色属性-stu_role1”窗口。

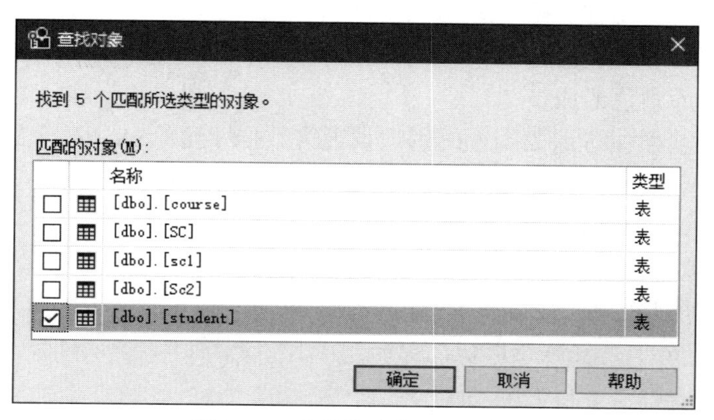

图 9-37 “查找对象”对话框

（7）在“dbo.student 的权限”区域中，授予其“选择”权限和“更新”权限，单击“确定”按钮，完成对 stu_role1 权限的设置，如图 9-38 所示。

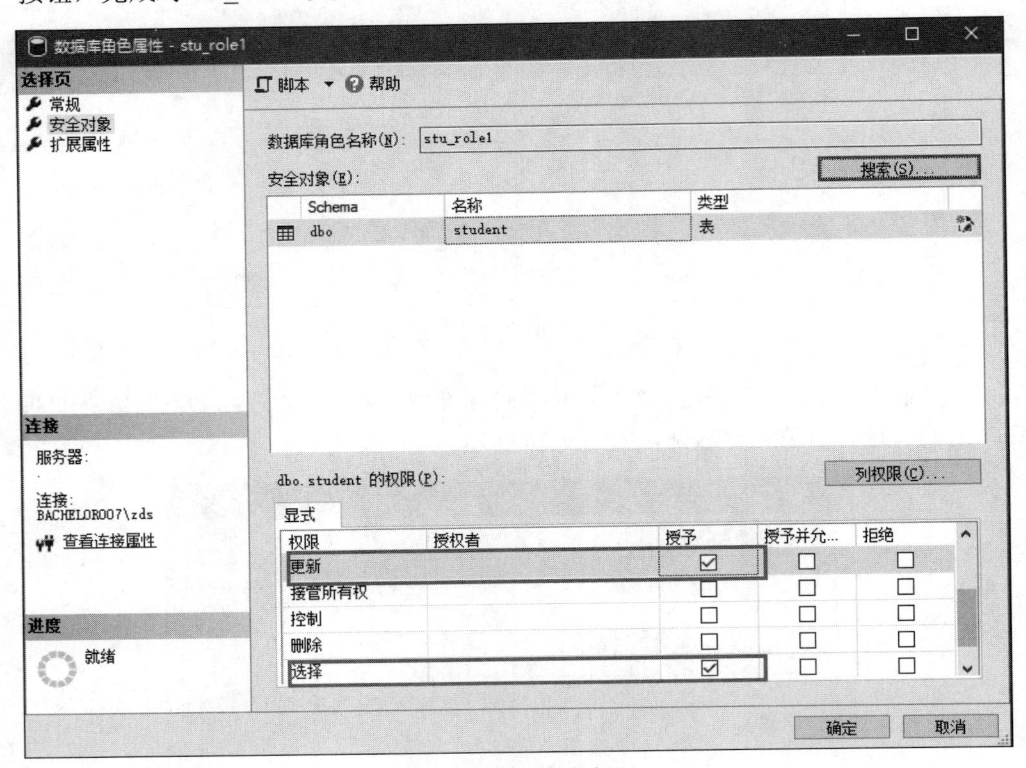

图 9-38　授予对象权限

本例也可以使用如下 Transact-SQL 语句实现。

```
GRANT UPDATE,SELECT ON student TO stu_role1
```

【例 9-18】 使用 Transact-SQL 语句授予 stu_role1 角色对 course 表和 sc 表的查询权限。

在查询编辑器窗口中执行如下 Transact-SQL 语句。

```
GRANT SELECT ON course TO stu_role1
GRANT SELECT ON sc TO stu_role1
```

3）管理数据库角色的成员

【例 9-19】 将学生选课数据库的用户设置为数据库角色 stu_role1 的成员。

具体操作步骤如下。

（1）启动 SQL Server Management Studio。

（2）在“对象资源管理器”窗格中，展开“数据库”→“学生选课”→“安全性”→“角色”→“数据库角色”选项。

（3）右击 stu_role1，在弹出的快捷菜单中选择“属性”命令，打开“数据库角色属性-stu_role1”窗口，如图 9-39 所示。

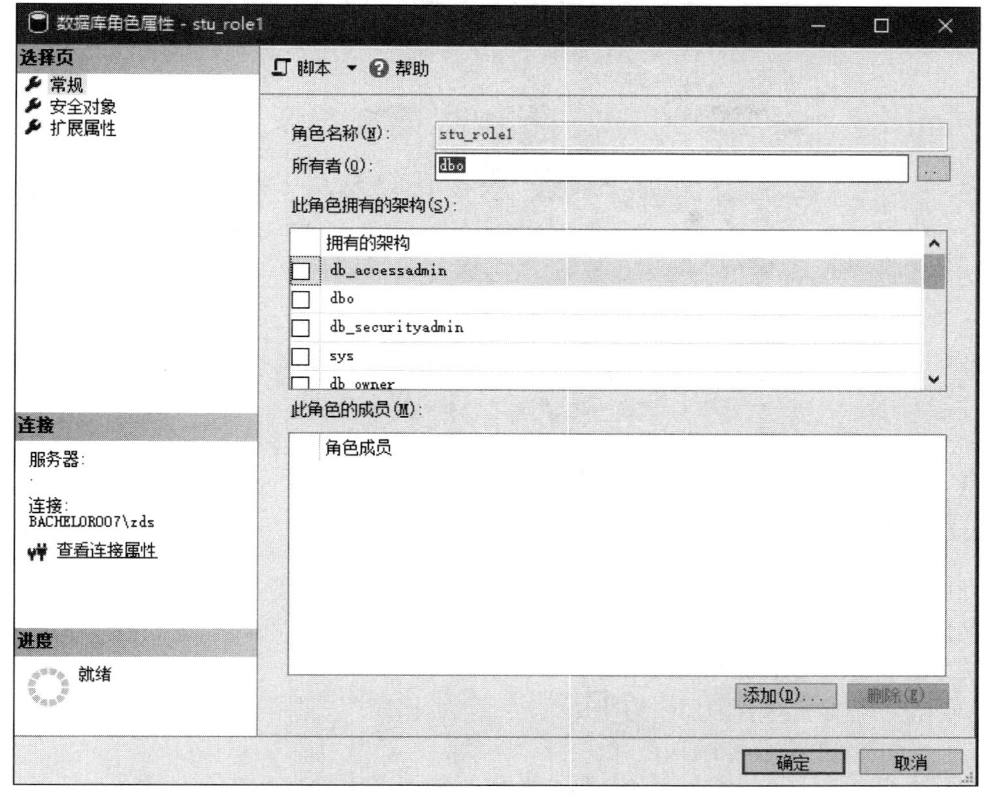

图 9-39 “数据库角色属性-stu_role1”窗口

（4）单击“添加”按钮，弹出“选择数据库用户或角色”对话框，如图 9-40 所示。

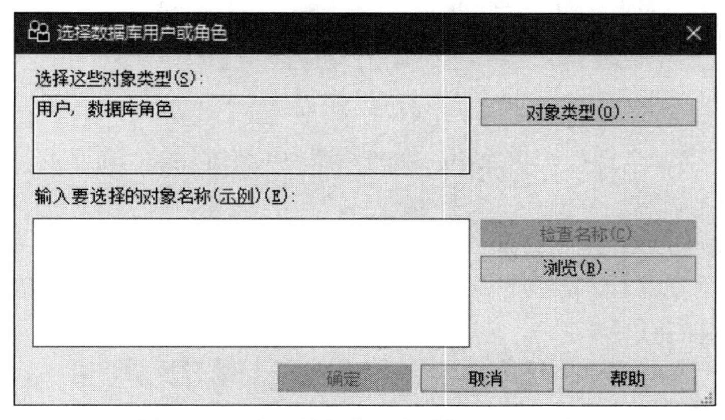

图 9-40 “选择数据库用户或角色”对话框

（5）单击“浏览”按钮，弹出“查找对象”对话框，勾选 db_user1 复选框，如图 9-41 所示。

（6）单击“确定”按钮，返回“选择数据库用户或角色”对话框。

（7）单击“确定”按钮，返回“数据库角色属性-stu_role1”窗口。

（8）单击“确定”按钮，完成成员的添加。

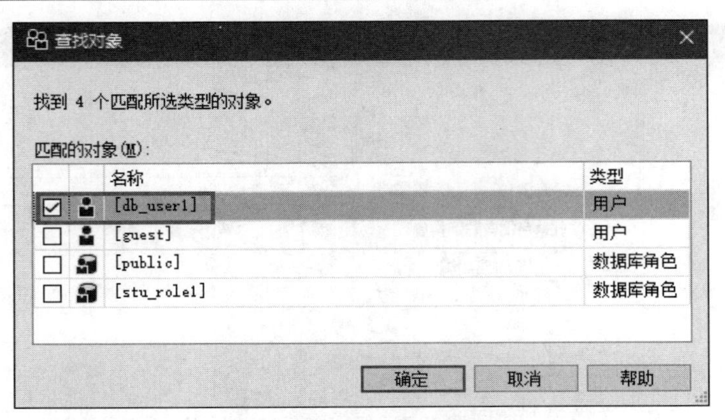

图 9-41 “查找对象”对话框

本例也可以使用如下 Transact-SQL 语句实现。

```
EXEC sp_addrolemember 'stu_role1','db_user1'
```

【例 9-20】 在数据库角色 stu_role1 中，删除数据库角色成员 db_user1。

具体操作步骤如下。

（1）启动 SQL Server Management Studio。

（2）在“对象资源管理器”窗格中，展开“数据库”→“学生选课”→“安全性”→“角色”→“数据库角色”选项。

（3）右击 stu_role1，在弹出的快捷菜单中选择“属性”命令。

（4）打开“数据库角色属性-stu_role1”窗口，选择要删除的数据库角色的成员 db_user1，单击“删除”按钮即可。

本例也可以使用如下 Transact-SQL 语句实现。

```
EXEC sp_droprolemember 'stu_role1','db_user1'
```

4）删除自定义数据库角色

【例 9-21】 在学生选课数据库中，删除自定义数据库角色 stu_role1。

具体操作步骤如下。

（1）启动 SQL Server Management Studio。

（2）在“对象资源管理器”窗格中，展开“数据库”→“学生选课”→“安全性”→“角色”→“数据库角色”选项。

（3）选择要删除的数据库角色 stu_role1，单击“删除”按钮即可。

本例也可以使用如下 Transact-SQL 语句实现。

```
DROP ROLE stu_role1
```

习 题 9

一、选择题

1. 用户使用 SQL Server 时，通常需要考虑两个安全性阶段，分别为（　　）。

A．登录验证、操作验证　　　　　　B．身份验证、权限认证
C．操作验证、登录验证　　　　　　D．权限认证、身份验证

2．在 SQL Server 中，每个数据库一般都有两个默认的用户，分别为（　　）。
A．DBO 和 GUEST　　　　　　　　B．MASTER 和 ADMIN
C．ADMINISTRATOR 和 GUEST　　　D．SA 和 DBO

3．允许被授权用户可以把权限转授给别人的关键词是（　　）。
A．DENY　　　　　　　　　　　　B．GRANT
C．REVOKE　　　　　　　　　　　D．WITH GRANT OPTION

4．为便于对数据库用户及权限的管理，可以将一组具有相同权限的数据库用户组织在一起，这一组具有相同权限的用户就称为（　　）。
A．系统用户　　B．DBA　　C．数据库角色　　D．数据库用户

二、填空题

1．SQL Server 2017 提供了________和________两种身份验证模式。

2．SQL Server 2017 系统默认的两个超级管理员是________和________。

3．创建数据库角色时，若未指定所有者，则默认是________。

4．SQL Server 2017 为用户提供了________和________角色。

三、思考题

1．简述 SQL Server 2017 的安全机制。

2．简述 SQL Server 2017 的登录模式。

3．在 SQL Server 2017 中将角色分为哪几类？

第10章　SQL Server 2017 数据库的日常维护

学习目标

掌握数据库备份和还原的方法；学会数据的导入和导出。

10.1　日常维护概述

数据库的日常维护主要是对数据库进行备份操作。虽然 SQL Server 2017 提供了各种安全措施，用于保证数据库的安全性和可靠性，但由于各种因素，如硬件故障、自然灾害、计算机病毒等，都会对数据库造成破坏，轻则影响数据的正确性，重则引起灾难性的后果。因此，经常备份数据库非常重要。

10.2　数据库的备份和还原

SQL Server 2017 针对不同用户的业务需求，提供了完整备份、差异备份、事务日志备份等方式供用户选择。

10.2.1　备份数据库

1. 创建备份设备

执行备份的第一步是创建将要包含备份内容的备份文件。为了执行备份操作，在使用之前所创建的备份文件称为永久性备份文件，也称为备份设备。

【例 10-1】　创建学生选课数据库的备份设备。

具体操作步骤如下。

（1）启动 SQL Server Management Studio，在“对象资源管理器”窗格中展开“服务器对象”选项。

（2）右击“备份设备”选项，在弹出的快捷菜单中选择“新建备份设备”命令。

（3）打开如图 10-1 所示的“备份设备-stu_bak”窗口。在“设备名称”文本框中输入 stu_bak，在表示物理位置的“文件”文本框中输入“D: \ bak \ stu_bak.bak”，单击“确定”按钮，完成备份设备的创建。

创建备份设备还可以使用系统存储过程 sp_addumpdevice，如在 D:\data 文件夹创建备份设备 bpp，具体代码如下。

```
sp_addumpdevice 'disk','bpp','D:\data\bpp.bak'
```

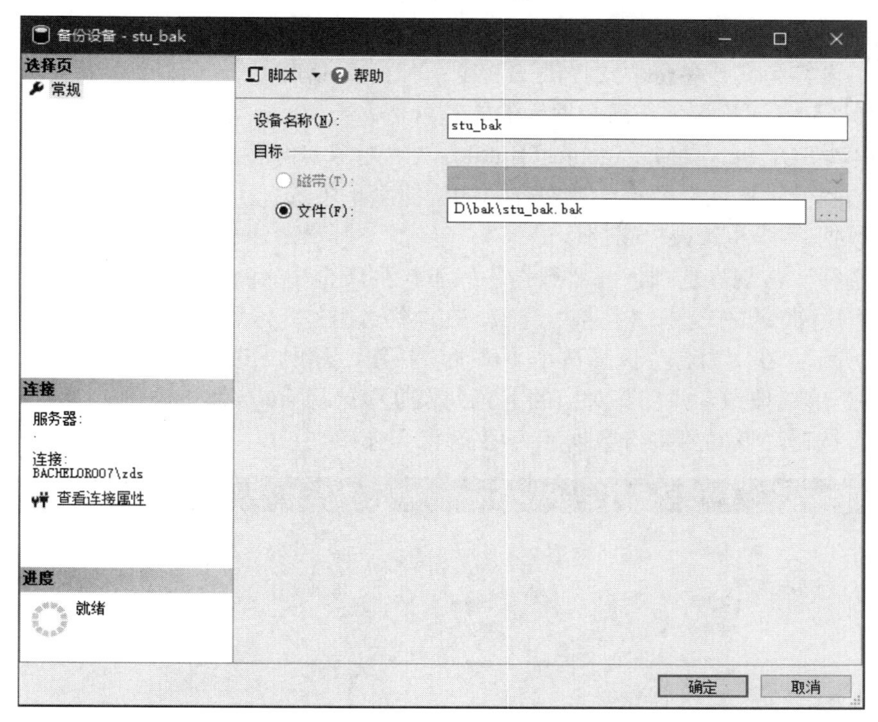

图 10-1　创建备份设备

说明：创建备份设备之后，在相应的文件夹中并没有实际生成该文件，如图 10-2 所示。只有在执行了备份操作，在备份设备上存储了备份内容之后，该文件才会出现在指定的位置。

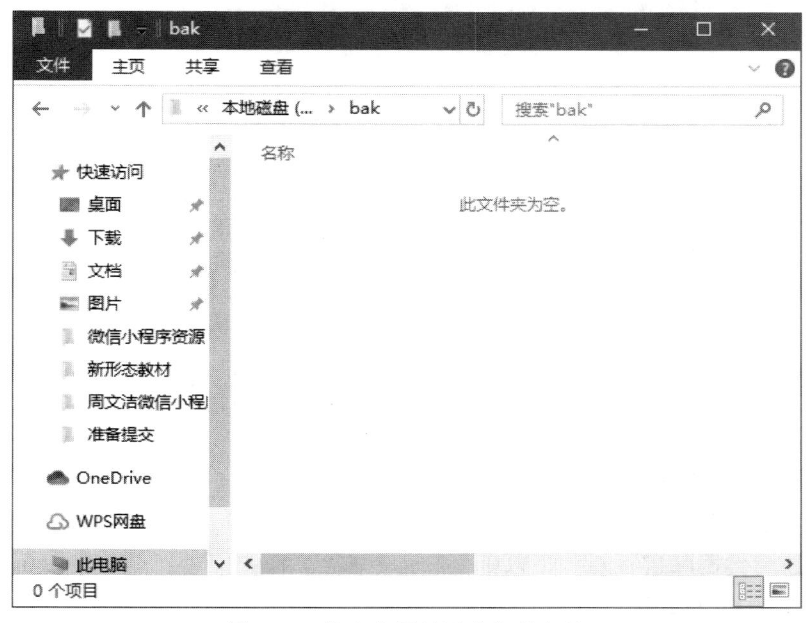

图 10-2　指定位置并没有备份文件

2. 完整备份

完整备份是备份数据库中的所有数据和结构。数据库的第一次备份应该是完整备份，这种备份的内容为其他备份方式提供了基线。

【例 10-2】 创建学生选课数据库的完整备份。

（1）启动 SQL Server Management Studio，在“对象资源管理器”窗格中展开“数据库”选项，右击“学生选课”数据库，在弹出的快捷菜单中选择“任务”→“备份”命令，打开“备份数据库-学生选课”窗口。

（2）选择“常规”选项，在“数据库”下拉列表框中选择“学生选课”选项，在“备份类型”下拉列表框中选择“完整”选项，在“备份组件”区域选中“数据库”单选按钮，如图 10-3 所示。在“目标”区域单击“添加”按钮，弹出“选择备份目标”对话框。选中“备份设备”单选按钮，并在其对应的下拉列表框中选择 stu_bak 选项，如图 10-4 所示。单击“确定”按钮，返回“备份数据库-学生选课”窗口。

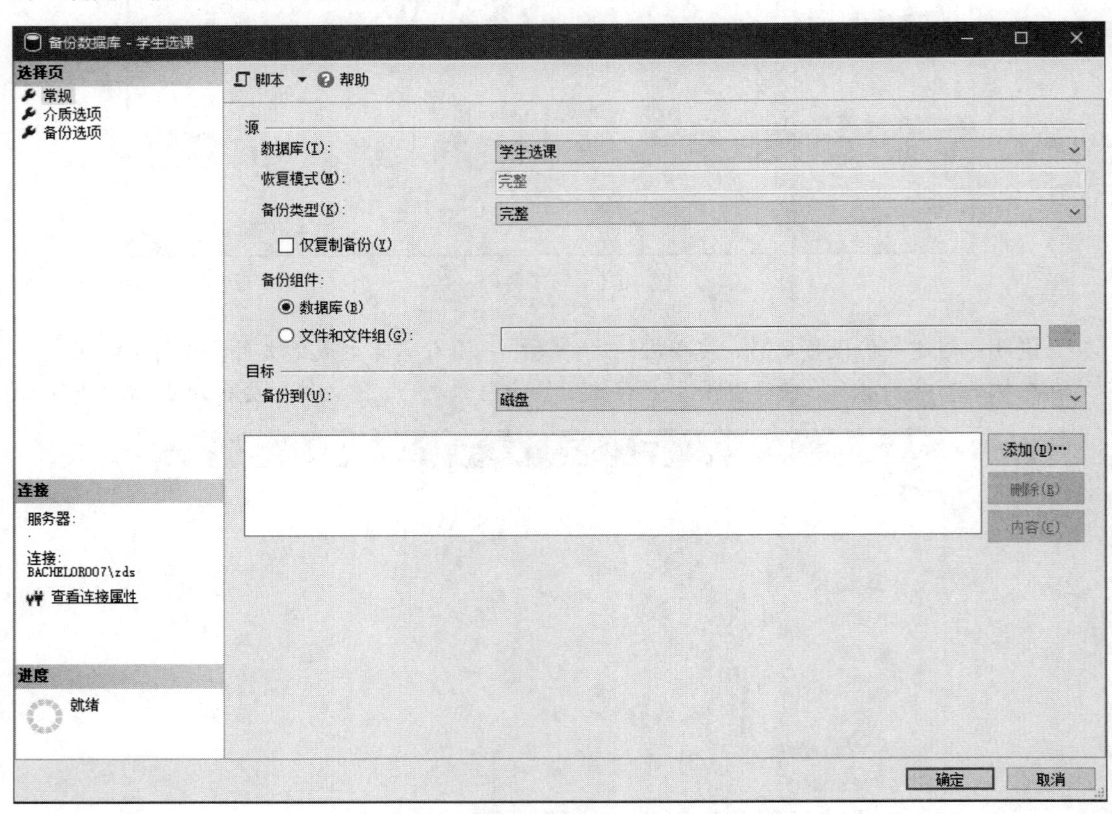

图 10-3 “备份数据库-学生选课”窗口

（3）选择“介质选项”，选中“覆盖所有现有备份集”单选按钮，这样系统在创建备份时将初始化备份设备并覆盖原有备份内容。勾选“完成后验证备份”复选框，则可以在备份完成后与当前数据库进行对比，以确保它们是一致的。设置的窗口如图 10-5 所示。单击“确定”按钮，系统开始进行备份。

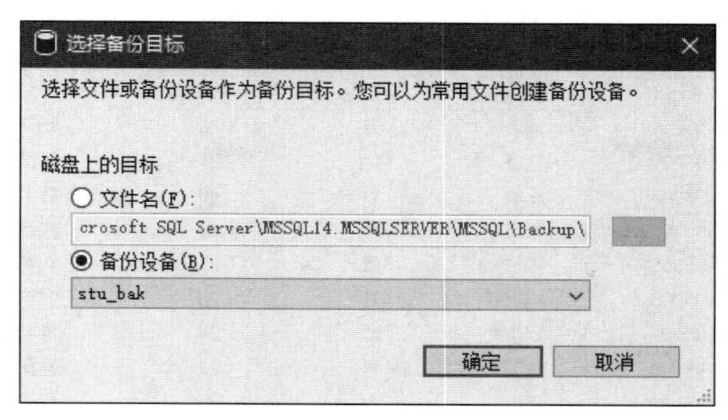

图 10-4 “选择备份目标”对话框

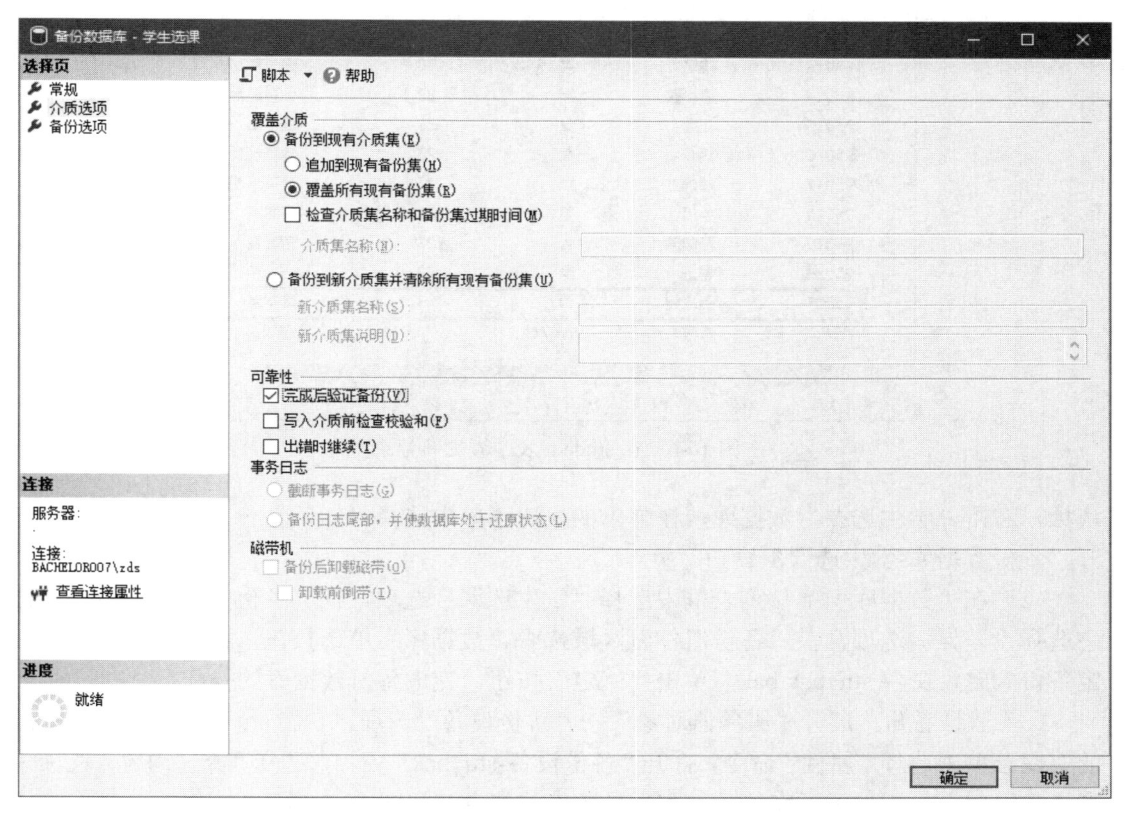

图 10-5 设置备份选项

3. 差异备份

差异备份仅记录自上次完整备份后更改过的数据。差异备份比完整备份更小、更快，且可以简化频繁的备份操作，降低数据丢失的风险。

【例 10-3】 创建学生选课数据库的差异备份。

分析：在例 10-2 中已经为学生选课数据库创建了完整备份，为了体现差异备份，可在学生表中插入一名学生的信息，如图 10-6 所示。

创建差异备份的操作步骤如下。

（1）启动 SQL Server Management Studio，在“对象资源管理器”窗格中展开“数据库”

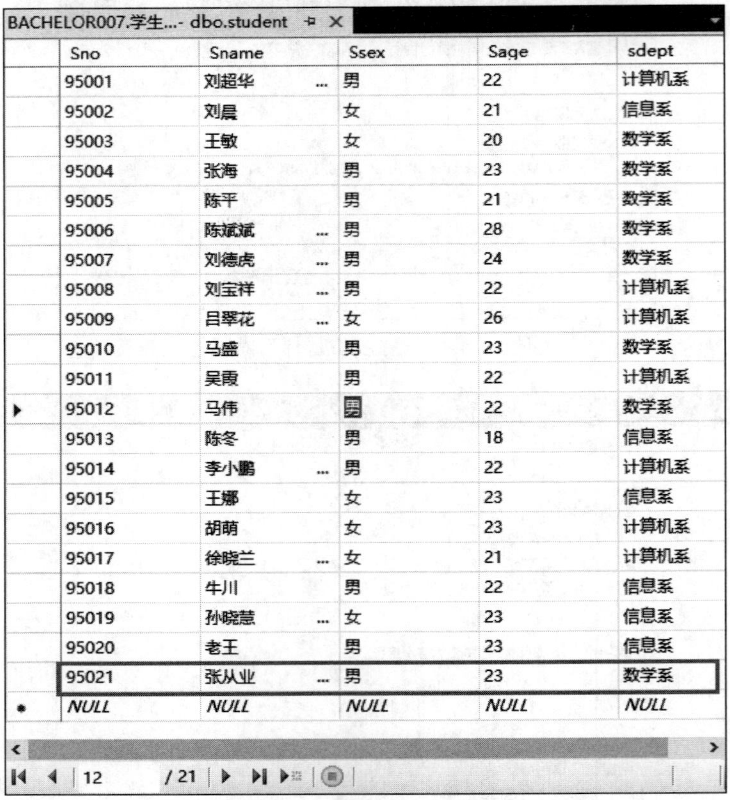

BACHELOR007.学生...- dbo.student

	Sno	Sname	Ssex	Sage	sdept
	95001	刘超华 ...	男	22	计算机系
	95002	刘晨	女	21	信息系
	95003	王敏	女	20	数学系
	95004	张海	男	23	数学系
	95005	陈平	男	21	数学系
	95006	陈斌斌 ...	男	28	数学系
	95007	刘德虎 ...	男	24	数学系
	95008	刘宝祥 ...	男	22	计算机系
	95009	吕翠花 ...	女	26	计算机系
	95010	马盛	男	23	数学系
	95011	吴霞	男	22	计算机系
▶	95012	马伟	男	22	数学系
	95013	陈冬	男	18	信息系
	95014	李小鹏 ...	男	22	计算机系
	95015	王娜	女	23	信息系
	95016	胡萌	女	23	计算机系
	95017	徐晓兰 ...	女	21	计算机系
	95018	牛川	男	22	信息系
	95019	孙晓慧 ...	女	23	信息系
	95020	老王	男	23	信息系
	95021	张从业 ...	男	23	数学系
*	NULL	NULL	NULL	NULL	NULL

12 / 21

图 10-6　在 student 表中添加新记录

选项，右击“学生选课”数据库，在弹出的快捷菜单中选择“任务”→“备份”命令，打开“备份数据库-学生选课”窗口。

（2）在“数据库”下拉列表框中选择“学生选课”选项，在“备份类型”下拉列表框中选择“差异”选项，在“备份组件”区域选中“数据库”单选按钮，在“目标”区域指定备份到磁盘文件 stu_bak.bak，单击“确定”按钮，完成备份数据库的操作。

（3）验证备份。展开“服务器对象”→“备份设备”选项，右击 stu_bak 选项，在弹出的快捷菜单中选择“属性”命令，打开“备份设备-stu_bak”窗口。选择“介质内容”选项，在“备份集”区域显示了完整备份和差异备份的信息，如图 10-7 所示。

说明： *差异备份文件比完整备份文件小，因为它仅备份自上次完整备份后更改过的数据。*

4. 事务日志备份

事务日志备份是备份数据库事务日志的变化过程。当执行完整备份之后，可以执行事务日志备份。

【例 10-4】 创建学生选课数据库的事务日志备份。

分析： 为体现差异备份，可在学生表中再插入一个学生信息，使用 Transact-SQL 语句插入数据代码如下。

```
INSERT INTO student VALUES（'95022','熊超群','男',22,'信息系'）
```

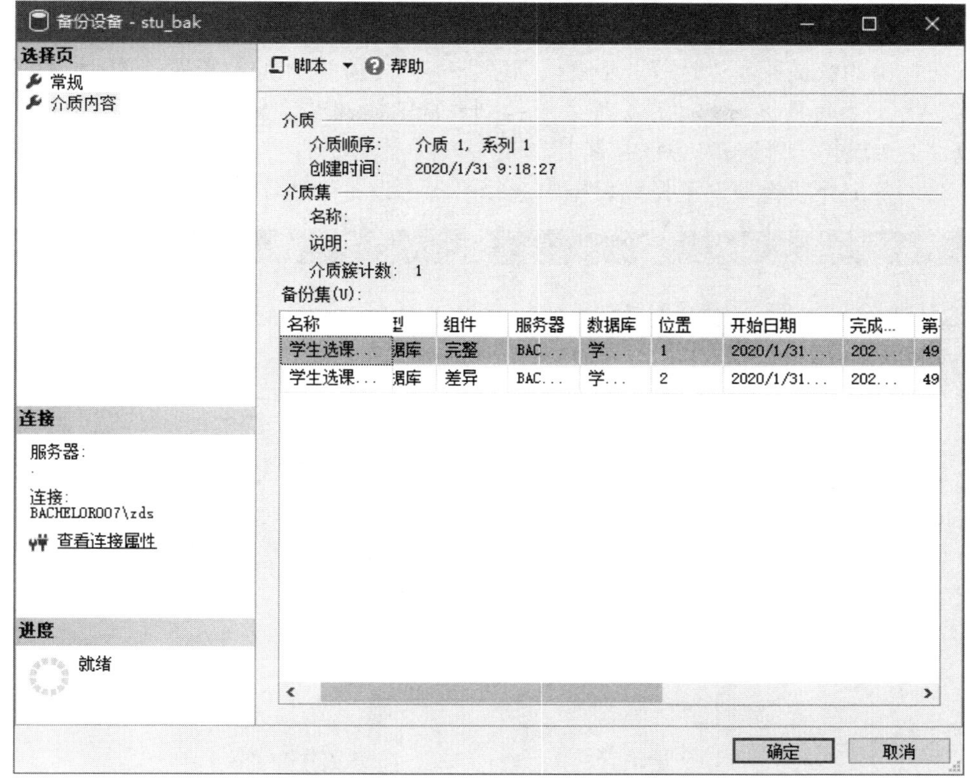

图 10-7　备份设备 stu_bak 的内容

具体操作步骤如下。

（1）启动 SQL Server Management Studio，在“对象资源管理器”窗格中展开“数据库”选项，右击“学生选课”数据库，在弹出的快捷菜单中选择“任务”→“备份”命令，打开“备份数据库-学生选课”窗口。

（2）选择“常规”选项，在“数据库”下拉列表框中选择“学生选课”选项，在“备份类型”下拉列表框中选择“事务日志”选项，在“目标”区域中系统已经自动选中前面创建的备份设备（若不是则删除“目标”区域中的内容后，单击“添加”按钮，在弹出的对话框的“备份设备”下拉列表框中选择备份设备 stu_bak）。

（3）选择“介质选项”，选中“追加到现有备份集”单选按钮（这样可以避免覆盖前面创建的完整备份和差异备份），勾选“完成后验证备份”复选框，单击“确定”按钮，系统开始备份。

10.2.2　还原数据库

在数据库备份部分对学生选课数据库进行了完整备份，然后进行了差异备份和事务日志备份，这样就必须全部恢复这 3 个备份文件才能使数据库恢复到最新状态。

【例 10-5】　还原学生选课数据库。

分析： 为了便于体现数据库还原，先将学生选课数据库删除。

具体操作步骤如下。

（1）启动 SQL Server Management Studio，在“对象资源管理器”窗格中右击“数据库”选项，在弹出的快捷菜单中选择“还原数据库”命令，打开“还原数据库-学生选课”窗口。

（2）在“目标”区域的“数据库”下拉列表框中输入“学生选课”，如图 10-8 所示。在“源”区域选中“设备”单选按钮，单击右侧的 ... 按钮，打开“选择备份设备”对话框 1，在“备份介质类型”下拉列表框中选择“备份设备”选项，如图 10-9 所示。

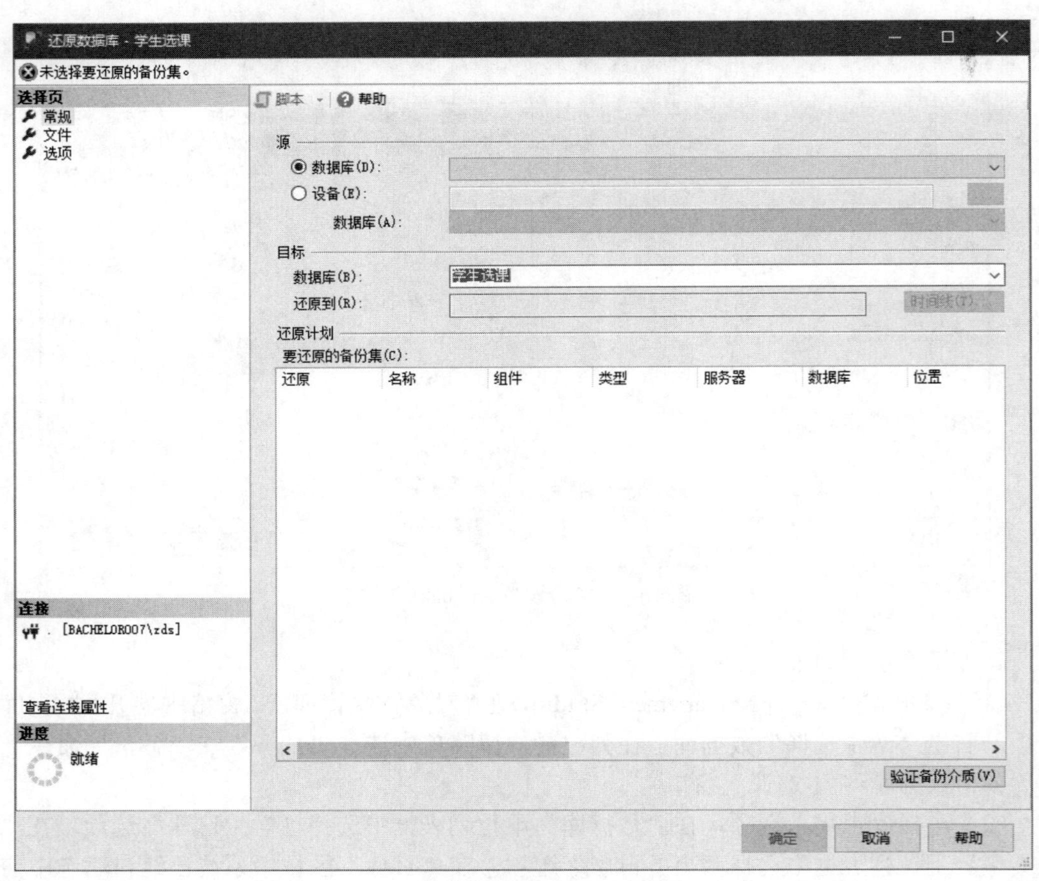

图 10-8 “还原数据库-学生选课”窗口

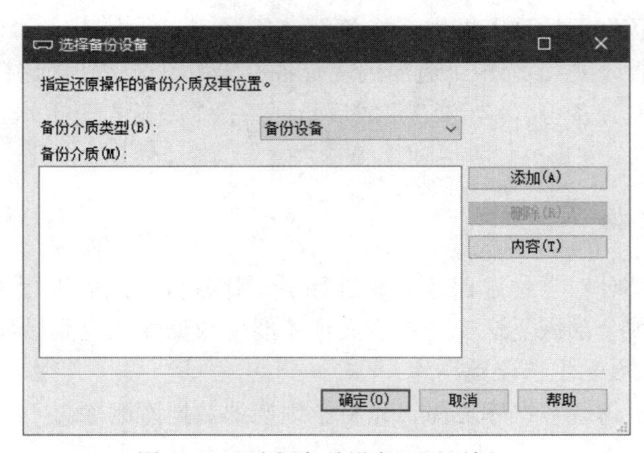

图 10-9 “选择备份设备”对话框 1

（3）单击“添加”按钮，打开“选择备份设备”对话框 2，在“备份设备”下拉列表框中选择 stu_bak 选项，如图 10-10 所示。

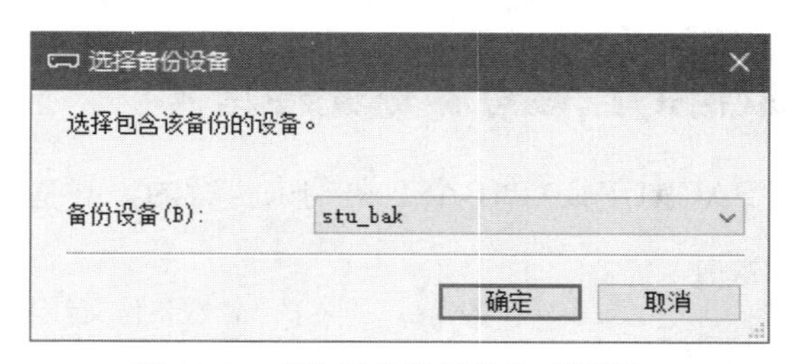

图 10-10 “选择备份设备”对话框 2

（4）单击“确定”按钮，返回“选择备份设备”对话框 1，单击“确定”按钮，返回“还原数据库-学生选课”窗口。在“要还原的备份集”区域中显示了备份设备中的内容-3 次备份的文件，选中这 3 个备份文件，使数据库恢复到最新状态，如图 10-11 所示。

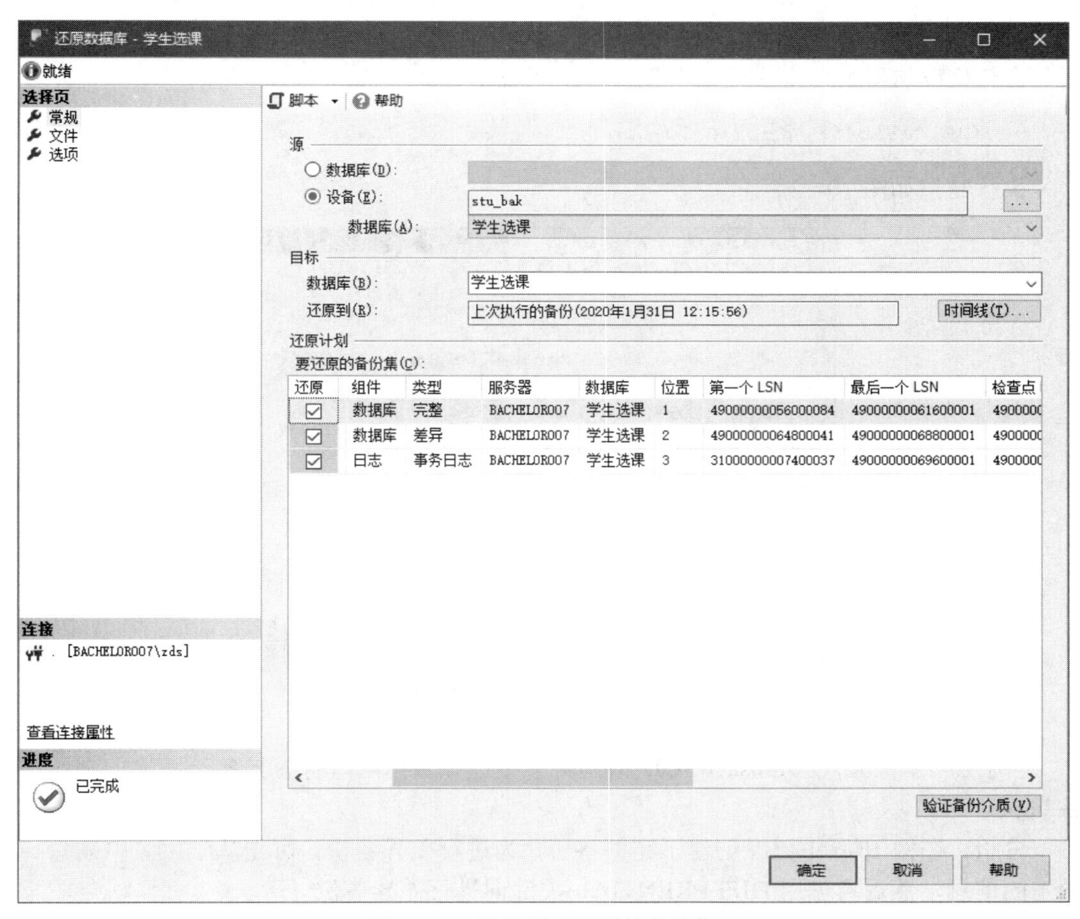

图 10-11 设置用于还原的备份集

（5）选择“选项”，设置恢复状态（若数据库还存在请选择覆盖数据库，本例数据库已经删除，无须设置是否覆盖），单击“确定”按钮，系统开始恢复数据库。

10.3 使用 Transact-SQL 语句进行数据库的备份和恢复

10.3.1 用 Transact-SQL 语句备份数据库

备份数据库是通过 BACKUP DATABASE 语句来执行的，其基本语法格式如下：

```
BACKUP DATABASE 数据库名
TO { <备份设备名> } | { DISK | TAPE } = { '物理备份文件名' }
[ WITH[ DIFFERENTIAL ][ [ , ] { INIT | NOINIT } ] ]
```

DIFFERENTIAL：进行差异备份；

INIT：本次备份数据库将重写备份设备；

NOINIT：本次备份数据库将追加到备份设备上。

【例 10-6】 使用 Transact-SQL 语句备份学生选课数据库到备份设备 bpp。

分析：第一次备份数据库到备份设备，应采用完整备份，覆盖原设备上的数据。

在查询编辑器窗口中执行如下 Transact-SQL 语句。

```
BACKUP DATABASE 学生选课 TO bpp WITH INIT
```

执行结果如图 10-12 所示。

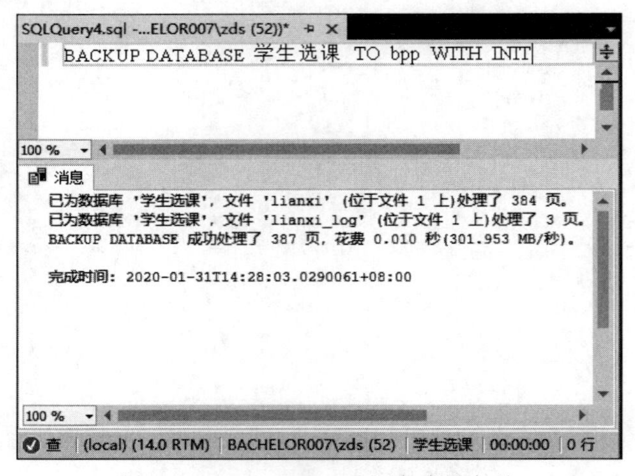

图 10-12 Transact-SQL 语句完整备份

【例 10-7】 使用 Transact-SQL 语句对学生选课数据库进行差异备份，追加到备份设备 bpp。

分析：在例 10-6 中已经创建了完整备份，为进行差异备份，可先从学生表中删除一个学生的信息，然后再使用 DIFFERENTIAL 关键词进行差异备份。

在查询编辑器窗口中执行如下 Transact-SQL 语句。

```
DELETE FROM student WHERE Sno='95022'  --删除数据
BACKUP DATABASE 学生选课 TO bpp WITH DIFFERENTIAL ,NOINIT
                                   --差异备份，NOINIT 表示追加到备份设备
```

【例 10-8】 使用 Transact-SQL 语句对学生选课数据库进行事务日志备份。

分析：在例 10-7 中已经创建了差异备份，为进行事务日志备份，可再从学生表中删除一个学生的信息，然后再使用 BACKUP LOG 进行日志备份。

在查询编辑器窗口中执行如下 Transact-SQL 语句。

```
DELETE FROM student WHERE Sno='95021'       --删除数据
BACKUP LOG 学生选课 TO bpp                  --进行事务日志备份,默认是追加到备份设备
```

10.3.2 用 Transact-SQL 语句恢复数据库

恢复数据库是通过 RESTORE DATABASE 语句来执行的，其基本语法格式如下。

```
RESTORE DATABASE 数据库名
FROM  备份设备名
[ WITH FILE = 文件号 [ , ] NORECOVERY[ , ] RECOVERY  ]
```

参数说明如下。

FILE = 文件号：标识要还原的备份。

NORECOVERY：表明对数据库的恢复操作还没有完成，可以继续恢复后续的备份。

RECOVERY：默认选项，表明对数据库的恢复操作已经完成，恢复后的数据库是可用的。

【例 10-9】 恢复学生选课数据库到例 10-6 前的状态。

分析：例 10-6 进行了完整备份，对应备份设备 bpp 上的文件号是 1，恢复到例 10-6 前的状态，只需要恢复例 10-6 中的完整备份，因目前数据库处于正常使用状态，需要恢复数据库时使用 REPLACE 关键词覆盖现有数据库。

在查询编辑器窗口中执行如下 Transact-SQL 语句。

```
RESTORE DATABASE 学生选课
FROM bpp
WITH FILE=1,RECOVERY,REPLACE --覆盖现有数据库,恢复后的数据库是可用的
```

说明：若有多个备份文件需恢复，应先恢复完整备份，再恢复最近一次的差异备份，然后由远及近逐一恢复事务日志备份，在备份恢复完成前使用 NORECOVERY，直至达到恢复目标再使用 RECOVERY 使数据库到可用状态。

【例 10-10】 恢复学生选课数据库到例 10-8 后的状态。

分析：例 10-8 进行了事务日志备份，日志备份不能单独进行恢复，必须先恢复在日志备份之前的完整备份和差异备份。因此，可以使用 NORECOVERY 逐一进行数据库恢复。

在查询编辑器窗口中执行如下 Transact-SQL 语句。

（1）恢复完整备份。

```
RESTORE DATABASE 学生选课 FROM bpp
WITH FILE=1, NORECOVERY,REPLACE
```

（2）恢复差异备份。

```
RESTORE DATABASE 学生选课 FROM bpp
```

```
WITH FILE=2, NORECOVERY
```

（3）恢复日志备份，使数据库到可用状态。

```
RESTORE LOG 学生选课 FROM bpp WITH FILE=3, RECOVERY
```

10.4 数据导出和导入

数据转换服务是一个功能非常强大的组件，该服务可以在异构数据环境中复制数据、复制整个表或查询结果，并且可以交互式地定义数据转换方式，导入和导出向导提供了把数据从数据源转换到数据目的地的方法。

10.4.1 数据导出

【例 10-11】 将学生选课数据库的 3 张表导出为 Excel 文件。

（1）启动 SQL Server Management Studio，在“对象资源管理器”窗格中展开“数据库”选项，右击“学生选课”数据库，在弹出的快捷菜单中选择“任务”→“导出数据”命令，如图 10-13 所示。

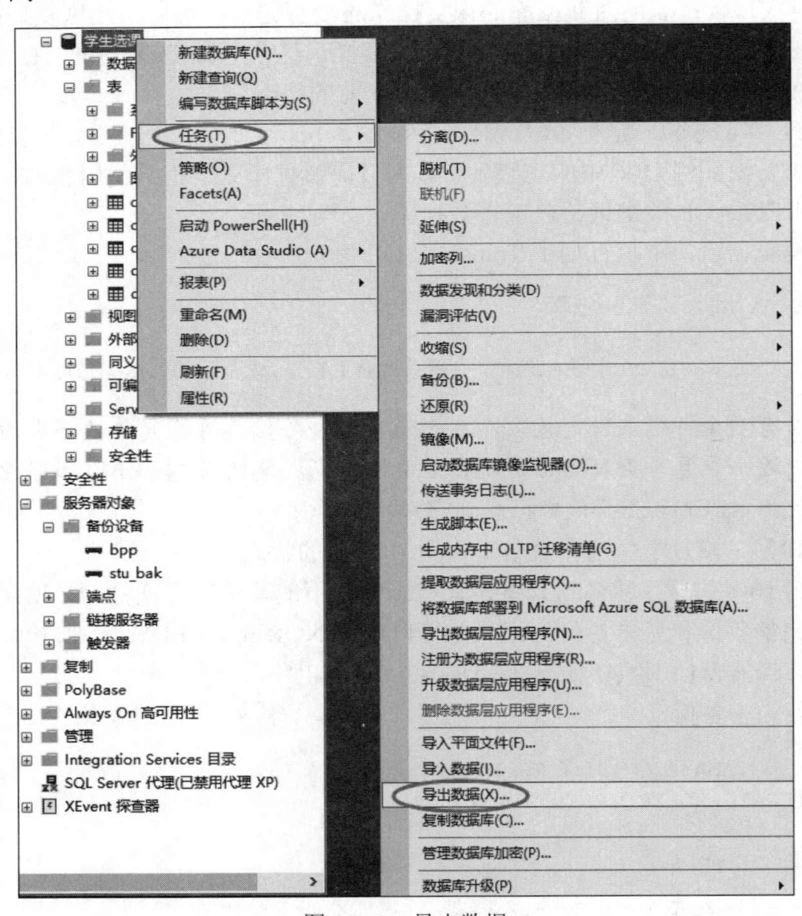

图 10-13 导出数据

（2）打开“SQL Server 导入和导出向导”窗口，如图 10-14 所示。

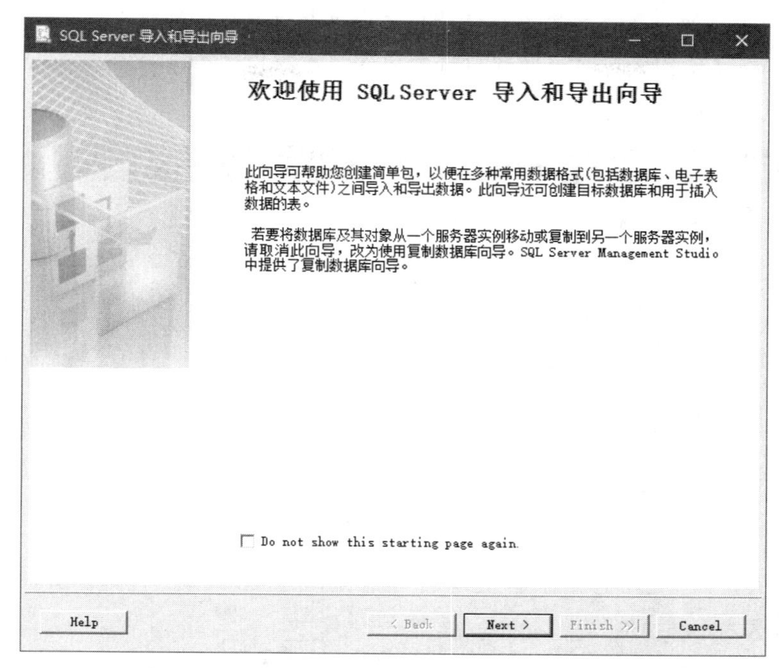

图 10-14 “SQL Server 导入和导出向导”窗口

（3）单击 Next 按钮，打开选择导出数据的“选择数据源”界面。在“数据源”下拉列表框中选择 SQL Server Native Client 11.0 选项，然后设置身份验证模式为“使用 Windows 身份验证”，在“数据库”下拉列表框中选择“学生选课”，如图 10-15 所示。

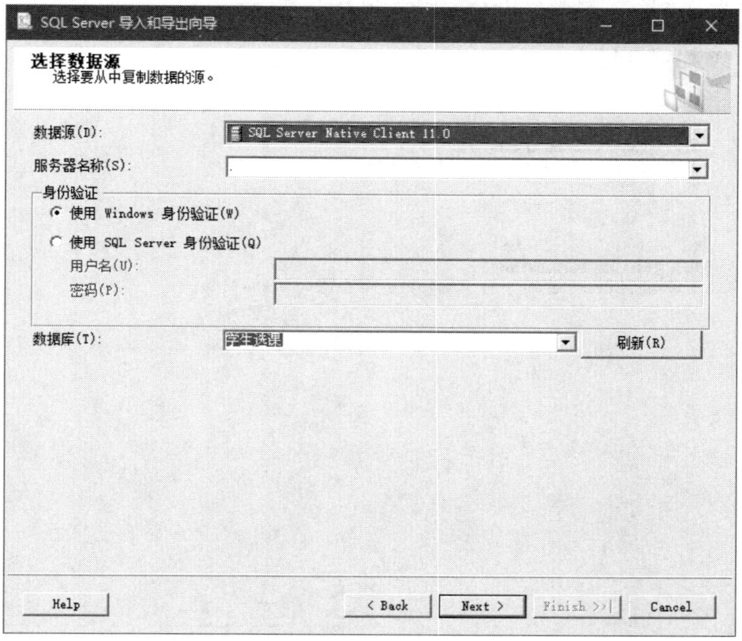

SQL Server 导入和导出向导
选择数据源
选择要从中复制数据的源。
数据源(D): SQL Server Native Client 11.0
服务器名称(S):
身份验证
使用 Windows 身份验证(W)
使用 SQL Server 身份验证(Q)
用户名(U):
密码(P):
数据库(T): 学生选课
刷新(R)
Help
< Back
Next >
Finish >>|
Cancel

图 10-15 “选择数据源”界面

说明：从“数据源”下拉列表框中可选择12种数据源，不同的数据源类型对应不同的界面。根据不同的数据源，需要设置身份验证模式、服务器名称、数据库名称和文件格式等。

（4）单击Next按钮，打开“选择目标”界面，在“目标”下拉列表框中选择Microsoft Excel选项，设置Excel文件路径，如图10-16所示。

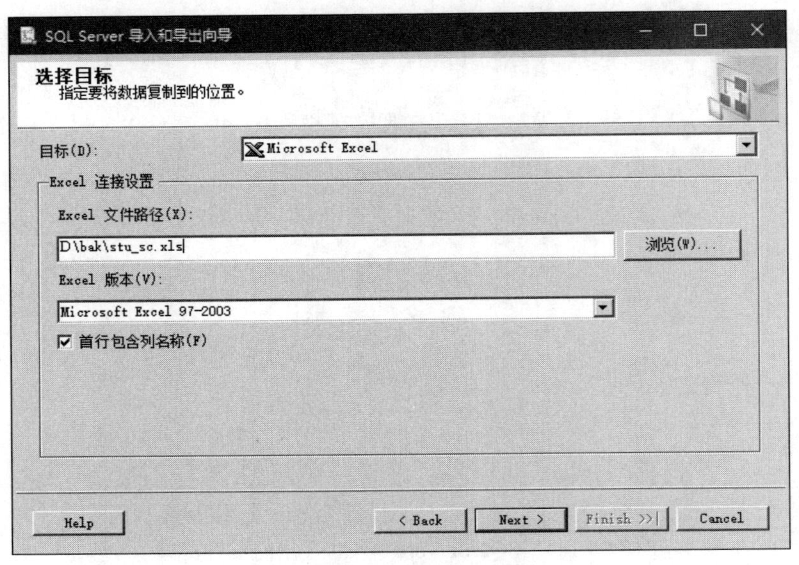

图10-16 “选择目标”界面

（5）单击Next按钮，打开“指定表复制或查询”界面，选中“复制一个或多个表或视图的数据”单选按钮，如图10-17所示。

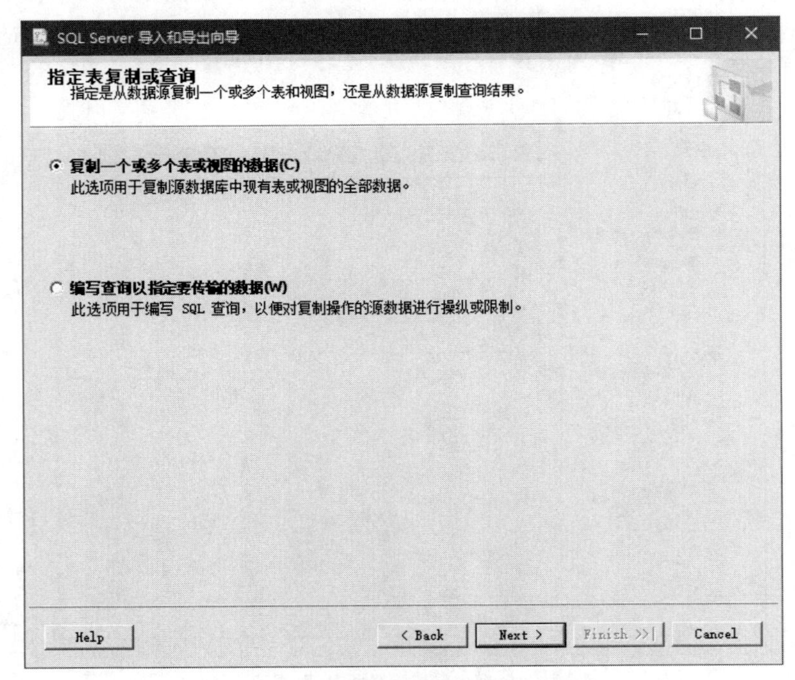

图10-17 “指定表复制或查询”界面

（6）单击 Next 按钮，打开“选择源表和源视图”界面。勾选“表和视图”区域左边的复选框，表示要复制该表或视图，如图 10-18 所示，单击“预览”按钮，预览数据，如图 10-19 所示。

图 10-18 “选择源表和源视图”界面

预览数据

源: SELECT * FROM [dbo].[student]

Sno	Sname	Ssex	Sage	sdept
95001	刘超华	男	22	计算机系
95002	刘晨	女	21	信息系
95003	王敏	女	20	数学系
95004	张海	男	23	数学系
95005	陈平	男	21	数学系
95006	陈斌斌	男	28	数学系
95007	刘德虎	男	24	数学系
95008	刘宝祥	男	22	计算机系

确定

图 10-19 预览数据

（7）单击“确定”按钮，返回“选择源表和源视图”界面；连续 3 次单击 Next 按钮，打开 Complete the Wizard 界面，如图 10-20 所示，确认导出数据。

图 10-20　确认导出数据

（8）单击 Finish 按钮，执行数据库导出操作。完成后将打开“执行成功”界面，如图 10-21 所示。

图 10-21　执行成功

（9）打开导出的 Excel 文件，验证导出数据的正确性。

10.4.2 数据导入

【例 10-12】 创建 stu_sc 数据库，将在例 10-11 中导出的 stu_sc.xls 文件导入到 stu_sc 数据库。

具体操作步骤如下。

（1）启动 SQL Server Management Studio，在“对象资源管理器”窗格中右击“数据库”选项，在弹出的快捷菜单中选择“新建数据库”命令，创建一个数据库，名称为 stu_sc。

（2）在“对象资源管理器”窗格中展开“数据库”选项，右击 stu_sc 数据库，在弹出的快捷菜单中选择“任务”→“导入数据”命令。

（3）打开“SQL Server 导入和导出向导”窗口，单击 Next 按钮，打开“选择数据源”界面。在“数据源”下拉列表框中选择 Microsoft Excel 选项，然后单击“浏览”按钮，选择 Excel 文件，如图 10-22 所示。

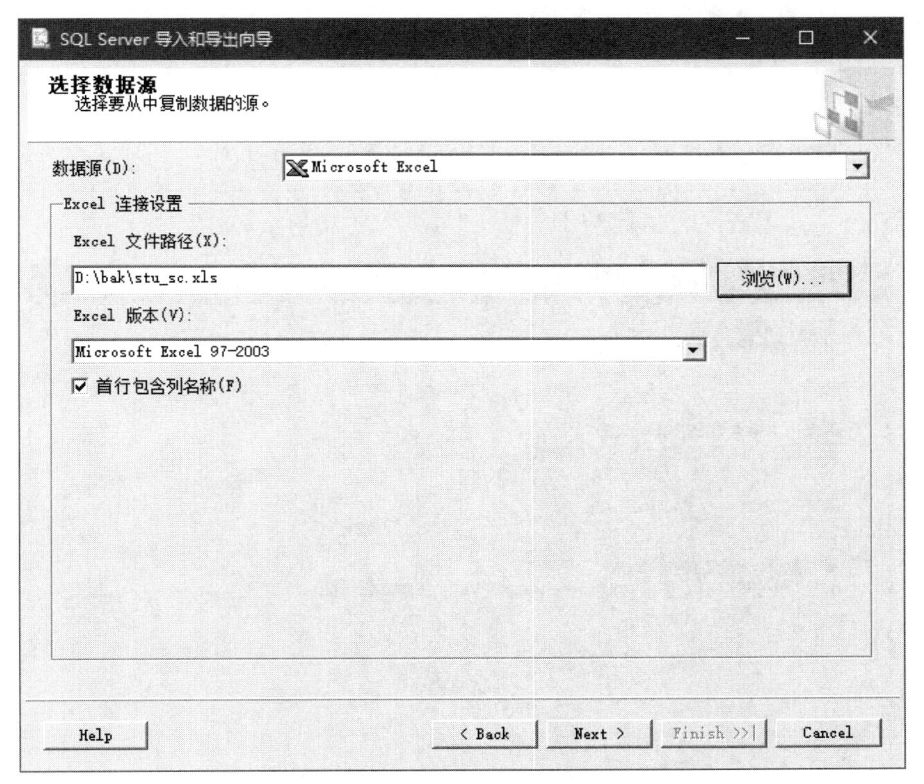

图 10-22 导入“选择数据源”界面

（4）单击 Next 按钮，打开“选择目标”界面，在“目标”下拉列表框中选择 SQL Server Native Client 11.0 选项，在“数据库”下拉列表框中选择 stu_sc 数据库，如图 10-23 所示。

（5）单击 Next 按钮，打开“指定表复制或查询”界面，选中“复制一个或多个表或视图的数据”单选按钮，如图 10-24 所示。

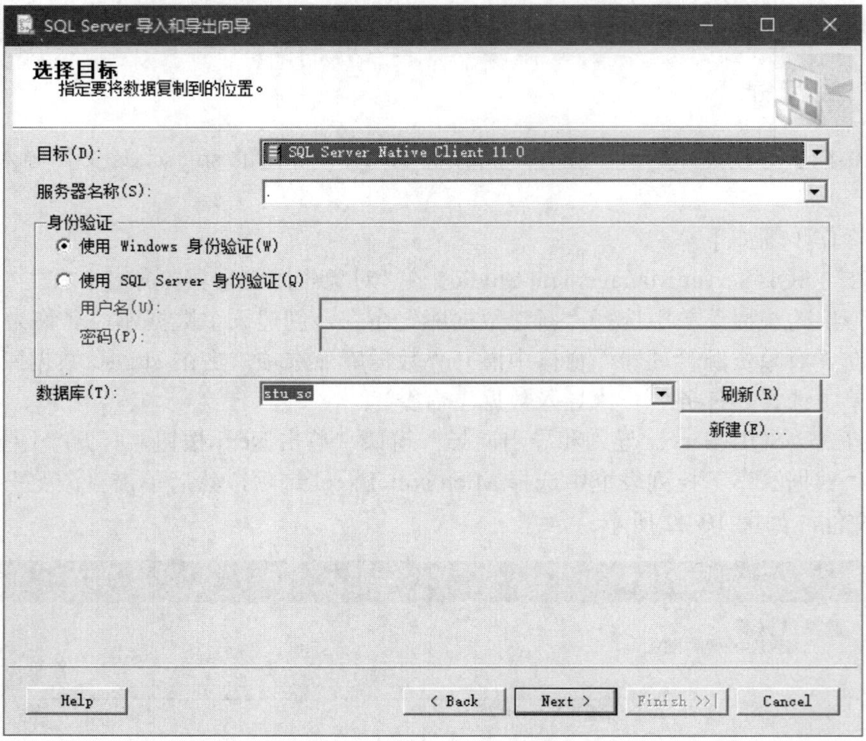

SQL Server 导入和导出向导
选择目标
指定要将数据复制到的位置。
目标(D):
SQL Server Native Client 11.0
服务器名称(S):
身份验证
使用 Windows 身份验证(W)
使用 SQL Server 身份验证(Q)
用户名(U):
密码(P):
数据库(T):
stu_sc
刷新(R)
新建(E)...
Help
< Back
Next >
Finish >>|
Cancel

图 10-23　导入“选择目标”界面

SQL Server 导入和导出向导
指定表复制或查询
指定是从数据源复制一个或多个表和视图，还是从数据源复制查询结果。
复制一个或多个表或视图的数据(C)
此选项用于复制源数据库中现有表或视图的全部数据。
编写查询以指定要传输的数据(W)
此选项用于编写 SQL 查询，以便对复制操作的源数据进行操纵或限制。
Help
< Back
Next >
Finish >>|
Cancel

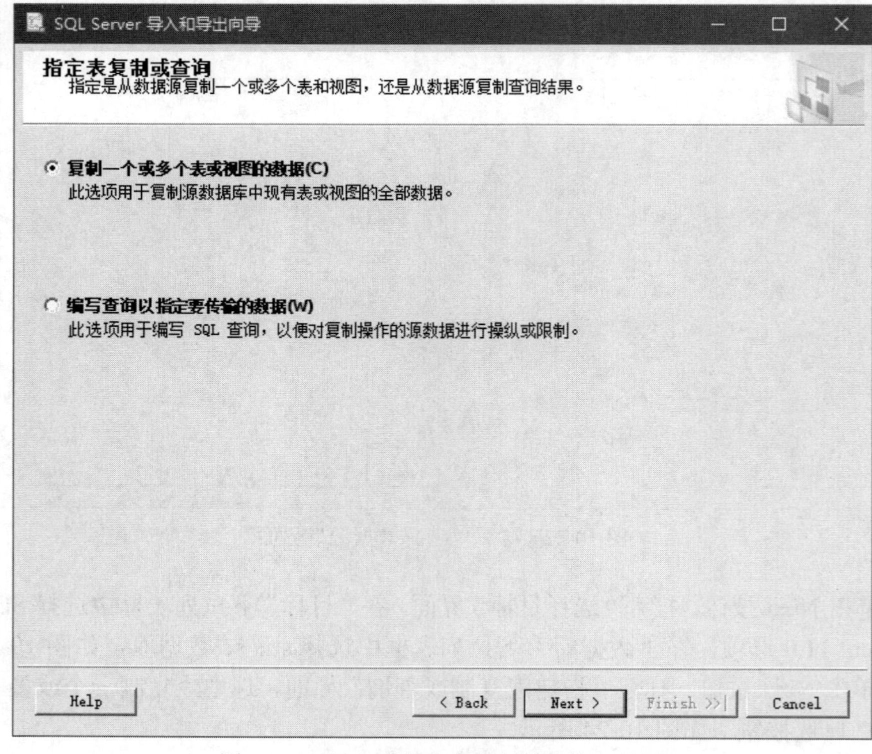

图 10-24　导入“指定表复制或查询”界面

（6）单击 Next 按钮，打开“选择源表和源视图”界面，选择数据表，如图 10-25 所示，单击“预览”按钮，在打开的界面中观察数据表是否正确，如果正确，则单击“确定”按钮。

图 10-25　导入“选择源表和源视图”界面

（7）单击 Next 按钮，打开“保存并执行包”界面，勾选“立即执行”复选框，如图 10-26 所示。

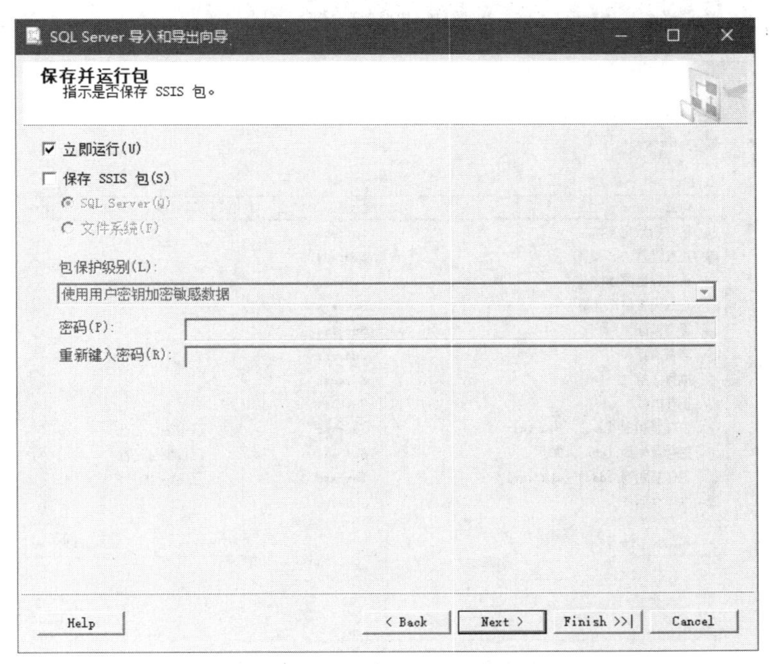

图 10-26　“保存并执行包”界面

（8）单击 Next 按钮，打开 Complete the Wizard 界面，如图 10-27 所示。

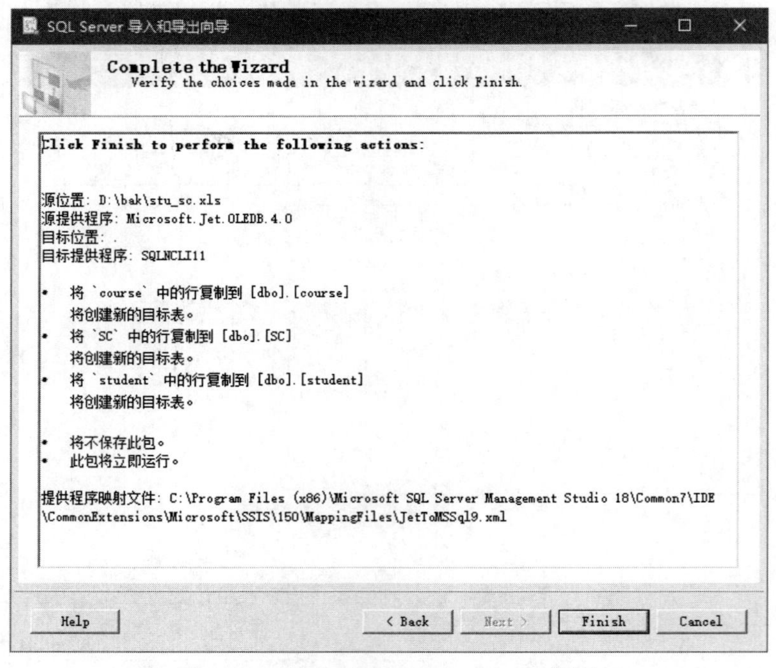

图 10-27　导入 Complete the Wizard 界面

（9）单击 Finish 按钮，执行数据导入，如图 10-28 所示，单击 Close 按钮，完成数据导入。

图 10-28　导入“执行成功”界面

（10）打开数据库 stu_sc，验证数据的正确性。

说明：将其他异类数据源数据导入 SQL Server 2017 中，有可能会出现数据类型不兼容的情况，SQL Server 2017 自动对不识别的数据类型进行转换，转换为 SQL Server 2017 中比较相近的数据类型，如果数据值不能识别，则赋空值 NULL。

习　题　10

一、选择题

1．下面（　　）表示要执行差异备份。

A．RECOVERY　　B．NORECOVERY

C．DIFFERENTIAL　　D．NOINT

2．数据库备份时，执行差异备份和事务日志备份都需要有一个（　　）备份作为基准。

A．完整备份　　B．数据库文件或文件组

C．差异备份　　D．完整备份和事务日志备份

3．创建备份设备还可以使用系统存储过程（　　）。

A．sp_addumpdevice　　B．sp_addrolemember

C．sp_renamedb　　D．sp_dropdevice

4．下列（　　）只备份了自上次备份操作发生后重新发生改变的数据。

A．完整备份　　B．差异备份

C．事务日志备份　　D．文件和文件组合备份

二、填空题

1．当数据库被破坏后，如果事先保存了数据库副本和________，就有可能恢复数据库。

2．SQL Server 2017 针对不同用户的业务需求，提供了________、________、________和________4 种备份方式供用户选择。

3．在对数据库进行备份之前，必须设置存储备份文件的物理存储介质，即________。

4．________备份是进行所有其他备份的基础，一般情况下备份速度最快的是________。

三、思考题

1．为什么要对数据库进行备份操作？

2．SQL Server 2017 中有几种备份和恢复模式？

3．什么是备份设备？备份设备的作用是什么？

第11章 数据库应用系统开发基础

学习目标

了解 ADO.NET 的结构；掌握使用 ADO.NET 对象连接 SQL Server 数据库的方法；掌握使用 ADO.NET 开发数据库应用系统的步骤；掌握基本的数据库应用系统开发技术。

11.1 ADO.NET

本章使用 Visual Studio 2017 作为工具，使用 C#.NET 语言，创建有关学生选课数据库的 Web 应用系统，因此读者的计算机必须已安装 Visual Studio 2017 或兼容版本，并且可通过网络或在本地连接到 SQL Server 2017 服务器。

11.1.1 ADO.NET 概述

ADO.NET 是统一数据容器类编程接口，无论编写何种应用程序（Windows 窗体、Web 窗体、Web 服务），都可以通过同一组类来处理数据，无论后台的数据源是 SQL Server 数据库、Oracle 数据库、其他数据库、XML 文件，还是文本文件，都使用一样的方式来处理它们。ADO.NET 支持在线和离线的数据访问方式。

11.1.2 ADO.NET 组件

用户可以使用 ADO.NET 的两个组件来访问和处理数据：.NET Framework 数据提供程序和 DataSet 组件。

1. NET Framework 数据提供程序

.NET Framework 数据提供程序是专门为数据处理以及快速访问数据而设计的组件，可用来与数据库建立连接、执行命令与获取结果。.NET Framework 数据提供程序有如下几种。

（1）SQL Server .NET Framework 数据提供程序：主要提供对 Microsoft SQL Server 7.0 或更高版本的数据访问，使用 System.Data.SqlClient 命名空间。

（2）OLE DB .NET Framework 数据提供程序：适合使用 OLE DB 公开的数据源，使用 System.Data.OleDb 命名空间。

（3）ODBC .NET Framework 数据提供程序：适合使用 ODBC 公开的数据源，使用 System.Data.Odbc 命名空间。

（4）Oracle .NET Framework 数据提供程序：适用于 Oracle 客户端软件 8.1.7 版或更高版本，使用 System.Data.OracleClient 命名空间。

ADO.NET 数据提供程序有 4 个核心对象，如表 11-1 所示。

表 11-1　ADO.NET 数据提供程序的核心对象

对　　象	描　　述
Connection	提供与数据源的连接
Command	用于返回数据、修改数据、运行存储过程以及发送或检索参数信息的数据库命令
DataReader	从数据源中读取仅为只进且只读的数据集
DataAdapter	提供连接 DataSet 对象和数据源的桥梁

2. DataSet 组件

DataSet 组件是一个功能丰富、较复杂的数据集，是支持 ADO.NET 的断开式、分布式数据方案的核心对象。DataSet 是数据的内存驻留表示形式，包括相关表、约束和表间关系等，可以把它看成内存中的数据库。

DataSet 的功能主要包括：将数据缓存在本地，以便可以对数据进行处理；在层间或通过 XML Web 服务对数据进行远程处理；与数据进行动态交互，如绑定到 Windows 窗体控件或组合并关联来自多个源的数据；对数据执行批量处理，而不需要与数据源保持打开的连接，从而将该连接释放给其他客户端使用。

11.1.3　使用 ADO.NET 开发数据库应用程序的一般步骤

使用 ADO.NET 开发数据库应用程序一般可分为 5 个步骤。

（1）根据使用的数据源，确定使用的.NET Framework 数据提供程序。

（2）建立与数据源的连接，需使用 Connection 对象。

（3）执行对数据源的操作命令，通常是 SQL 命令，需使用 Command 对象。

（4）使用数据集对获得的数据进行操作，需使用 DataReader、DataAdapter 等对象。

（5）向用户显示数据，需使用数据控件。

11.1.4　ADO.NET 的对象

要访问数据库，首先应该建立到数据库的物理连接。ADO.NET 使用 Connection 对象来显式地创建连接对象。根据连接数据源的不同，连接对象也有 4 种，分别是 SqlConnection、OleDbConnection、OdbcConnection 和 OracleConnection。连接对象最重要的属性是 ConnectionString。

1. Connection 对象

通过 ADO.NET 访问数据库时，要引入命名空间，不同数据源所在的命名空间、使用的连接对象均不相同，如表 11-2 所示。Connection 对象的 ConnectionString 属性如表 11-3 所示。Connection 对象的常用方法如表 11-4 所示。

在编写访问数据库的应用程序时，在编程页面的开始要先引入相关的命名空间。如，要连接 SQL Server 数据库，则在页面首部编写如下代码。

```
using System.Data.SqlClient;
```

表 11-2　不同数据源的提供者、命名空间和连接对象

数据源	提供者	命名空间	连接对象
SQL Server	SQL Server .NET Data Provider	System.Data.SqlClient	System.Data.SqlClient.SqlConnection
Oracle	Oracle .NET Data Provider	System.Data.OracleClient	System.Data.OracleClient.OracleConnection
ODBC	ODBC .NET Data Provider	System.Data.Odbc	System.Data.Odbc.OdbcConnection
OLE DB	OLE DB .NET Data Provider	System.Data.OleDb	System.Data.OleDb.OleDbConnection

表 11-3　Connection 对象的 ConnectionString 属性

参　数	说　明
Data Source(server)	指定数据源（服务器）名
Initial Catalog(database)	指定数据库名
User ID(uid)	指定登录数据库服务器的用户名
Password(pwd)	指定登录数据库服务器的用户口令
Integrated Security	指定是采用信任模式连接

表 11-4　Connection 对象的常用方法

方　法	说　明
BeginTransaction()	开始一个数据库事务
Open()	打开数据库连接
Close()	关闭数据库连接
Dispose()	显式释放对象时关闭数据库连接
CreateCommand()	创建并返回一个与该连接相关的 Command 对象

引入命名空间后，在编写程序声明相关对象时，就不需要在程序代码中重复命名空间了。

在 Visual Studio 2017 开发环境的“服务器资源管理器”窗格中，在“数据连接”选项上右击，在弹出的快捷菜单中选择“添加连接”命令，弹出“选择数据源”对话框，在“数据源”中选择“Microsoft SQL Server”，单击“确定”按钮，弹出“添加连接”对话框，“服务器名”处，若是本地服务器可以输入机器名或“.”（英文状态下），在“选择或输入数据库名称”下拉列表框中选择“学生选课”，如图 11-1 所示。添加成功后，可以在 Visual Studio 2017 开发环境中用 SQL 语句直接访问数据库。

测试连接成功后，出现如图 11-2 所示的数据连接，右击数据连接“BACHELOR007.学生选课.dbo”，在弹出的快捷菜单中选择“属性”命令，打开如图 11-3 所示的“属性”窗口，在该窗格的“连接”选项下描述了该数据连接的版本、类型、连接字符串、提供程序、状态等连接属性。其中连接字符串是最重要的属性之一。

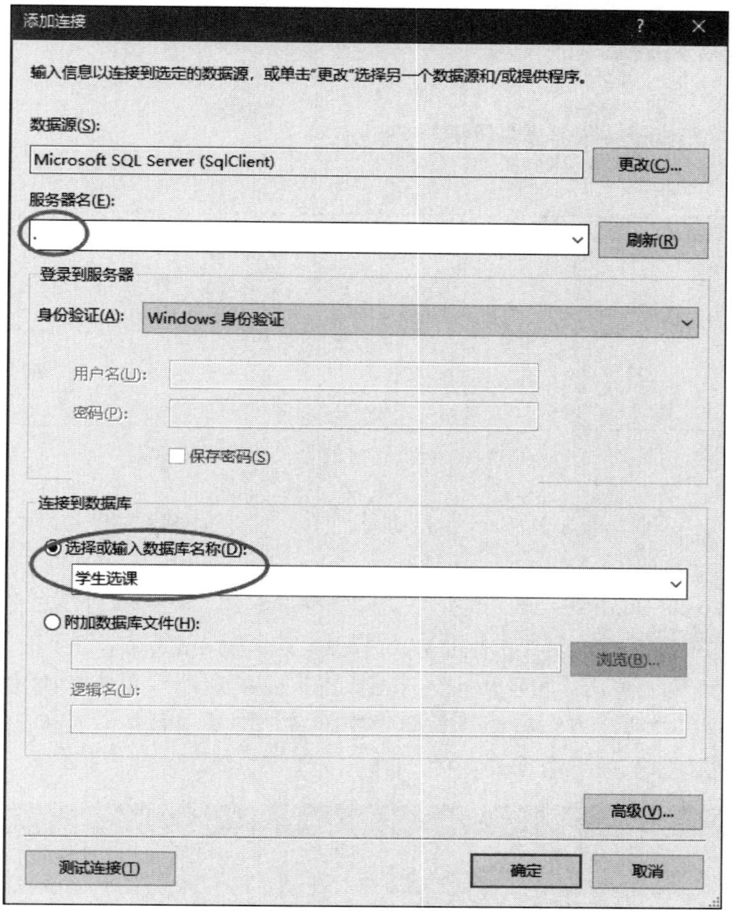

添加连接

输入信息以连接到选定的数据源，或单击“更改”选择另一个数据源和/或提供程序。

数据源(S):

Microsoft SQL Server (SqlClient)

更改(C)...

服务器名(E):

.

刷新(R)

登录到服务器

身份验证(A): Windows 身份验证

用户名(U):

密码(P):

保存密码(S)

连接到数据库

选择或输入数据库名称(D):

学生选课

附加数据库文件(H):

浏览(B)...

逻辑名(L):

高级(V)...

测试连接(T)

确定

取消

图 11-1　添加数据连接

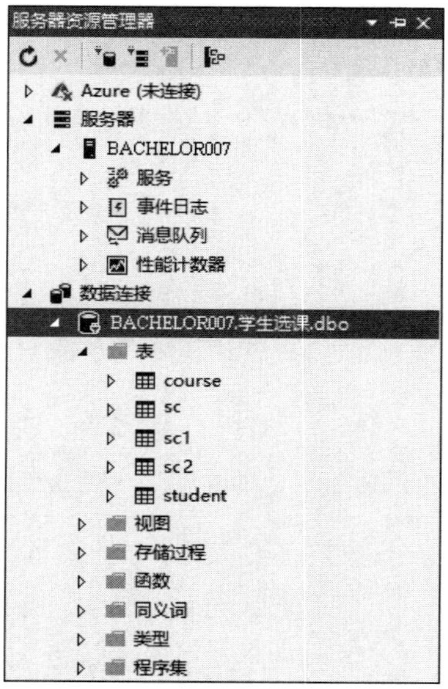

服务器资源管理器

Azure (未连接)

服务器

BACHELOR007

服务

事件日志

消息队列

性能计数器

数据连接

BACHELOR007.学生选课.dbo

表

course

sc

sc1

sc2

student

视图

存储过程

函数

同义词

类型

程序集

图 11-2　新建的数据连接

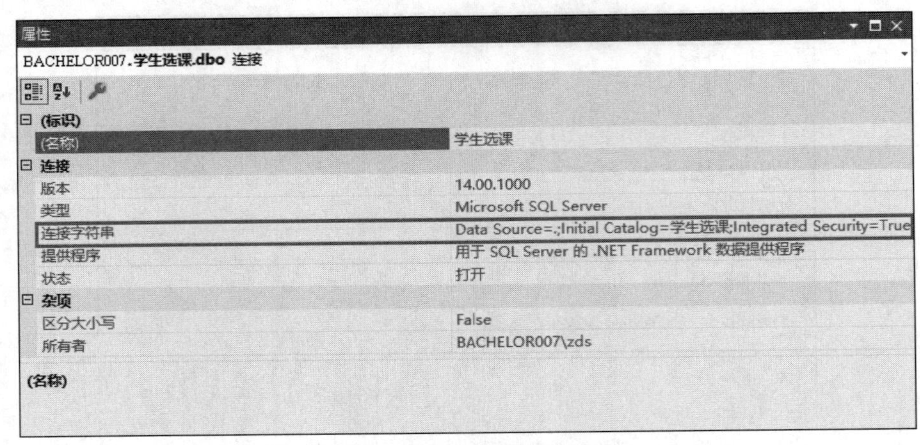

图 11-3 数据连接的“属性”窗口

【例 11-1】 创建一个 SQL Server 数据库连接，并将连接字符串显示于页面上。

具体操作步骤如下。

（1）打开 Visual Studio 2017，选择“文件”→“新建”→“项目”命令，在弹出的“新建项目”对话框中展开 Visual C#下的 Web 节点，选择“先前版本”下的 ASP.NET 空网站作为模板，“位置”设置为：“D:\web”，其他如图 11-4 所示。单击“确定”按钮，返回开发主界面，然后在“解决方案资源管理器”中，右击网站根目录，在弹出的快捷菜单中选择“添加”→“添加新项”命令，如图 11-5 所示。

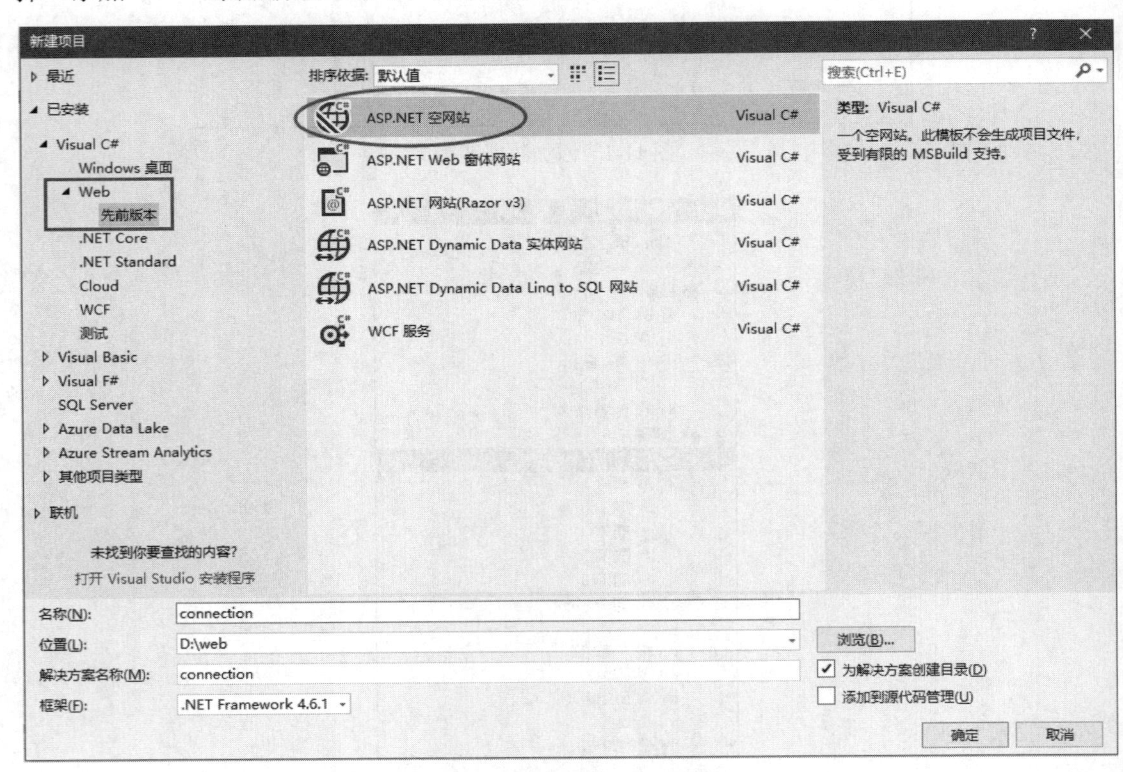

图 11-4 “新建项目”对话框

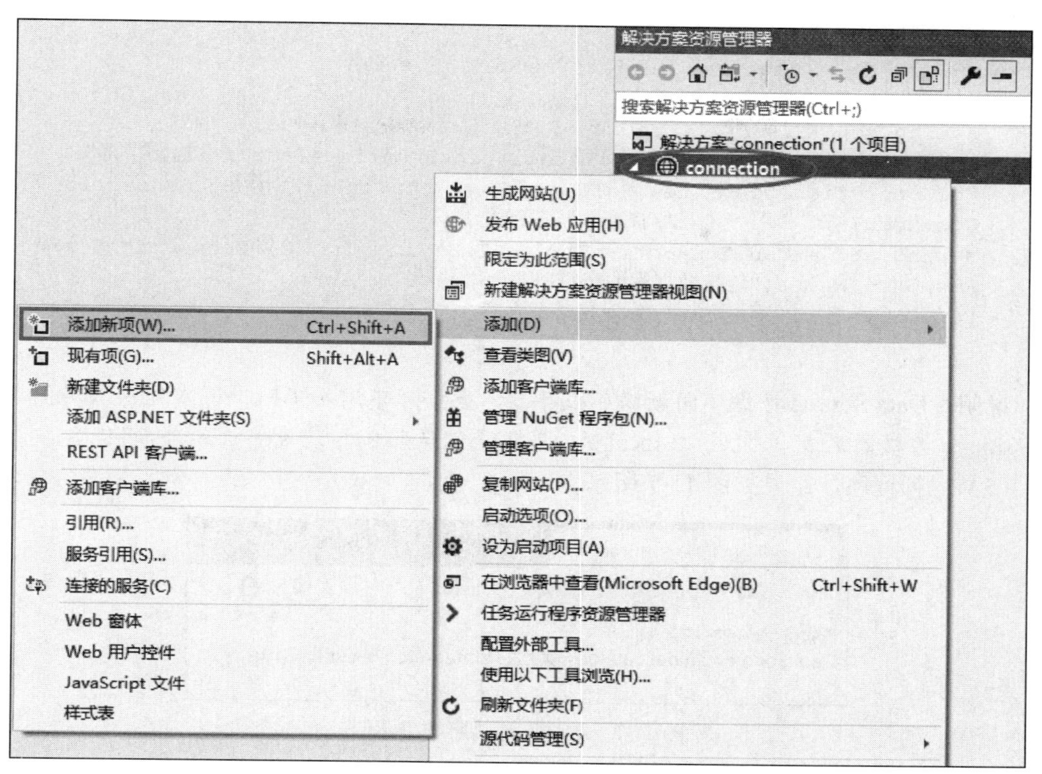

图 11-5　新建网站后新建页面

（2）在弹出的“添加新项”对话框中，选择“Web 窗体”，将该新项默认的名称由 Default.aspx 改为 Connection.aspx，添加页面。

（3）在“解决方案资源管理器”窗格中展开 connection.aspx，在出现的 connection.aspx.cs 文件上双击，打开 connection.aspx.cs 的代码编辑窗口，在 using 代码后面引入命名空间（代码为“using System.Data.SqlClient;”），如图 11-6 所示。

```
connection.aspx.cs*   connection.aspx
connection        connection        Page_Load(object sender, EventArgs e)
1   using System;
2   using System.Collections.Generic;
3   using System.Linq;
4   using System.Web;
5   using System.Web.UI;
6   using System.Web.UI.WebControls;
7   using System.Data.SqlClient;
8
9   public partial class connection : System.Web.UI.Page
10  {
11      protected void Page_Load(object sender, EventArgs e)
12      {
13
14      }
15  }
```

图 11-6　代码编辑窗口

（4）在 connection.aspx.cs 文件中编写如下代码。

```
protected void Page_Load(object sender, EventArgs e)
{
    string conStr = "Data Source=.;Initial Catalog=";
    conStr = conStr + "学生选课;Integrated Security=True";//连接字符串
    SqlConnection Con = new SqlConnection(conStr);//创建 SqlConnection 对象
    Con.Open();          //打开数据库连接
    string str = Con.ConnectionString.ToString();//得到 ConnectionString
    Response.Write("连接数据库的字符串为：<br>" + str);
    Con.Close();         //关闭数据库连接
}
```

说明：Data Source 根据不同数据库服务器、数据库不同而不同，若采用默认实例，则 data source 为机器名或 "." 或 "(local)"，若不是默认实例，则采用机器名\\实例名。

（5）运行程序，结果如图 11-7 所示。

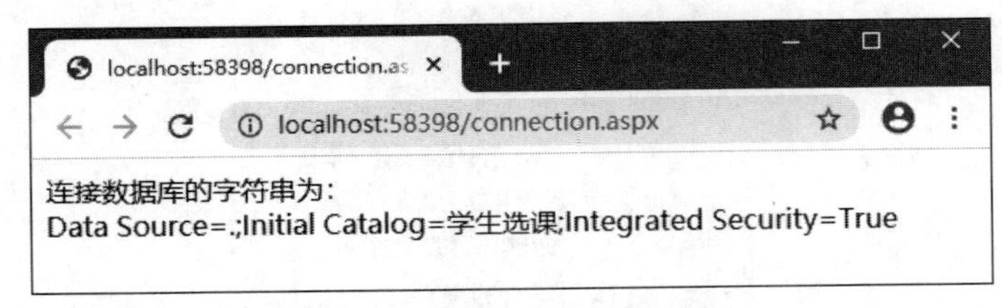

图 11-7　数据库连接字符串示例

2. Command 对象

Command 用于对数据库数据进行添加、删除、修改、查询等操作。Command 对象可以执行 Transact-SQL 语句，也可以调用存储过程。Command 对象的常用属性和常用方法分别如表 11-5 和表 11-6 所示。

表 11-5　Command 对象的常用属性

属　性	说　明
CommandText	设置或获取在数据源上执行的 Transact-SQL 语句或存储过程名
CommandType	设置或获取一个 CommandType 对象，指明如何理解 CommandText 属性，如 StoredProcedure 表示是存储过程名，Text 表示是 SQl 文本命令
Connection	设置或返回与 Command 相关的 Connection 对象
SqlTransaction	返回该命令所处的 Transaction（事务）对象
Parameters	返回 SQL 的参数集合

表 11-6　Command 对象的常用方法

方　法	说　明
ExecuteReader()	执行 CommandText 中的 SQL 查询语句，查询值返回到 DataReader 对象
ExecuteScalar()	返回单个值，如求和、求最大值等 SQL 聚合函数
ExecuteNonQuery()	执行增加、删除、修改等无返回值的 SQL 操作
Cancel()	放弃命令的执行
Prepare()	将命令预存于数据源中，加快执行效率

【例 11-2】 使用 SqlCommand 对象的 ExecuteNonQuery()方法删除数据。该程序删除用户指定学生（学号）的全部修课记录。

具体操作步骤如下。

（1）新建一个网站，将其命名为 Command，并将默认的主页面名改为 Command.aspx。

（2）在 Command.aspx.cs 文件中引入命名空间。

```
using System.Data.SqlClient;
```

（3）右击 Command.aspx.cs，在弹出的快捷菜单中选择“查看设计器”命令，设置 Command.aspx 的页面布局，如图 11-8 所示。所需控件为一个 Label 控件、一个 Textbox 控件和一个 Button 控件，可以从左侧工具箱中将其拖动到设计窗口或直接双击。

图 11-8 Command.aspx 的页面布局

（4）双击“删除”按钮，在对应的按钮的 Click 事件中写如下代码。

```
protected void Button1_Click(object sender, EventArgs e)
    {
        string conStr = "Data Source=.;Initial Catalog=";
        //英文状态下“.”表示本机默认实例
        conStr = conStr + "学生选课;Integrated Security=True";//连接字符串
        SqlConnection con = new SqlConnection(conStr);
        //创建 SqlConnection 对象
        con.Open();
        //设置要执行的 SQL 命令
        string cmdStr = "delete from SC where sno='" + this.TextBox1.Text + "'";
        //创建 Command 对象
        SqlCommand cmd = new SqlCommand(cmdStr, con);
        //Try...Catch...Finally 为异常处理代码
        try
        {
            //执行删除语句
            cmd.ExecuteNonQuery();
            Response.Write("<script>alert ('删除成功') </script>");
        }
        catch (SqlException sqle)
        {
            Response.Write("异常：<br>" + sqle.ToString());
        }
        finally
        {
            con.Close();
```

```
        }
    }
```

（5）运行该程序，在学号文本框中输入 95015（见图 11-9），然后单击“删除”按钮，

弹出如图 11-10 所示的对话框。查看 sc 表，发现 95015 的选课记录已经没有了。

图 11-9　用 command 对象删除数据运行界面

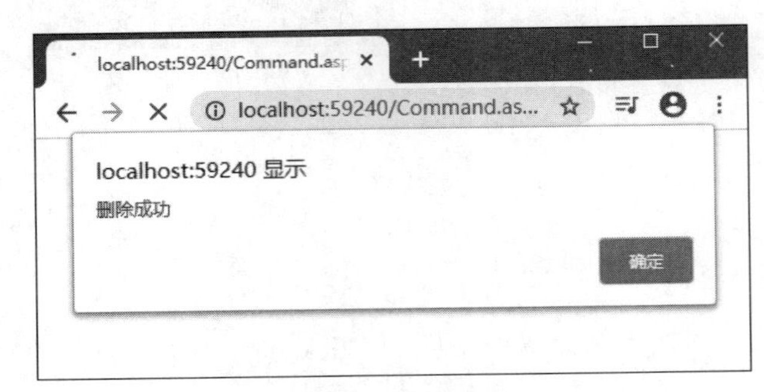

图 11-10　删除成功

3. DataReader 对象

DataReader 对象用于从数据库中读取只进且只读的数据流。通过 DataReader 对象读取的数据，在内存中一次只存放一行，从而减轻了系统对内存的需求，提高了程序性能。DataReader 通过 Command 对象的 ExecuteReader()方法的返回值获得数据，并通过自身的 Read()方法实现数据的逐行读取。DataReader 对象的常用属性和常用方法分别如表 11-7 和表 11-8 所示。

表 11-7　DataReader 对象的常用属性

属　　性	说　　明
FfieldCount	获取字段的数目
IsClosed	True 表示 DataReader 关闭，False 表示 DataReader 打开
HasRous	判断当前结果集中是否包含一行或多行

表 11-8　DataReader 对象的常用方法

方　　法	说　　明
Close()	关闭对象
GetBoolean(ordinal)	获取 ordinal+1 列的内容，返回值为 Boolean 类型
GetByte(ordinal)	获取 ordinal+1 列的内容，返回值为 Byte 类型
GetDataTypeName(ordinal)	获取 ordianl+1 列的数据类型名称
GetFieldType(ordinal)	获取 ordianl+1 列的数据类型

续表

方　法	说　明
GetName(ordinal)	获取 ordianl+1 列的字段名称
Read()	读取下一条数据，返回 True 表示还有下一条数据，否则表示数据读取完毕

【例 11-3】 使用 SqlCommand 对象的 ExecuteReader()方法读取单行数据。该程序根据用户指定的学生学号，查找与该学号对应的学生姓名、性别和所在系，并将结果显示在页面上。

具体操作步骤如下。

（1）在例 11-2 建立的 command 网站上添加一个新项，在“添加新项”对话框口中选择“Web 窗体”，并将新窗体的名称命名为 Reader.aspx。

（2）在“解决方案资源管理器”窗格中，右击 Reader.aspx，在弹出的快捷菜单中选择“设为起始页”命令，将 Reader.aspx 设为启动页面。

（3）在“解决方案资源管理器”窗格中，在 Reader.aspx 文件上右击，在弹出的快捷菜单中选择“查看设计器”命令，按图 11-11 所示，进行页面布局。为区分各个文本框，设置文本框的 ID，如表 11-9 所示。

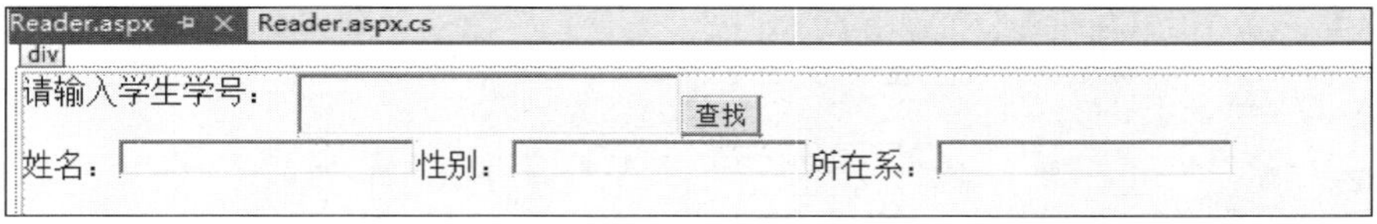

Reader.aspx ⊕ × Reader.aspx.cs
div
请输入学生学号： 查找
姓名： 性别： 所在系：

图 11-11　Reader.aspx 页面设置

表 11-9　文本框 ID

文本框位置	文本框 ID	文本框位置	文本框 ID
输入学号标签右侧	TxtSno	性别标签右侧	TxtSex
姓名标签右侧	TxtSname	所在系标签右侧	TxtSdept

（4）在 Reader.aspx.cs 文件中引入命名空间。

```
using System.Data.SqlClient;
```

（5）在“查找”按钮的 Click 事件中添加如下代码。

```
protected void Button1_Click(object sender, EventArgs e)
    {
        string conStr = "Data Source=.;Initial Catalog=";
        conStr = conStr + "学生选课;Integrated Security=True";//连接字符串
        SqlConnection con = new SqlConnection(conStr);
        //创建 SqlConnection 对象
        con.Open();
        //创建 SqlCommand 命令对象，并设置要执行的 SQL 语句
        SqlCommand cmd = new SqlCommand("select * from Student where Sno='"
                                        + this.TxtSno.Text + "'", con);
        //将查询到的数据保存到 SqlDataReader 对象中
```

```
        SqlDataReader dr = cmd.ExecuteReader();
        //判断是否读到数据
        if (dr.Read())
        {
            //显示
            TxtSname.Text = dr["Sname"].ToString();
            TxtSex.Text = dr["Ssex"].ToString();
            TxtSdept.Text = dr["Sdept"].ToString();
        }
        else
        {
            Response.Write("<Script>alert('数据库中没有记录!')</script>");
        }
        dr.Close();
        con.Close();
    }
```

（6）运行程序，在“请输入学生学号”后面的文本框中输入 95003，单击“查找”按钮，结果如图 11-12 所示。

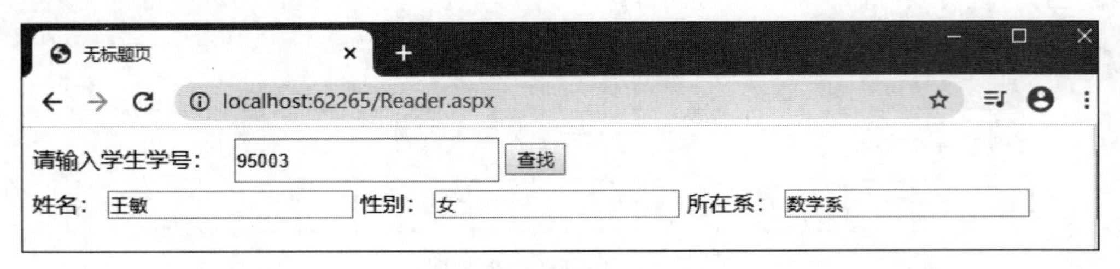

图 11-12　Reader.aspx 的执行效果页面

4. DataAdapter 对象

DataAdapter 是数据适配器，用于从数据源获取数据。它是 DataSet 和数据库之间的桥梁，用于检索和保存数据。DataAdapter 对象将从数据源得到的数据填充到 DataSet 中，并将在 DataSet 中对数据进行的修改提交给数据源。DataAdapter 一般与 DataSet 共同使用来操作数据库中的数据。DataAdapter 对象的常用属性和常用方法分别如表 11-10 和表 11-11 所示。

表 11-10　DataAdapter 对象的常用属性

属　　性	说　　明
DeleteCommand	获取或设置用来从数据源删除数据的 SQL 命令，此属性只有在调用 Update() 方法并从数据中删除数据行时使用，其主要用途是告知 DataAdapter 对象如何从数据源中删除数据行
InsertCommand	获取或设置用来从数据源插入数据的 SQL 命令，使用原则同上
SelectCommand	获取或设置用来从数据源选取数据行的 SQL 命令
UpdateCommand	获取或设置用来更新数据源数据行的 SQL 命令

表 11-11 DataAdapter 对象的常用方法

方法	说明
Fill()	向 DataSet 中填充数据，并创建一个 DataTable
FillSchema()	向指定的 DataSet 添加一个 DataTable
Update()	将 DataSet 中修改的数据写回数据源

5. DataSet 对象

DataSet 是数据集，可以想象为内存中的数据库。通过 DataSet，可以在编程时屏蔽数据库之间的差异，从而获得一致的编程模型。一个 DataSet 包含任意数量的 DataTable（数据表），每个 DataTable 对应实际数据库中的表或者视图。

【例 11-4】 使用 SqlDataAdapter 和 DataSet 对象读取数据。该程序将以表格的形式显示 student 表中全体学生的详细信息。

具体操作步骤如下。

（1）创建一个新网站，将其命名为 DataSet，从“解决方案资源管理器”窗格建立新项，并将默认的页面名改为 ReadData.aspx。

（2）在“解决方案资源管理器”窗格中展开 ReadData.aspx，双击 ReadData.aspx.cs，在 ReadData.aspx.cs 的代码窗口中引入命名空间。

```
using System.Data;
using System.Data.SqlClient;
```

（3）在“解决方案资源管理器”窗格中右击 ReadData.aspx，在弹出的快捷菜单中选择“查看设计器”命令，打开 ReadData.aspx 设计窗口。

（4）在工具箱中的“数据”选项下，将 GridView 控件拖放到设计页面，不进行任何设置，页面布局如图 11-13 所示。

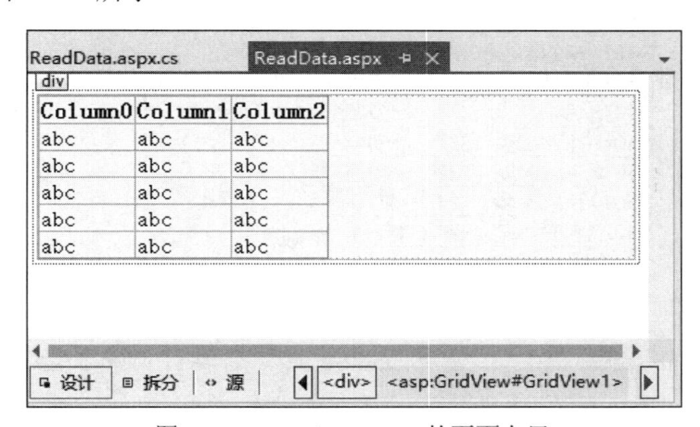

图 11-13 ReadData.aspx 的页面布局

（5）在 ReadData.aspx.cs 的 Page_Load 事件中，编写如下代码。

```
protected void Page_Load(object sender, EventArgs e)
{
   string conStr = "Data Source=.;Initial Catalog=";
   conStr = conStr + "学生选课;Integrated Security=True";//连接字符串
```

```
    SqlConnection con = new SqlConnection(conStr);//创建 Connection 对象
    string cmdstr = "select * from student";
    //创建数据库适配器对象,从 student 表中查询所有信息
    SqlDataAdapter sda = new SqlDataAdapter(cmdstr, con);
    //创建数据集对象
    DataSet ds = new DataSet();
    //通过数据适配器将数据填充到 DataSet 中
    sda.Fill(ds);
    //通过 GridView 控件,在界面上显示数据集中的内容
    this.GridView1.DataSource = ds;
    this.GridView1.DataBind();
}
```

（6）运行程序，结果如图 11-14 所示。

Sno	Sname	Ssex	Sage	Sdept
95001	刘超华	男	22	计算机系
95002	刘晨	女	21	信息系
95003	王敏	女	20	数学系
95004	张海	男	23	数学系
95005	陈平	男	21	数学系
95006	陈斌斌	男	28	数学系
95007	刘德虎	男	24	数学系
95008	刘宝祥	男	22	计算机系
95009	吕翠花	女	26	计算机系
95010	马盛	男	23	数学系
95011	吴霞	男	22	计算机系
95012	马伟	男	22	数学系
95013	陈冬	男	18	信息系
95014	李小鹏	男	22	计算机系
95015	王娜	女	23	信息系
95016	胡萌	女	23	计算机系
95017	徐晓兰	女	21	计算机系
95018	牛川	男	22	信息系
95019	孙晓慧	女	23	信息系
95020	老王	男	23	信息系

图 11-14　查询全体学生信息的页面结果

说明：在 Visual Studio 2017 中使用 DataSet 时，需要引入命名空间 using System.Data，而早期版本如 Visual Studio 2005 中默认就有这个命名空间。

【例 11-5】　通过调用存储过程查询数据。

具体操作步骤如下。

（1）在学生选课数据库中创建查询指定系的学生详细信息的存储过程。

```
CREATE PROCEDURE p_SelectDept
@dept varchar(20)
AS
```

```
SELECT * FROM student WHERE Sdept = @dept
```

（2）在“解决方案资源管理器”窗格中，右击例 11-4 建立的网站根目录，在弹出的快捷菜单中选择“添加”→“添加新项”命令，如图 11-15 所示。在“添加新项”对话框中选择“Web 窗体”，并将新窗体命名为 ProcSelect.aspx。

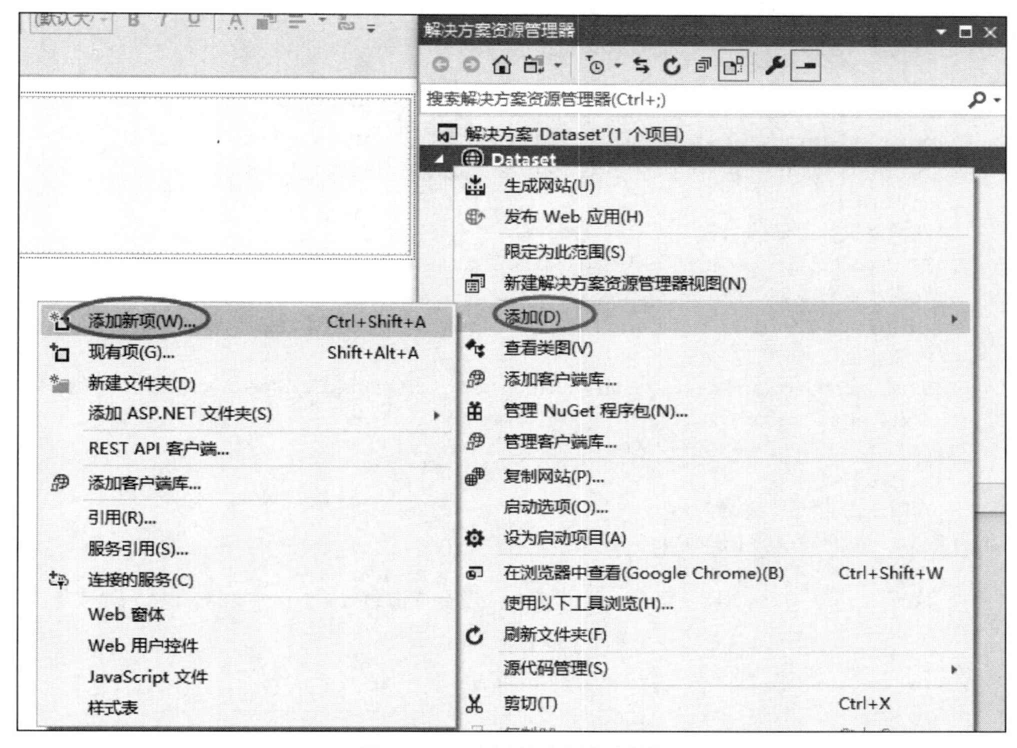

图 11-15　在网站中添加新项

（3）在“解决方案资源管理器”窗格中，在 ProcSelect.aspx 上右击，在弹出的快捷菜单中选择“设为起始页”命令，将 ProcSelect.aspx 设为启动页面。

（4）右击 ProcSelect.aspx，在弹出的快捷菜单中选择“查看设计器”命令，打开其设计窗口。在 ProcSelect.aspx 的设计窗口中，添加一个 Label 控件、一个 TextBox 控件、一个 Button 控件和一个 GridView 控件，页面布局如图 11-16 所示。其中，将“指定系名”右边的文本框控件的 ID 改为 TxtDept；将“确定”按钮的 ID 改为 BtnOK。

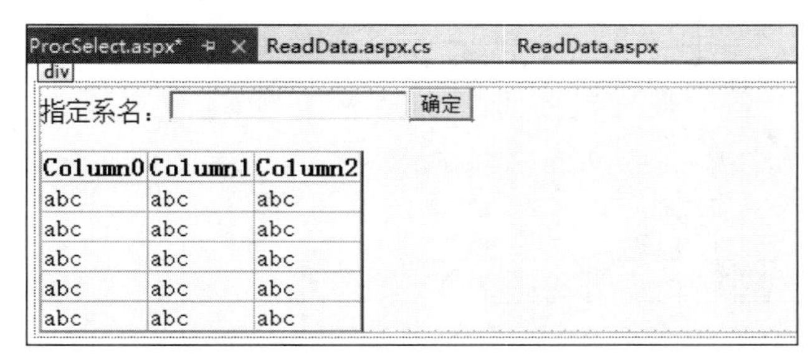

图 11-16　ProcSelect.aspx 的页面布局

（5）在 ProcSelect.aspx.cs 中引入命名空间。

```
using System.Data;
using System.Data.SqlClient;
```

（6）在“确定”按钮的 Click 事件中，编写如下代码。

```
protected void BtnOK_Click(object sender, EventArgs e)
{
   string conStr = "Data Source=.;Initial Catalog=";
   conStr = conStr + " 学生选课;Integrated Security=True";//连接字符串
   SqlConnection con = new SqlConnection(conStr);//创建 Connection 对象
   con.Open();
   //设置要执行存储的名称
   SqlDataAdapter sda = new SqlDataAdapter("p_SelectDept", con);
   //设置命令对象的类型
   sda.SelectCommand.CommandType = CommandType.StoredProcedure;
   //添加存储过程中的参数
   sda.SelectCommand.Parameters.Add("@dept", SqlDbType.VarChar, 20).Value=
this.TxtDept.Text;
   DataSet ds = new DataSet();
   sda.Fill(ds);
   //判断是否查询到数据
   if (ds.Tables[0].Rows.Count == 0)
   {
      Response.Write("<Script>alert('没有查询到数据')</Script>");
   }
   else
   {
      this.GridView1.DataSource = ds;
      this.GridView1.DataBind();
   }
}
```

（7）运行程序，在“指定系名”文本框中输入“信息系”，单击“确定”按钮，得到如图 11-17 所示的页面。

图 11-17　调用存储过程查询指定系的学生信息

【例 11-6】　使用存储过程更新数据。该程序将用户指定学生（学号）的所在系改为用户指定的新系。

具体操作步骤如下。

（1）在学生选课数据库中创建存储过程，该存储过程将指定学生（学号）的系改为指定系。

```
CREATE PROCEDURE p_UpdateDept
  @Sno varchar(5),@dept varchar(20)
AS
  UPDATE student SET Sdept = @dept
  WHERE Sno = @Sno
```

（2）在例 11-4 建立的网站上添加一个新项。在“添加新项”对话框中选择“Web 窗体”，并将新窗体命名为 UpdateDept.aspx。

（3）在“解决方案资源管理器”窗格中，在 UpdateDept.aspx 上右击，在弹出的快捷菜单中选择“设为起始页”命令，将 UpdateDept.aspx 设为启动页面。

（4）右击 UpdateDept.aspx，在弹出的快捷菜单中选择“查看设计器”命令，打开 UpdateDept.aspx 的设计窗口，布局页面如图 11-18 所示。其中，“指定学生学号”文本框控件的 ID 为 TxtSno；“指定新系”文本框控件的 ID 改为 TxtDept；“确定”按钮的 ID 为 BtnOK；GridView 控件的 ID 为 GridView1。

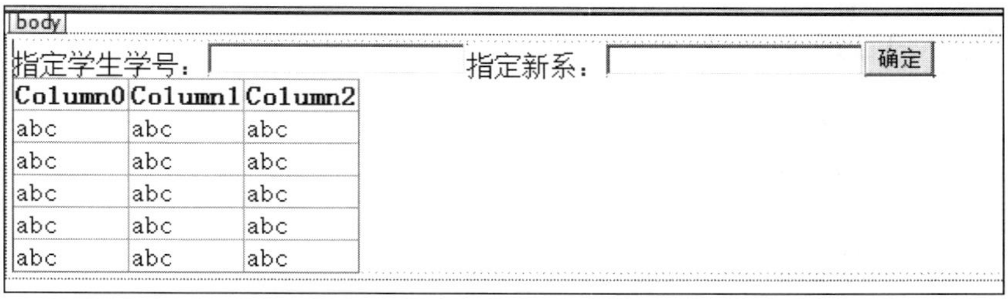

body

指定学生学号： 指定新系： 确定

Column0	Column1	Column2
abc	abc	abc
abc	abc	abc
abc	abc	abc
abc	abc	abc
abc	abc	abc

图 11-18　UpdateDept.aspx 页面的布局

（5）在“解决方案资源管理器”窗格中，双击 UpdateDept.aspx.cs，在弹出的代码设计窗口中引入命名空间。

```
using System.Data;
using System.Data.SqlClient;
```

（6）返回 UpdateDept.aspx 的设计窗口，双击“确定”按钮，在其 Click 事件中编写如下代码。

```
protected void BtnOK_Click(object sender, EventArgs e)
{
   string conStr = "Data Source=.;Initial Catalog=";
   conStr = conStr + "学生选课;Integrated Security=True";//连接字符串
   SqlConnection con = new SqlConnection(conStr);//创建 SqlConnection 对象
   con.Open();
   //设置要更新数据库的存储过程
   SqlCommand cmd = new SqlCommand("p_UpdateDept", con);
   cmd.CommandType = CommandType.StoredProcedure;
```

```
    //添加参数
    cmd.Parameters.Add("@sno", SqlDbType.VarChar, 12).Value = this.
TxtSno.Text;
    cmd.Parameters.Add("@dept", SqlDbType.VarChar, 20).Value = this.
TxtDept.Text;
    cmd.ExecuteNonQuery();
    //Dataset 配合 Gridview 显示数据
    SqlDataAdapter sda = new SqlDataAdapter("select * from student", con);
    DataSet ds = new DataSet();
    sda.Fill(ds);
    this.GridView1.DataSource = ds;
    this.GridView1.DataBind();
}
```

（7）运行程序，在“指定学生学号”文本框中输入 95020，在“指定新系”文本框中输入“计算机系”，单击“确定”按钮，结果如图 11-19 所示。从图中可以发现，“王俊涛”的系别由“信息系”变成了“计算机系”。

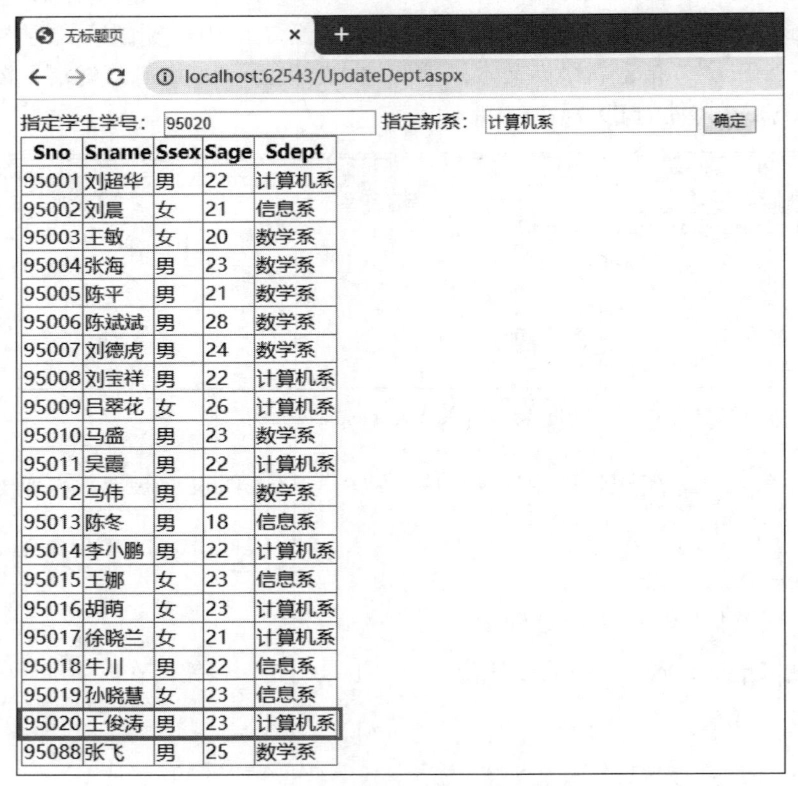

Sno	Sname	Ssex	Sage	Sdept
95001	刘超华	男	22	计算机系
95002	刘晨	女	21	信息系
95003	王敏	女	20	数学系
95004	张海	男	23	数学系
95005	陈平	男	21	数学系
95006	陈斌斌	男	28	数学系
95007	刘德虎	男	24	数学系
95008	刘宝祥	男	22	计算机系
95009	吕翠花	女	26	计算机系
95010	马盛	男	23	数学系
95011	吴霞	男	22	计算机系
95012	马伟	男	22	数学系
95013	陈冬	男	18	信息系
95014	李小鹏	男	22	计算机系
95015	王娜	女	23	信息系
95016	胡萌	女	23	计算机系
95017	徐晓兰	女	21	计算机系
95018	牛川	男	22	信息系
95019	孙晓慧	女	23	信息系
95020	王俊涛	男	23	计算机系
95088	张飞	男	25	数学系

图 11-19　使用存储过程更新数据

11.2　数据源控件

数据源控件是用于数据绑定的。用户可以通过数据源控件访问不同类型的数据源，如数据库、文件等。

.NET 中的数据源控件主要包括以下 5 个。

① SqlDataSource：用来连接关系数据库。

② AccessDataSource：用来连接 Access 数据库。

③ SiteMapDataSource：用来连接站点地图。

④ ObjectDataSource：用来访问具有检索和更新功能的中间层对象。

⑤ XmlDataSource：用来绑定 XML 数据。

下面主要介绍前 3 个数据源控件。

11.2.1 SqlDataSource 数据源控件

SqlDataSource 数据源控件用于表示绑定到数据绑定控件的关系数据库中的数据。

实际应用中，可将 SqlDataSource 与用于界面显示的控件一起使用，这样可用较少的代码完成要求的操作，从而简化编程。SqlDataSource 数据源控件的常用属性和常用事件分别如表 11-12 和表 11-13 所示。

表 11-12　SqlDataSource 数据源控件的常用属性

属　　性	说　　明
ConnectionString	获取或设置数据库连接字符串
DeleteCommand	获取或设置从数据库删除数据所用的 SQL 语句或存储过程名
InsertCommand	获取或设置将数据插入数据库所用的 SQL 语句或存储过程名
SelectCommand	获取或设置从数据库检索数据所用的 SQL 语句或存储过程名
UpdateCommand	获取或设置更新数据库数据所用的 SQL 语句或存储过程名

表 11-13　SqlDataSource 数据源控件的常用事件

事　　件	说　　明	事　　件	说　　明
DataBinding	绑定到数据源时	Selected	完成查询操作后
Deleted	完成删除操作后	Selecting	执行查询操作前
Deleting	执行删除操作前	Unload	控件从内存中卸载时
Inserted	完成插入操作后	Updated	完成更新操作后
Inserting	执行插入操作前	Updating	执行更新操作前

【例 11-7】　简单使用 SqlDataSource 数据源控件。

（1）新建一个网站，命名为 SqlDataSource，将默认的文件名更改为 SqlDataSource.aspx。

（2）在 SqlDataSource.aspx 的设计窗口中，放置一个 DropDownList 控件和一个 SqlDataSource 控件。

（3）配置 SqlDataSource 数据源控件 SqlDataSource1 步骤如下。

① 单击 SqlDataSource1 控件右上角的小三角按钮，在弹出的列表中单击“配置数据源”选项，弹出“配置数据源-SqlDataSource1”对话框，如图 11-20 所示。单击“新建连接”按钮，弹出“添加连接”对话框，按图 11-21 所示进行设置。

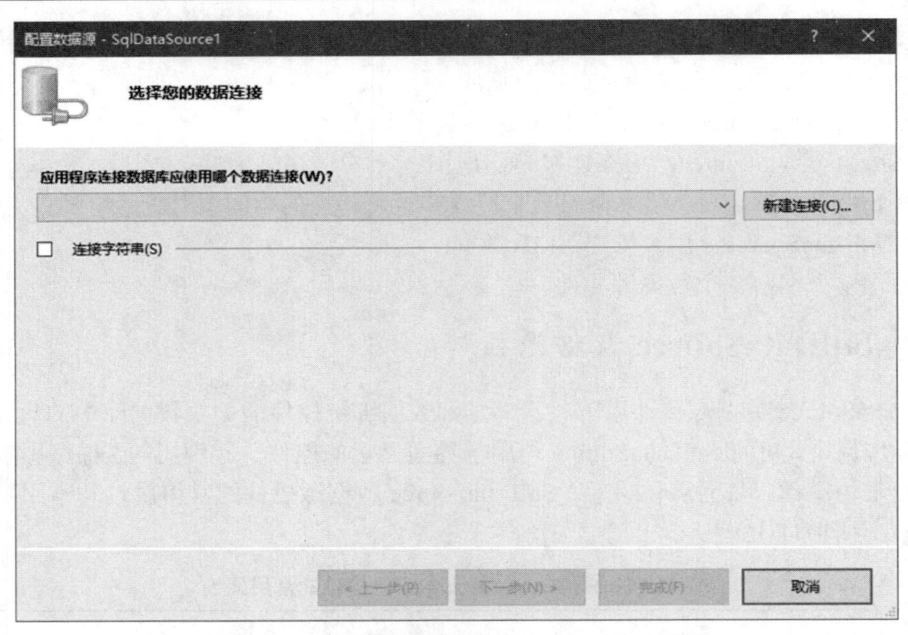

图 11-20 “配置数据源 SqlDataSource1”对话框

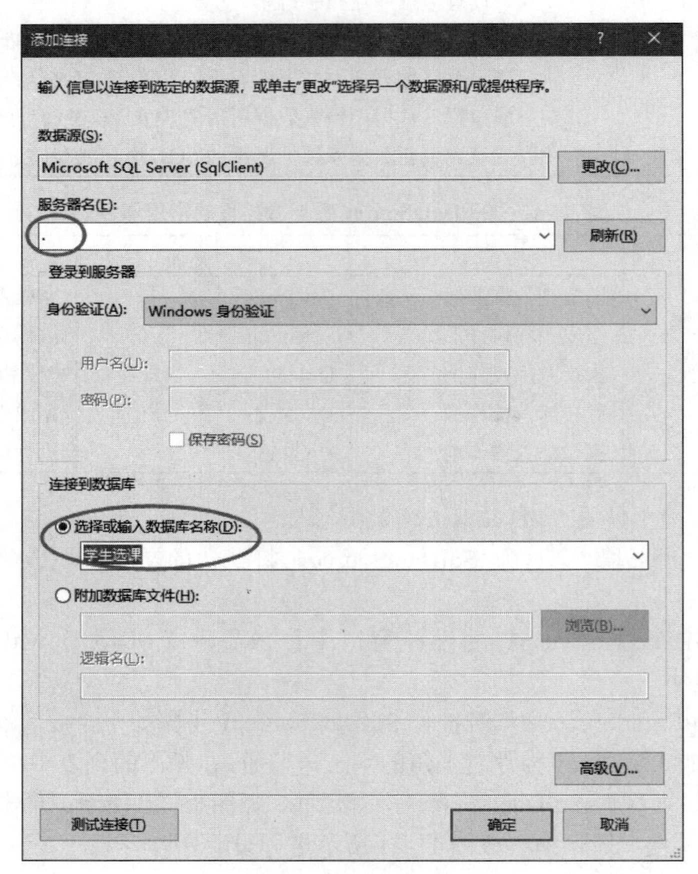

图 11-21 添加连接

② 单击“确定”按钮，返回上一级对话框；单击“下一步”按钮，进入如图 11-22 所示的对话框，勾选“是，将此连接另存为”复选框。

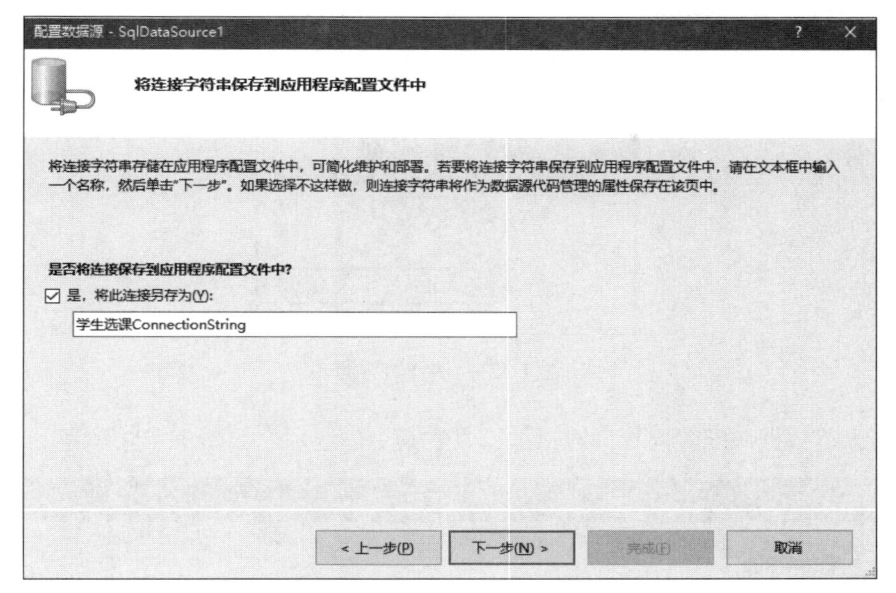

图 11-22　将连接字符串保存到应用程序配置文件中

③ 单击“下一步”按钮，进入“配置 Select 语句”对话框，并按图 11-23 所示进行设置。

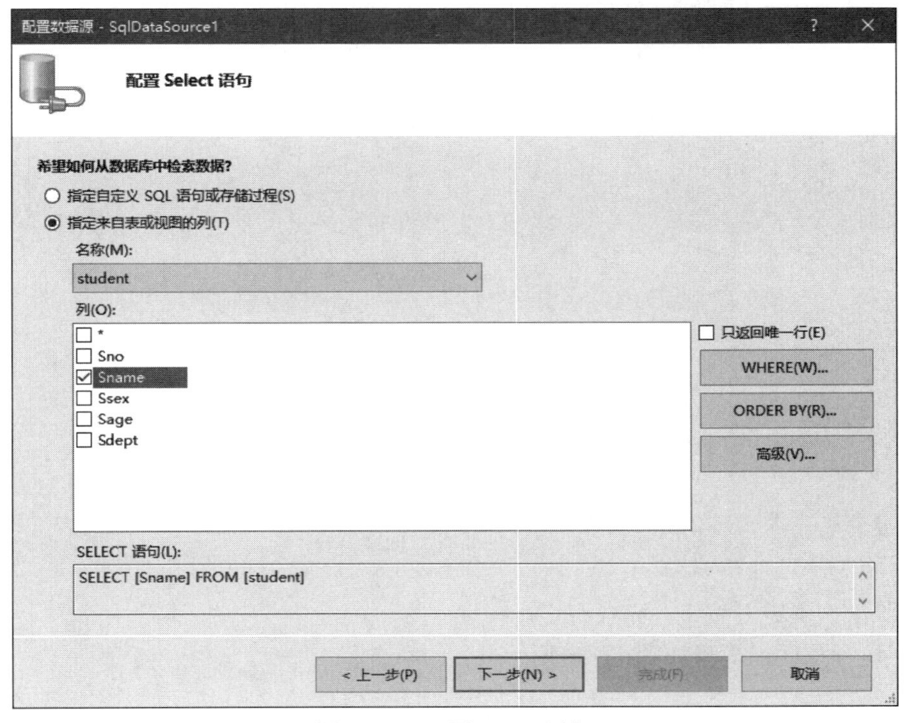

图 11-23　配置 Select 语句

（4）将 SqlDataSource 控件绑定到 DropDownList 控件，步骤如下。

① 单击 DropDownList 控件右上角的小三角按钮，在弹出的列表中单击“选择数据源”选项，如图 11-24 所示。

图 11-24　选择数据源

② 弹出“数据源配置向导”对话框，设置其中的选项，如图 11-25 所示。

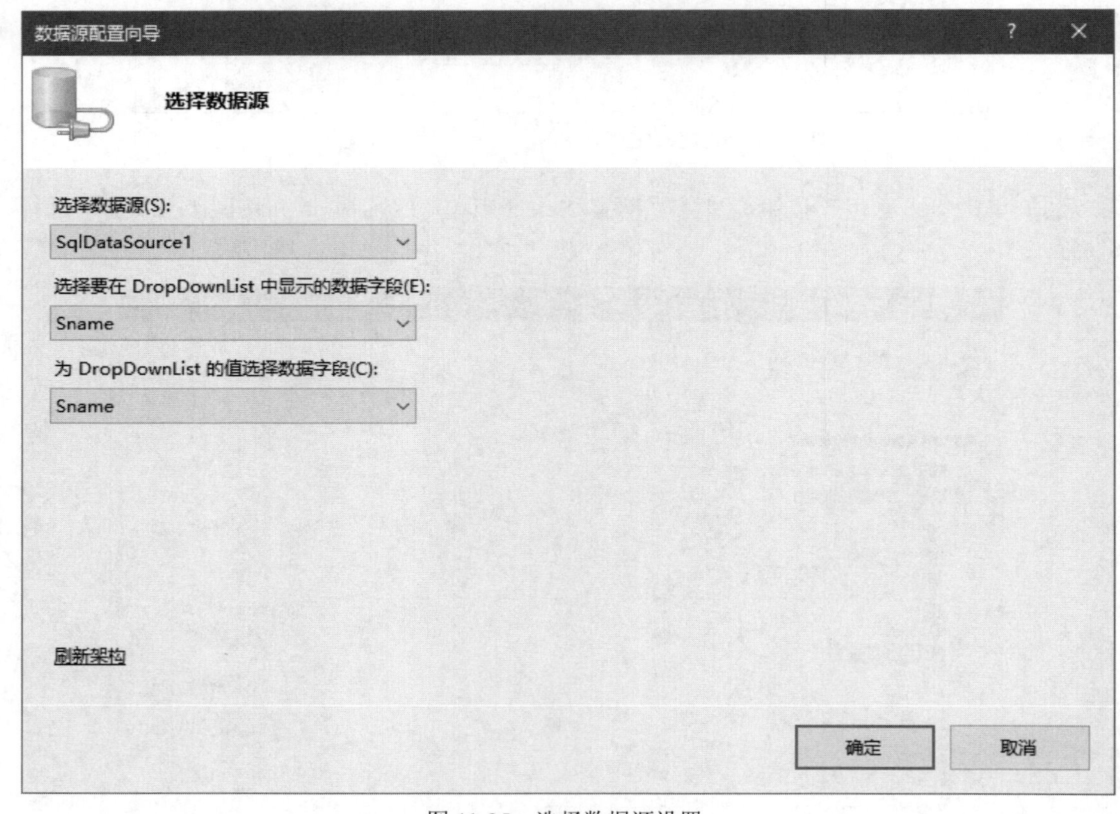

图 11-25　选择数据源设置

③ 单击“确定”按钮，完成绑定。

（5）运行程序，效果如图 11-26 所示。

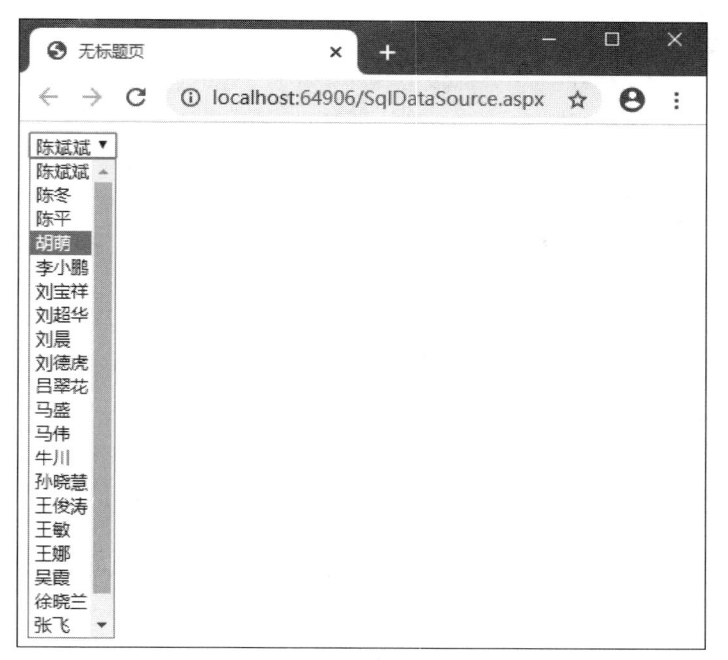

图 11-26　SqlDataSource.aspx 运行效果

11.2.2　AccessDataSource 数据源控件

AccessDataSource 是用来连接和查询 Access 数据库的数据源控件。AccessDataSource 继承了 SqlDataSource，其属性和事件与 SqlDataSource 控件类似。但 AccessDataSource 用 DataFile 属性代替了 ConnectionString 属性，从而实现连接到 Access 数据库。

11.2.3　SiteMapDataSource 数据源控件

SiteMapDataSource 控件的数据源是站点地图。将导航数据存储到站点地图，导航控件（如 Menu 控件、SiteMapPath 控件和 TreeView 控件等）与 SiteMapDataSource 控件绑定后，即可根据站点地图中的数据，对站点进行导航。

11.3　开发学生上机签到系统

11.3.1　数据库应用系统开发过程概述

1. 需求调查与分析

主要内容包括详细调查、系统范围与目标分析、组织机构与功能分析、业务流程调查分析和数据流程调查分析，并根据这些调查分析确定出系统边界、数据需求、事务需求和系统性能需求等。

2. 系统设计

主要内容包括总体设计（也称概要设计）和详细设计。详细设计的内容为功能模块设计、用户界面设计、外部接口设计、安全性设计、数据库设计和类体系结构设计等。

3. 测试与调试

在软件分析、设计过程中难免有各种各样的错误，那么就需要通过测试查找错误，以保证软件的质量。软件测试是由计算机或人工来执行或评估软件的过程，验证软件是否满足客户的需要。测试主要分 4 步进行：单元测试、组装测试、确认测试和系统测试。

11.3.2 设计学生上机签到系统

【例 11-8】 设计数据库 myqd 的表和视图。

分析：学生上机签到需要基本的学生信息，如学号、姓名、性别、班级等，数据可以从相应的 Excel 文件中导入。因为需要两个班级的学生信息，为操作方便，导入数据后分别命名为 student1、student2。学生签到成功后，可以看到目前签到的学生信息，为信息显示清晰，可以定义视图。

（1）建立两个数据表（student1 和 student2），用于存放学生的基本信息，表结构如图 11-27 所示。

BACHELOR007.myqd - dbo.student2　BACHELOR007.myqd - dbo.student1

列名	数据类型	允许 Null 值
Sno	char(11)	☐
Sname	char(20)	☑
Ssex	char(2)	☑
bj	nvarchar(20)	☑
		☐

图 11-27　学生信息表结构

（2）建立两个签到表（qdtable1 和 qdtable2），表结构如图 11-28 所示。其中，qdtime 列设置了默认值 getdate()，即系统当前日期和时间，如图 11-29 所示。

BACHELOR007.myqd - dbo.qdtable1

列名	数据类型	允许 Null 值
Sno	char(11)	☐
qdtime	smalldatetime	☐
ipaddress	char(15)	☑
		☐

图 11-28　签到表结构

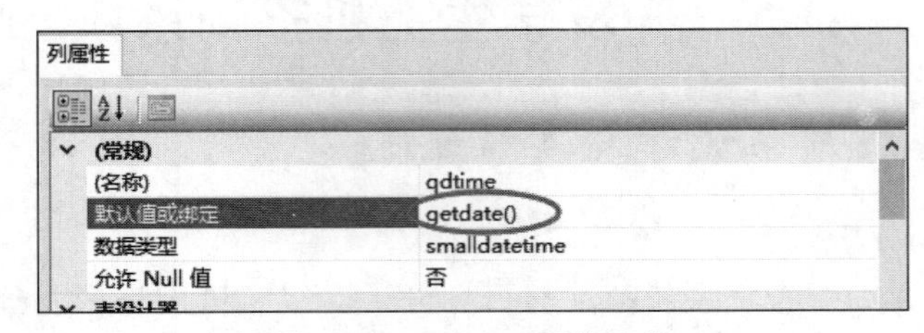

图 11-29　qdtime 列默认值

（3）建立两个视图（qdview1 和 qdview2），结构如图 11-30 所示。

【例 11-9】 布局学生上机签到系统的页面，设置相关属性及数据库连接。

具体操作步骤如下。

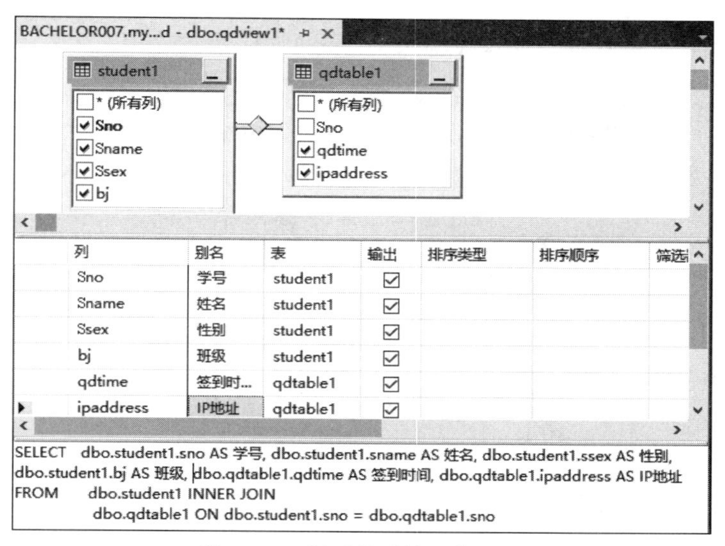

图 11-30　显示签到结果的视图

（1）启动 Visual Studio 2017，选择“文件”→“新建”→“项目”命令，在弹出的“新建项目”对话框中展开 Visual C#下的 Web 节点，选择“先前版本”下的 ASP.NET 空网站作为模板，并设置网站保存的位置为 E:\qdstu，如图 11-31 所示。

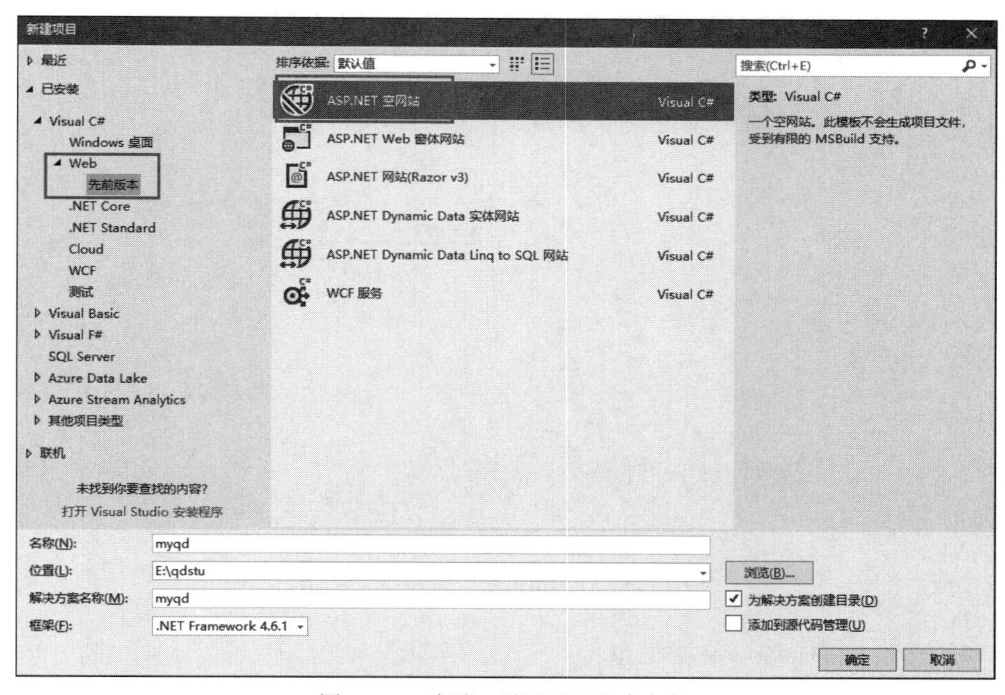

图 11-31　步骤 1 设置网站基本参数

（2）在“解决方案资源管理器”窗格中，右击根目录，选择“添加新项”命令，在弹出的对话框中选择“Web 窗体”，建立 Default.aspx 文件。在 Default.aspx 的设计窗口中，添加 3 个标签控件、两个 DropDownList 控件，一个按钮控件、一个 GridView 控件和一个

SqlDataSource 控件，各控件布局及显示文字如图 11-32 所示。

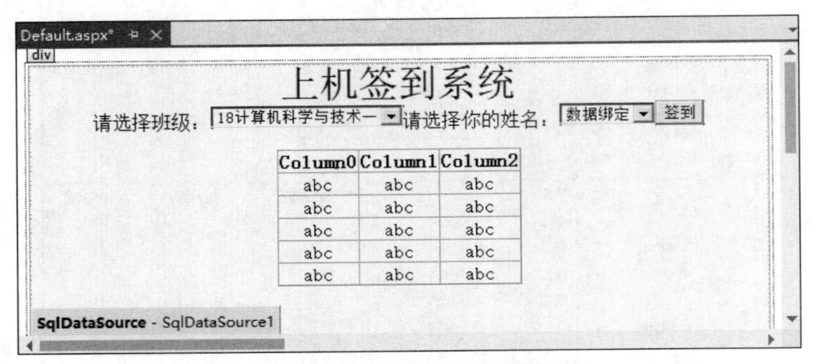

图 11-32　学生上机签到系统的页面布局

（3）将“请选择班级”右侧的 DropDownList 的 ID 改为 Dt1，单击 Dt1 右上角的小三角按钮，在弹出的列表中选择“启用 AutoPostBack”选项，然后单击“编辑项”选项，弹出“ListItem 集合编辑器”对话框。在其中添加两个成员，设置 Text 属性和 Value 属性值分别为“18 计算机科学与技术一”“18 计算机科学与技术一”“18 计算机科学与技术二”“18 计算机科学与技术二”，成员“18 计算机科学与技术一”的 Selected 属性为 True，然后单击“确定”按钮，如图 11-33 所示。

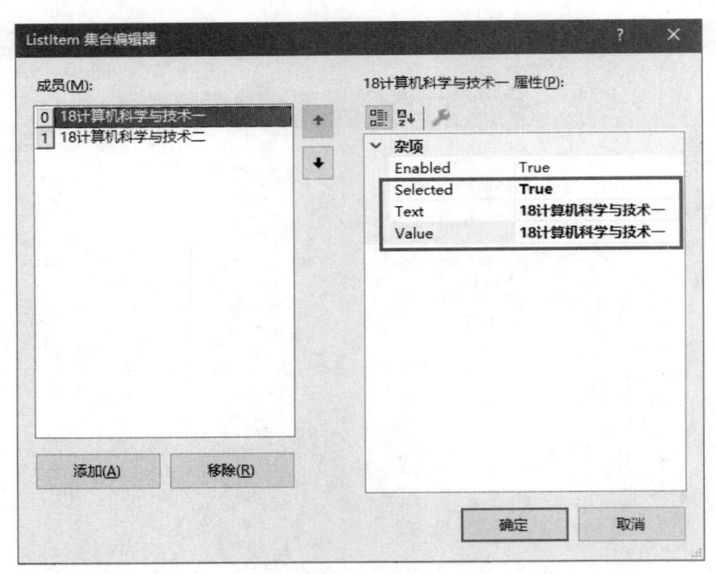

图 11-33　“ListItem 集合编辑器”对话框

（4）配置 SqlDataSource 数据源。

① 单击 SqlDataSource1 右上角的小三角按钮，在弹出的列表中单击“配置数据源”选项，弹出“配置数据源-SqlDataSource1”对话框。在其中单击“新建连接”按钮，弹出“添加连接”对话框，设置如图 11-34 所示。测试连接成功后，单击“确定”按钮。

② 连续单击“下一步”直到弹出“配置 Select 语句”界面，选中“指定自定义 Select 语句或存储过程”单选按钮，如图 11-35 所示。

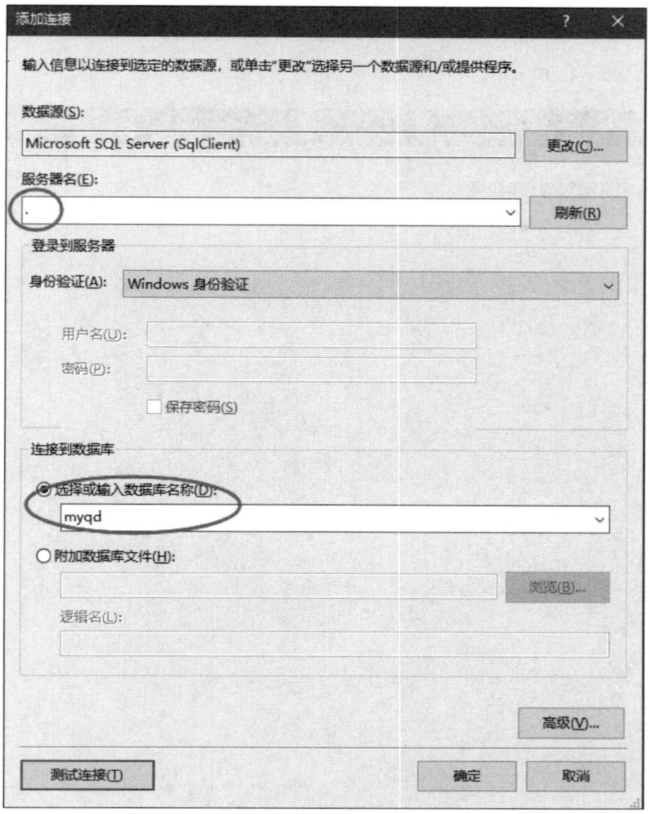

添加连接

输入信息以连接到选定的数据源，或单击“更改”选择另一个数据源和/或提供程序。

数据源(S):
Microsoft SQL Server (SqlClient)
更改(C)...
服务器名(E):
.
刷新(R)
登录到服务器
身份验证(A): Windows 身份验证
用户名(U):
密码(P):
保存密码(S)
连接到数据库
选择或输入数据库名称(D):
myqd
附加数据库文件(H):
浏览(B)...
逻辑名(L):
高级(V)...
测试连接(T)
确定
取消

图 11-34　新建数据连接

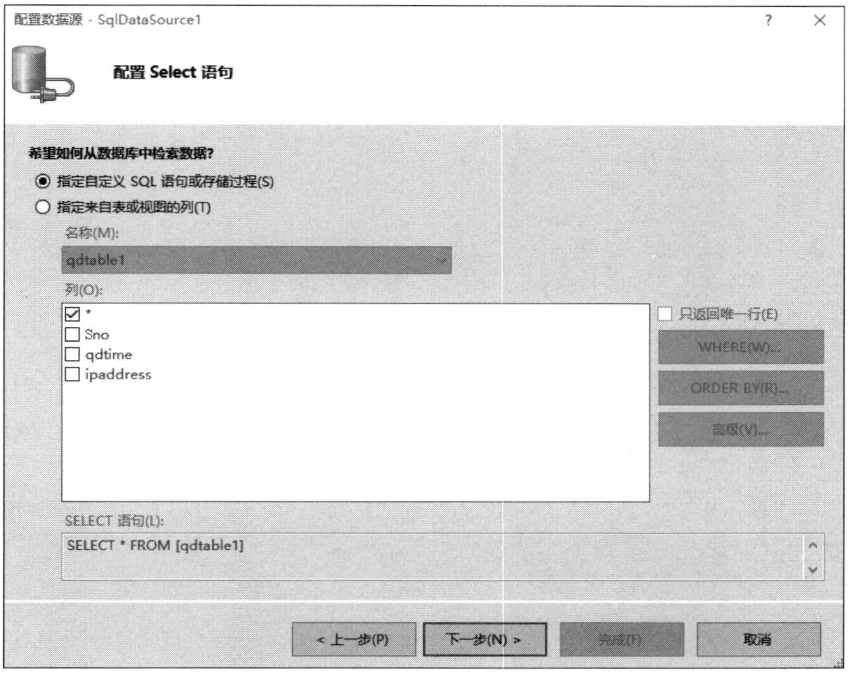

配置数据源 - SqlDataSource1

配置 Select 语句

希望如何从数据库中检索数据?
指定自定义 SQL 语句或存储过程(S)
指定来自表或视图的列(T)
名称(M):
qdtable1
列(O):
*
Sno
qdtime
ipaddress
只返回唯一行(E)
WHERE(W)...
ORDER BY(R)...
高级(V)...
SELECT 语句(L):
SELECT * FROM [qdtable1]
< 上一步(P)
下一步(N) >
完成(F)
取消

图 11-35　“配置 Select 语句”界面

③ 单击“下一步”按钮，弹出“定义自定义语句或存储过程”界面，选择预先定义的存储过程 showsno，如图 11-36 所示。

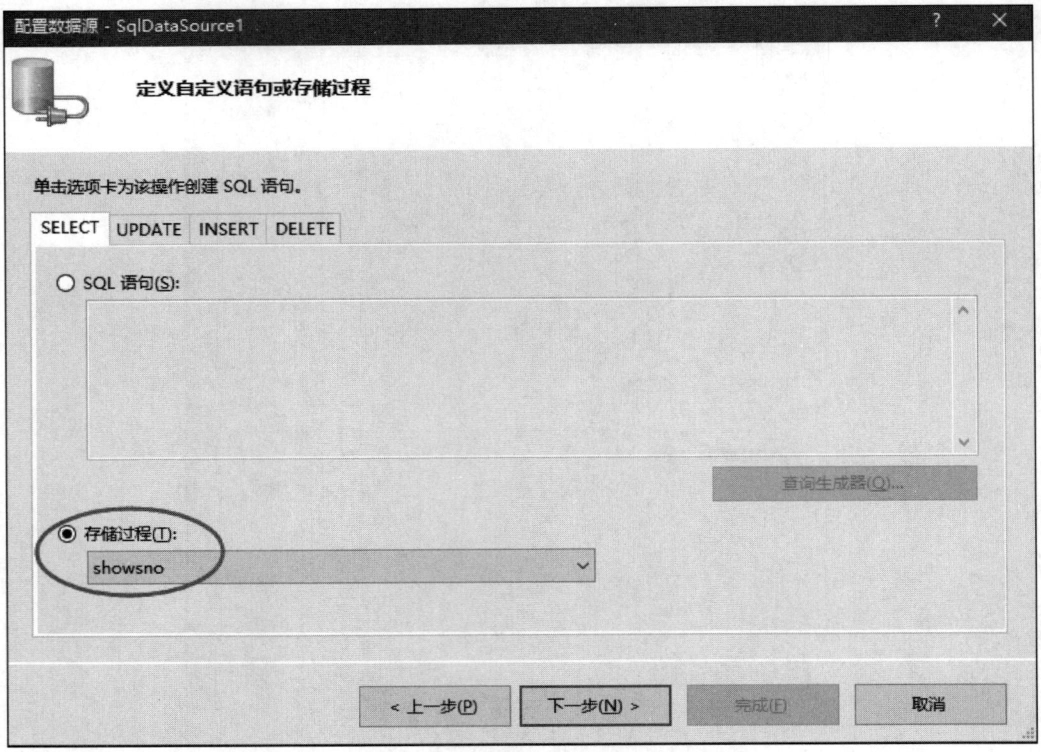

图 11-36 “定义自定义语句或存储过程”界面

预定义存储过程 showsno 代码如下。

```
CREATE PROC showsno
@class nvarchar(20)
AS
   BEGIN
      IF @class='18 计算机科学与技术一'
            SELECT Sno,Sname FROM student1
      ELSE
           SELECT Sno,Sname FROM student2
      END
```

④ 单击“下一步”按钮，因为选择了存储过程 showsno，而该存储过程带有参数，所有弹出“定义参数”界面，设置如图 11-37 所示。

⑤ 单击“下一步”按钮，单击“测试查询”按钮，效果如图 11-38 所示。单击“完成”按钮，完成 SqlDataSource1 数据源的设置。

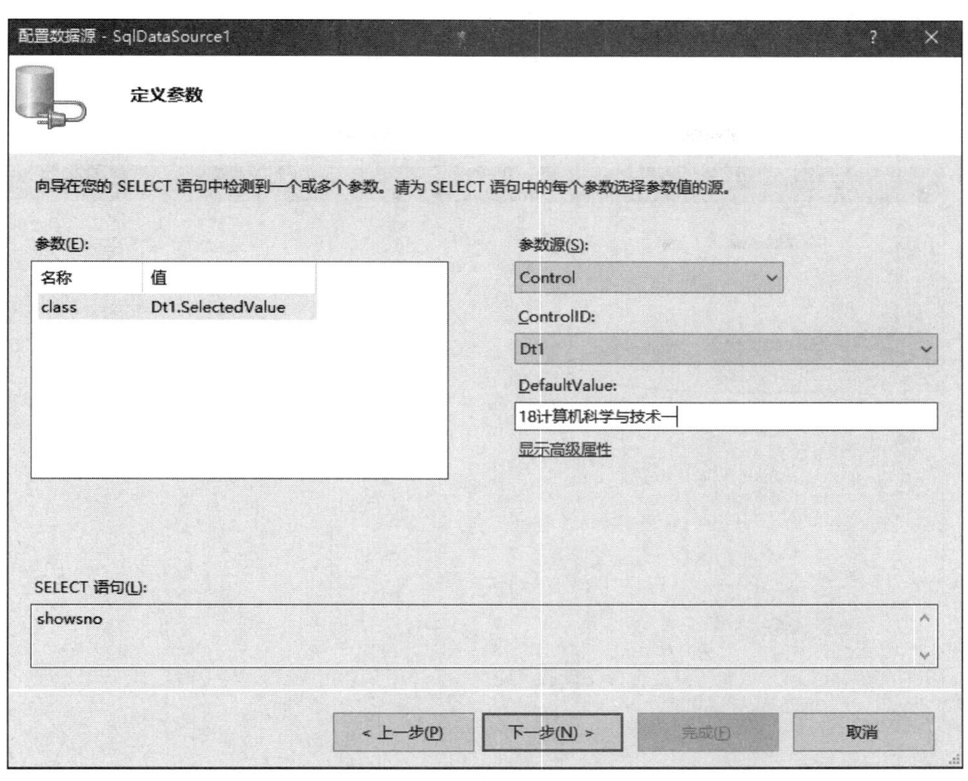

图 11-37 “定义参数”界面

配置数据源 - SqlDataSource1

测试查询

若要预览此数据源返回的数据，请单击“测试查询”。若要结束此向导，请单击“完成”。

Sno	Sname
16219111117	杨和锋
16219111323	叶文强
18219103421	施颖锋
18219110101	葛怡菁
18219110124	倪浚杰
18219110125	陈扬
18219110126	李加利
18219110128	胡肖扬
18219110130	王舒洋

测试查询(T)

SELECT 语句(L):

showsno

< 上一步(P)　下一步(N) >　完成(F)　取消

图 11-38 测试查询效果

（5）单击“请选择姓名”右侧的 DropDownList 控件，更改 ID 为 Dt2，单击其右上角的小三角按钮，在弹出的列表中单击“选择数据源”选项，弹出“数据源配置向导”对话框。在其中选择 SqlDataSource1，设置后单击“确定”按钮，如图 11-39 所示。

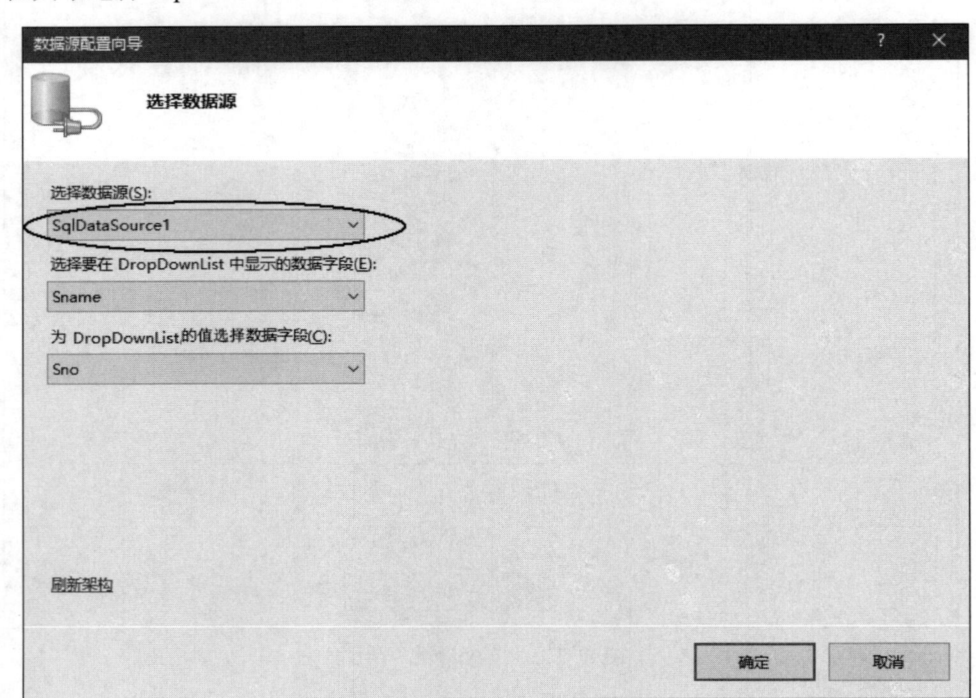

图 11-39　设置 Dt2 的数据源

（6）运行程序，当在“请选择班级”下拉列表框中选择“18 计算机科学与技术一”时，Dt2 中显示的是计算机一班的学生姓名；当选择“18 计算机科学与技术二”时，Dt2 中显示的是计算机二班的学生姓名，如图 11-40 所示。

图 11-40　选择班级后学号对应变化

说明：设置两个 DropDownList 控件的 AutoPostBack 属性为 True，否则数据得不到及时更新。

（7）至此，上机签到系统界面部分就设计完成了。

【例 11-10】　在上机签到系统中，实现单击“签到”按钮，完成学生签到，并显示签到结果。

(1) 在 Default.aspx 页面引用命名空间。

```
using System.Data.SqlClient;
using System.Data;
```

(2) 编写 Dt1 的代码。

```
protected void Dt1_SelectedIndexChanged(object sender, EventArgs e)
    {
      if (Dt1.SelectedValue == "18 计算机科学与技术一")//若选择的是 1 班
        {
            Response.Write("<script>alert('你选择了 1 班!');</script>");
        }
        else
        {
            Response.Write("<script>alert('你选择了 2 班!');</script>");
        }}
```

(3) 编写“签到”按钮的代码。

```
protected void Button1_Click(object sender, EventArgs e)
    {
        if (Dt1.Text != "")
        {
            string connStr = SqlDataSource1.ConnectionString;
            SqlConnection conn = new SqlConnection(connStr);
            string qdr = null;                    //签到人
            int ddr = 0;                          //签到成功否
            string bj = "18 计算机科学与技术一"; //选择的班级;
            SqlDataAdapter myda = null;
            try
            {
              bj = Dt1.SelectedValue;     //从第一个 DropDownList 获得班级
              qdr = Dt2.SelectedValue;    //从第二个 DropDownList 获得学生姓名
              string ipaddress = Request.UserHostAddress;    //获得客户端 IP
              SqlCommand mycom = new SqlCommand("addqd", conn);
              //调用存储过程
               mycom.CommandType = CommandType.StoredProcedure;
               //给存储过程的参数赋值
               mycom.Parameters.AddWithValue("@bj", bj);
               mycom.Parameters.AddWithValue("@sno", qdr);
               mycom.Parameters.AddWithValue("@ipaddress", ipaddress);
               mycom.Parameters.Add("@cg", SqlDbType.Int).Direction =
    ParameterDirection.Output;            //存储过程的输出参数
               conn.Open();
               int result = mycom.ExecuteNonQuery();
               ddr = (int)mycom.Parameters["@cg"].Value;//签到是否成功
               if (ddr != 0)
               {
                   Response.Write("<script>alert('签到成功!');</script>");
               }
```

```
                else
                {Response.Write("<script>alert('你已经签到过了！'); </script>");}
                string bjno;
                if (bj == "18计算机科学与技术一")
                { bjno = "1"; }
                else
                { bjno = "2"; }
                //从对应班级的签到视图中获取数据
                string strr = "select * from ";
                strr = strr + "qdview" + bjno + " where  day(签到时间) =
    Day(getdate())";
                myda = new SqlDataAdapter(strr, conn);
                myda.SelectCommand.CommandType = CommandType.Text;
                DataSet myds = new DataSet();
                myda.Fill(myds);

                if (myds != null)
                {
                    GridView1.DataSource = myds.Tables[0].DefaultView;
                    GridView1.DataBind();
                }
            }
            catch{ Response.Write("<script>alert('出错了')</script>"); }
            finally
            {
                conn.Close();//关闭数据库连接

            }
        }
}
```

其中，签到使用的存储过程 addqd 的创建代码如下。

```
CREATE PROCEDURE addqd
@bj nvarchar(20),@Sno char(11),@ipaddress char(15),@cg int OUTPUT
AS
BEGIN
        SET @cg=0
        IF @bj='18计算机科学与技术一'
       BEGIN
          SELECT * FROM qdtable1 WHERE Sno=@Sno AND ABS(DATEDIFF(DAY,
GETDATE(), qdtime))=0 /*一天只能签到一次*/
          IF @@RowCount =0  /*该生没有签到过*/
             BEGIN
             INSERT INTO qdtable1(sno,ipaddress) VALUES(@Sno,@ipaddress)
             SET @cg=1     /*签到成功*/
             END
           END
        ELSE
           BEGIN
             SELECT * FROM qdtable2 WHERE Sno=@Sno AND ABS(DATEDIFF(DAY,
```

```
GETDATE(), qdtime))=0 /*一天只能签到一次*/
              IF @@RowCount =0  /*该生没有签到*/
                  BEGIN
              INSERT INTO qdtable2(Sno,ipaddress) VALUES(@Sno,@ipaddress)
                  SET @cg=1    /*签到成功*/
                  END
         END
   END
```

说明：*该存储过程实现把学生签到信息写入到签到表（qdtable1 或 qdtable2）的功能，@cg 是输出参数，@cg=1 表示签到成功，@cg=0 表示签到不成功。其中，用到函数 DATEDIFF，该函数能够返回两个日期值之间相差了多少天。*

（4）程序执行效果如图 11-41 所示。签到成功后，显示目前该班级签到情况。再次单击“签到”按钮，会提示“你已经签到过了！”，如图 11-42 所示。

图 11-41　成功签到后的显示效果

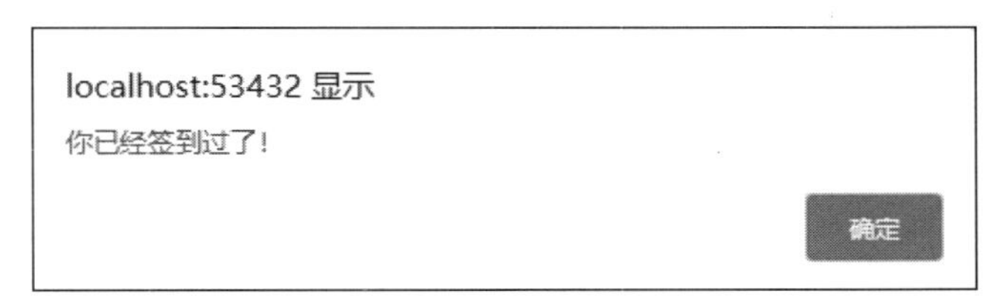

图 11-42　重复签到提示

习　题　11

一、选择题

1．Connection 对象是 ADO.NET 对象和数据连接的桥梁，当数据库被连接后，可通过（　　）对象执行 SQL 命令。

　A．DataSet　　B．ADO　　C．Recordset　　D．Command

2．Command 对象往往和（　　）结合使用，可以一行一行地读取数据。

A．DataSet　　B．Connection　　C．DataReader　　D．DataAdapter

3．.NET 中的数据源控件不包括以下（　　）控件。

A．SqlDataSource　　B．AccessDataSource

C．SiteMapDataSource　　D．DropdownList

4．Connection 对象最重要的属性是（　　）。

A．ConnectionString　　B．ConnectionTimeout

C．ServerVersion　　D．State

二、填空题

1．ADO.NET 包含了两大核心控件：________和________。

2. SQL Sever .NET Framework 数据提供程序主要提供对 Microsoft SQL Server 7.0 版或更高版本的数据访问，使用________命名空间。

3．.NET 数据提供程序有 4 个核心对象：________、________、________和________。

4．SqlConnection 类的 ConnectionString 成员的关键字 DataSource 表示了________或网络地址。

三、思考题

1．ADO.NET 组件包括哪几个对象？

2．什么是数据源控件？.NET 中的数据源控件主要包括哪几个控件？

第12章 关系规范化与数据库设计

学习目标

掌握模式分解的基本技能；掌握用 E-R 图描述数据库概念模型的方法；掌握从 E-R 图向关系模式转换的方法；了解数据库设计的基本步骤；学会设计数据库的基本方法，能按用户要求设计简单的数据库。

数据库设计是数据库应用领域中的重要研究课题。数据库设计的任务是在给定的应用环境下，创建性能良好的数据库模式，建立数据库及应用系统，使之能有效地存储和管理数据，满足客户各种业务的需求。

数据库设计需要理论指导，而关系规范化理论是数据库设计的一个重要理论指导。本章主要讨论关系规范化理论，以及如何在关系规范化理论的指导下进行数据库设计，包括需求分析、结构设计和数据库的实施。

12.1 关系数据库规范化理论简介

关系数据库规范化理论是数据库逻辑设计的理论依据，其内容主要包括 3 个方面：数据依赖、范式、模式设计方法。其中，数据依赖起核心作用，因为它是解决数据库的数据冗余和操作异常问题的关键所在。

12.1.1 函数依赖

1. 函数依赖基本概念

关系模式中各属性之间相互依赖、相互制约的联系称为数据依赖。数据依赖一般分为函数依赖、多值依赖和连接依赖。其中，函数依赖是最重要的数据依赖。

省=f(城市)：只要给出一个具体的城市值，就会有唯一一个省值和它对应。例如，“武汉市”在“湖北省”。这里“城市”是自变量 X，“省”是因变量或函数值 Y。

把 X 函数决定 Y，或 Y 函数依赖于 X 表示为：

$X \rightarrow Y$

如果有关系模式 R ($A_1, A_2,\cdots, A_n$)，X 和 Y 为$\{A_1, A_2,\cdots, A_n\}$的子集，且对于关系 R 中的任意一个 X 值，都只有一个 Y 值与之对应，则称 X 函数决定 Y，或 Y 函数依赖于 X。

例如，对学生关系模式 student(Sno, Sname, Sdept, Sage)，有依赖关系：Sno→Sname，Sno→Sdept，Sno→Sage。

对选课关系模式 sc(Sno, Cno, Grade)，有依赖关系：(Sno, Cno)→Grade。

2. 术语和符号

一些术语和符号介绍如下。

（1）如果 $X \rightarrow Y$，但 Y 不包含于 X，则称 $X \rightarrow Y$ 是非平凡函数依赖。

（2）如果 $X \rightarrow Y$，但 Y 包含于 X，则称 $X \rightarrow Y$ 是平凡函数依赖。

说明：*若无特别声明，下面讨论的都是非平凡函数依赖。*

（3）如果 $X \rightarrow Y$，则 X 称为决定因子。

（4）如果 $X \rightarrow Y$，并且 $Y \rightarrow X$，则记作 $X \leftrightarrow Y$。

（5）如果 $X \rightarrow Y$，并且对于 X 的一个任意真子集 X' 都有 $X' \nrightarrow Y$，则称 Y 完全函数依赖于 X，记作 XFY。

（6）如果 $X' \rightarrow Y$ 成立，则称 Y 部分函数依赖于 X，记作 XPY。

（7）如果 $X \rightarrow Y$（非平凡函数依赖，且 $Y \nrightarrow X$）、$Y \rightarrow Z$，则称 Z 传递函数依赖于 X，记作 X 传递 Y。

【例 12-1】 有关系模式 sc（Sno,Sname,Cno,Credit,Grade），主键为（Sno, Cno），则函数依赖关系有：

Sno→Sname　　姓名函数依赖于学号

(Sno,Cno) $\xrightarrow{P}$ Sname　　姓名部分函数依赖于学号和课程号

(Sno,Cno) $\xrightarrow{F}$ Sname　　成绩完全函数依赖于学号和课程号

【例 12-2】 有关系模式 S（Sno,Sname,Dept,Dept_master），假设一个系只有一个主任，主键为 Sno，则函数依赖关系有：

Sno $\xrightarrow{F}$ Sname，姓名完全函数依赖于学号。

由于 Sno $\xrightarrow{F}$ Dept，所在系部分函数依赖于学号，Dept $\xrightarrow{F}$ Dept_master，系主任完全函数依赖于系，所以有 Sno $\xrightarrow{传递}$ Dept_master，系主任传递函数依赖于学号。

3. 函数依赖的用途

假设有关系模式：

S-L-C(Sno,Sname,Ssex,Sdept,SLOC,Cno,Grade)

其中，各属性分别为学号、姓名、性别、学生所在系、学生所在公寓、课程号和考试成绩。假设每个系的学生都住在一栋楼里，(Sno,Cno)为主键，假设关系模式如表 12-1 所示。

表 12-1　假设关系模式

Sno	Sname	Ssex	Sdept	Sloc	Cno	Grade
1401101	刘勇	男	计算机系	8 公寓	C01	95
1401101	刘勇	男	计算机系	8 公寓	C02	83
1401101	刘勇	男	计算机系	8 公寓	C06	NULL
1401102	李晨	男	计算机系	8 公寓	C02	78
1401102	李晨	男	计算机系	8 公寓	C04	68
1402103	王宾	女	信息系	1 公寓	C01	80
1402103	王宾	女	信息系	1 公寓	C02	73
1402103	王宾	女	信息系	1 公寓	C04	95
1402103	王宾	女	信息系	1 公寓	C05	55

续表

Sno	Sname	Ssex	Sdept	Sloc	Cno	Grade
1402104	梅海	女	信息系	1 公寓	C02	65
1402104	梅海	女	信息系	1 公寓	C06	NULL
1403105	涂小平	女	数学系	3 公寓	C01	85
1403105	涂小平	女	数学系	3 公寓	C05	93
1403106	王力	女	数学系	3 公寓	C05	87

通过分析数据库的实际应用，可以发现，表 12-1 所设计的数据表存在如下问题。

（1）数据冗余问题。在这个关系中，学生的姓名信息、系别信息、所在公寓信息重复存储。即学生选了多少门课，姓名和系别、所在公寓等信息就会重复多少遍。

（2）数据更新问题。如果某个学生转系，则学生的系别信息需要修改多遍，所在公寓信息也需要修改多遍，使修改变得烦琐。

（3）数据插入问题。分析得知，该表的主键是（Sno,Cno），如果新成立了一个系，还没有开始招生，则该系就无法存在于数据表中。

（4）数据删除问题。如果某个学生只选修了一门课程，由于某种原因，该学生又退选了该门课程，则在删除学生选课信息的同时，学生的学号、姓名等基本信息也被删除了。

以上问题统称为操作异常。出现以上操作异常问题，是因为该关系模式没有设计好，即 SLC 关系模式不是一个好的模式。如何改造这个关系模式并克服以上种种问题是关系规范化理论要解决的问题，也是讨论函数依赖的原因。

解决以上问题的方法是模式分解，即把一个关系模式分解成两个或多个关系模式，在分解的过程中消除那些“不良”的函数依赖，从而获得良好的关系模式。

12.1.2 关系规范化

1. 关系模式中的码

例如，有关系模式：学生（学号，姓名，性别，身份证号，年龄，所在系），则

候选码：学号，身份证号。

主码：学号或身份证号。

主属性：学号，身份证号。

非主属性：姓名，性别，年龄，所在系。

2. 范式

关系数据库中的关系要满足一定的要求，满足不同程度要求的为不同范式。

第一范式：所有属性都是不可再分的数据项。

第二范式：给定关系模式 $R(U, F)$，其中 U 为关系模式 R 的属性集，F 是 U 上的一组函数依赖。如果 $R(U, F)\in$ 1NF，并且 R 中的每个非主属性都完全函数依赖于主码，则 $R(U, F)\in$ 2NF。

例如，对于 S-L-C(Sno,Sname,Ssex,Sdept,Sloc,Cno,Grade)，由于有(Sno,Cno)→ Sname，所以 S-L-C 不是 2NF。

分解方法如下。

（1）用组成主码的属性集合的每一个子集作为主码构成一个关系模式。

（2）将依赖于这些主码的属性放置到相应的关系模式中。

（3）去掉只由主码的子集构成的关系模式。

分解示例如下。

（1）对于 S-L-C 表，首先分解为如下形式的 3 张表。

S-L(Sno,…)

C(Cno,…)

S-C(Sno,Cno,…)

（2）将依赖于这些主码的属性放置到相应的表中。

S-L(Sno,Sname, Ssex, Sdept, Sloc)

C(Cno)

S-C(Sno, Cno, Grade)

（3）去掉只由主码的子集构成的表，最终分解为：

S-L(Sno,Sname, Ssex, Sdept, Sloc)

S-C(Sno, Cno, Grade)

S-L(Sno,Sname,Ssex,Sdept,Sloc)

分解后的关系模式如表 12-2 所示，依然存在如下问题。

数据冗余：有多少个学生就有多少个重复的 Sdept 和 Sloc。

插入异常：当新建一个系时，若还没有招收学生，则无法插入。

表 12-2　分解后的关系模式

Sno	Sname	Ssex	Sdept	Sloc
1401101	刘勇	男	计算机系	8 公寓
1401102	李晨	男	计算机系	8 公寓
1402103	王宾	女	信息系	1 公寓
1402104	梅海	女	信息系	1 公寓
1403105	涂小平	女	数学系	3 公寓
1403106	王力	女	数学系	3 公寓

第三范式：如果 $R(U, F) \in 2NF$，并且所有的非主属性都不传递函数依赖于主码，则 $R(U, F) \in 3NF$。

对于 S-L(Sno,Sname,Ssex,Sdept,Sloc)，由于 Sno 传递 Sloc，所以它不是 3NF。

分解过程如下。

（1）对于不是候选码的每个决定因子，从表中删去依赖于它的所有属性。

（2）新建一个表，新表中包含原表中所有依赖于该决定因子的属性。

（3）将决定因子作为新表的主码。

S-L 分解后的关系模式如下。

S-D(Sno,Sname,Ssex,Sdept)，主码为 Sno。

S-L(Sdept, Sloc)，主码为 Sdept。

分析 S-D 和 S-L 关系模式，对于 S-D，有 Sno→Sname，Sno→Ssex，Sno→Sdept，因

此 S-D 是 3NF。对于 S-L，有 Sdept→Sloc，因此 S-L 也是 3NF。

S-L-C 关系模式的最终分解结果如下。

S-D(Sno,Sname,Ssex,Sdept)：Sno 为主码，Sdept 为引用 S-L 关系模式的外码。

S-L(Sdept,Sloc)：Sdept 为主码，没有外码。

S-C(Sno, Cno, Grade)：(Sno,Cno)为主码，Sno 为引用 S-D 关系模式的外码。

3. 规范化举例

【例 12-3】 有关系模式 student(学号,姓名,导师号,导师名,课程号,课程说明,成绩)，将其规范化成 3NF。

语义：一名学生只有一个导师，学生可选多门课。

（1）此表是 1NF，其函数依赖为：学号→姓名，学号→导师号，学号→导师名，课程号→课程说明，（学号，课程号）→成绩主码为（学号，课程号）。

存在部分函数依赖关系，不是 2NF。首先将其分解为 2NF，结果如下。

学生(学号,姓名,导师号,导师名)

课程(课程号,课程说明)

成绩(学号,课程号,成绩)

（2）判断是否为 3NF。

student 表不是 3NF，其函数依赖为：

学号→姓名，学号→导师号，导师号 $\xrightarrow{P}$ 导师名，学号 $\xrightarrow{传递}$ 导师名

（3）消除“学生”表中依赖于决定者的属性，把它们放在一个单独的表中，得到：

学生(学号,姓名,导师号)

导师(导师号,导师名)

由此可见，分解是提高关系范式等级的重要方法。但为了使分解后的模式和原模式表示同一个数据库，即保持数据库模式的等价性，还应要求分解处理具有无损连接性和保持函数依赖性。另外，虽然随着范式化程度的提高，关系的冗余将相对降低，但范式化程度越高，将意味着数据的分解越细，这样在查询数据时花在连接数据上的时间就会增加，应用程序的编写难度也会增大，所以不应片面追求提高范式等级。由于 3NF 可以消除非主属性对码的部分函数依赖和传递函数依赖，因此，在一般情况下，达到 3NF 的关系模式已能够清除很大一部分数据冗余和各种异常，具有较好的性能，所以一般满足 3NF 即可。

12.2 关系数据库的设计

12.2.1 数据库设计概述

数据库设计是指对于一个给定的应用环境，提供一个确定最优数据模型与处理模式的逻辑设计，以及一个确定数据库存储结构与存取方法的物理设计，建立起既能反映现实世界实体和实体间联系，满足用户数据要求和加工要求，又能被某个数据库管理系统所接受，同时能实现系统目标，并有效存取数据的数据库。由于目前大多是在关系数据库管理系统下进行数据库系统的开发，所以数据库设计的基本任务实为根据一个单位或部门的信息需求、功能需求和数据库支持环境（包括硬件、操作系统和数据库管理系统），设计出数据模

式（包括用户模式、逻辑模式和存储模式）以及相应的应用程序。前者称为数据库的结构设计，后者称为数据库的行为设计。

人们经过探索提出了各种数据库设计方法。如根据对信息需求和功能需求侧重点的不同，可将数据库设计分为两种不同的方法：面向过程的设计方法和面向数据的设计方法。前者以功能需求为主，后者以信息需求为主。如根据设计思想和手段的不同，可将数据库设计分为 3 种不同的方法：规范设计法、计算机辅助设计法和自动化设计法。规范设计法是目前比较完整和权威的一种设计法，它运用软件工程的思想和方法，提出了各种设计准则和规程。其中，基于 E-R 模型的设计方法、基于 3NF（第三范式）的设计方法，基于抽象语法规范的设计方法等，是在数据库设计的不同阶段支持实现的具体技术和方法，是常用的规范设计法。

按规范设计方法，数据库设计包括需求分析、概念设计、逻辑设计、物理设计、数据库实施及运行维护 6 个阶段。其中，需求分析阶段又称为系统分析阶段，是整个数据库设计过程的基础，要收集数据库所有用户的信息需求和处理要求，并加以分析和规格化，最后需要提交数据字典、数据流程图以及系统功能划分等设计文档。概念设计、逻辑设计、物理设计又统称为系统设计阶段，是数据库逻辑结构和物理结构的设计阶段。而数据库实施阶段则是原始数据装入和应用程序设计的阶段，也是系统开发的最后一个阶段。下面主要介绍系统设计的 3 个阶段。

12.2.2 概念设计

概念设计是将用户的信息需求进行综合和抽象，产生一个反映客观现实的不依赖于具体计算机系统的概念数据模型，即概念模式。目前，概念设计阶段描述数据库概念模型的最主要方法是 E-R 模型。

E-R 模型是直接从现实世界中抽象出实体类型及实体间的联系，然后用 E-R 图来表示的一种概念模型。在 E-R 图中有以下 4 个基本成分。

（1）矩形框：表示实体类型，即现实世界的人或物，通常是某类数据的集合，其范围可大可小，如学生、课程、班级等。

（2）菱形框：表示联系类型，即实体间的联系，如学生“属于”班级、学生“选修”课程等句子中的“属于”和“选修”都代表实体间的联系。

（3）椭圆形框：表示实体类型和联系类型的属性。如学生有学号、姓名、性别、出生日期等属性，班级有班级名称、专业代号、学生人数等属性。除了实体具有属性外，联系也可以有属性，如学生选修课程的成绩是联系“选修”的属性。

（4）直线：联系类型与其涉及的实体类型之间以直线连接，并在直线端部标上联系的种类（1∶1、1∶*N*、*M*∶*N*）。例如，班级与学生之间为 1∶*N* 联系，学生与课程之间为 *M*∶*N* 联系。

利用 E-R 模型进行数据库的概念设计，可以分成 3 步进行：首先确定应用系统中所包含的实体类型和联系类型，并把实体类型和联系类型组合成局部 E-R 图，然后将各局部 E-R 图综合为系统的全局 E-R 图，最后对全局 E-R 图进行优化改进，消除数据冗余，得到最终的 E-R 模型，即概念模式。

【例 12-4】 某学校有若干班级，每个班级有一名班主任和多个学生，每个学生只能属于一个班级；在教学活动中，每个学生可以选修多门课程，每门课程也可以被多个学生选修。其中，班级属性有班级号、班级名、学制、学生人数；班主任属性有姓名（假设没有同名的情况）、联系电话；学生属性有学号、姓名、性别、籍贯、出生日期、班级号；课程属性有课程号、课程名、课时数、课程类型。在联系中应反映出班主任的任职日期、学生选修课程的成绩。试为该数据库设计一个 E-R 模型。

（1）确定实体类型：本例有 4 个实体类型，即班级、班主任、学生、课程。

（2）确定联系类型：班级与班主任之间是 1∶1 联系，取名为“任职”；班级与学生之间是 1∶N 联系，取名为“属于”；学生与课程之间是 M∶N 联系，取名为“选修”。

（3）将实体类型和联系类型组合成 E-R 图，并确定实体类型和联系类型的属性及其主键，如图 12-1 所示。

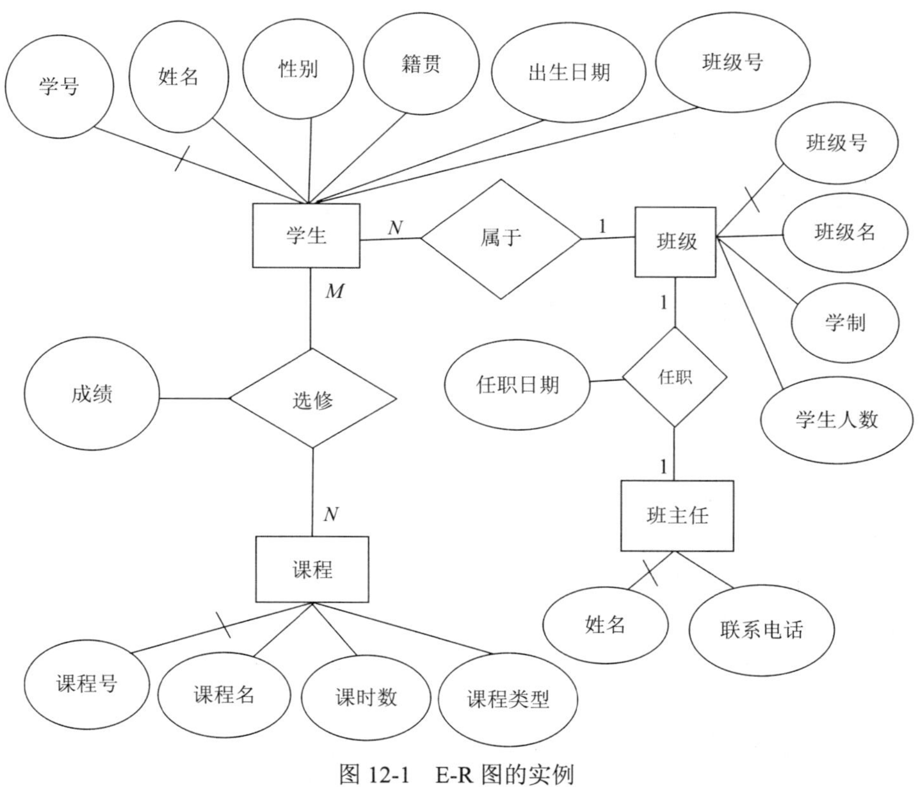

图 12-1　E-R 图的实例

12.2.3　逻辑设计

概念设计的结果是得到一个独立于任何一种数据模型（如层次、网状或关系）且与数据库管理系统无关的概念模式，而逻辑设计（实现设计）的任务是把概念设计阶段设计好的概念结构转换为与具体机器上的数据库管理系统所支持的数据模型相符合的逻辑结构，即进行数据库的模式设计。对于关系数据库管理系统，逻辑设计是要将概念设计的 E-R 模型转换为一组关系模式，也就是将 E-R 图中的所有实体类型和联系类型都用关系来表示。

通常，逻辑设计包括初步设计和优化设计两个步骤。所谓初步设计，就是按照 E-R 图向数据模型转换的规则，将已经建立的概念结构转换为数据库管理系统所支持的数据模型。所谓优化设计，就是从提高系统效率出发，对结构进行修改、调整和改良。

1. E–R 图向关系模式的转换

这一步要解决的问题是如何将实体类型和实体间的联系类型转换为关系模式，以及如何确定这些关系模式的属性和主键。

（1）实体类型向关系模式转换，方法如下。

将每个实体类型转换为一个与之同名的关系模式，实体的属性即为关系模式的属性，实体标识符即为关系模式的主键。

例如，图 12-1 的 E-R 模型中有 4 个实体，可分别转换成以下 4 个关系模式：

班主任(姓名,联系电话)

班级(班级号,班级名,学生人数,学制)

学生(学号,姓名,性别,出生日期,籍贯)

课程(课程号,课程名,课程类型,课时数)

其中，有下画线的表示关系模式的主键。

（2）联系类型向关系模式转换，方法如下。

对于联系类型，要视 1∶1、1∶*N*、*M*∶*N* 3 种不同的情况做不同的处理。

① 若实体间的联系是 1∶1 的，则可以在两个实体类型转换为两个关系模式中的任意一个关系模式的属性中加入另一个关系模式的主键和联系类型的属性。

【例 12-5】 班主任和班级之间存在 1∶1 联系，则可修改“班级”关系模式为：

班级(班级号,班级名,学制,学生人数,班主任姓名,任职日期)

② 若实体间的联系是 1∶*N* 的，则在 *N* 端实体类型转换为的关系模式中加入 1 端实体类型转换为的关系模式的主键和联系类型的属性。

【例 12-6】 班级和学生之间存在 1∶*N* 联系，则可修改“学生”关系模式为：

学生(学号,姓名,性别,籍贯,出生日期,班级号)

③ 若实体间的联系是 *M*∶*N* 的，则将联系类型也转换为关系模式，其属性为两端实体类型的主键加上联系类型的属性，而其主键为两端实体健的组合。

【例 12-7】 学生与课程之间存在 *M*∶*N* 联系，则该联系类型的关系模式为：

选修(学号,课程号,成绩)

2. 关系模式的优化

初步逻辑设计完成后，应对所得到的逻辑结构进行优化。优化的目标就是尽可能减小系统单位时间内所访问的逻辑记录数，单位时间内传输的数据量存储空间的占用量。一种最常用、最重要的优化方法就是对记录进行垂直分割（即关系模式中的模式分解）。规范化理论和模式分解方法为垂直分割提供了指导原则。

虽然在概念设计阶段已经把关系规范化的某些思想用作构造实体类型和联系类型的标准，但在逻辑设计阶段，仍然要使用关系规范化理论来设计模式和评价模式。这里可先应用规范化理论对由 E-R 模型产生的关系模式进行初步优化，以减少乃至消除模式中存在的各种异常，改善完整性、一致性和存储效率。规范化过程分为两步：确定规范级别和实施规范化处理。前者主要按照数据依赖的种类和实际应用的需要来确定。由于在实际环境中大量存在的是函数依赖，所以 3NF 或 BCNF 是适当的标准。后者则可利用模式分解方法将不符合规范级别的关系模式规范化，使关系数据库中的每个关系都能满足一定的规范，从而形成合适的数据库模式。

关系模式的规范化不是目的而是手段，数据库设计的目的是最终满足应用需求。因此，为了进一步提高数据库应用系统的性能，还应该对规范化后产生的关系模式进行评价、改进，经过反复多次的尝试和比较，最后得到优化的关系模式。

12.2.4 物理设计

逻辑设计的结果实际就是确定了数据库所包含的表、字段及其之间的联系。而数据库的物理设计是对一个给定的逻辑数据模型选取一个最适合应用环境的物理结构的过程。所谓数据库的物理结构，主要指数据库在物理设备上的存储结构和存取方法，它完全依赖于给定的计算机系统。

物理设计也分为两步：第一步是确定数据库的物理结构；第二步是对物理结构进行评价。

数据库物理结构的确定是在数据库管理系统的基础上实现的。即确定了数据库的各关系模式，并确定了所使用的数据库管理系统后，才能进行数据存储、访问方式的设计，进行完整性和安全性的设计，并最终在数据库管理系统上创建数据库。具体地说，物理设计的主要内容包括：

（1）确定数据的存储记录结构，如记录的组成，各数据字段的名称、类型和长度。此外还要确定索引，为建立表的关联准备条件。

（2）确定数据的存放位置及存取路径的选择和调整。

为此，设计人员必须了解以下几方面的问题。

（1）全面了解给定的数据库管理系统的功能。

（2）了解应用环境。

（3）了解外存设备的特性。

确定了数据库的物理结构后，还要对物理结构进行评价，评价的重点是时间和空间效率。如果评价结果满足原设计要求，则转向数据库实施阶段，否则，就重新设计或修改物理结构，有时甚至要返回逻辑设计阶段修改数据模型。

对数据库的物理设计初步评价完成后，就可以创建数据库了。设计人员运用数据库管理系统提供的数据定义语言将逻辑设计和物理设计的结果严格地描述出来，成为数据库管理系统可接受的源代码。经过调试产生目标模式，然后组织数据入库。

习　题　12

一、选择题

1．数据库应用程序开发中，概念设计阶段描述数据库概念模型的最主要方法是(　　)。

A．E-R 模型　　B．编写数据字典

C．建立逻辑数据模型　　D．建立概念模型

2．关系数据库规范化是为解决关系数据库中（　　）问题而引入的。

A．插入异常、删除异常和数据冗余　　B．提高查询速度

C．减少数据操作的复杂性　　D．保证数据的安全性和完整性

3．关系数据库设计理论中，起核心作用的是（　　）。

A．范式　　B．模式设计　　C．函数依赖　　D．数据完整性

4．在现实世界中客观存在并能相互区别的事物称为（　　）。

A．实体　　B．实体集　　C．字段　　D．记录

5．在数据库设计的需求阶段中，业务流图一般采用（　　）表示。

A．程序结构图　　B．数据流图　　C．程序框架　　D．E-R 图

6．在数据库设计的（　　）阶段中，用 E-R 图来描述信息结构。

A．需求分析　　B．概念结构设计　　C．逻辑结构设计　　D．物理结构设计

二、思考题

1．简述数据与信息之间的联系与区别。

2．什么是 E-R 图？E-R 图由哪些要素构成？

3．逻辑结构设计有哪些步骤？

附录A 上机练习

实验1（2课时）

【实验目的】

1. 了解安装 SQL Server 2017 的硬件和软件的要求。
2. 掌握 SQL Server 2017 的安装方法。
3. 掌握对象资源管理器与查询编辑器的使用方法。
4. 了解数据库及数据库对象。

【实验内容】

1. 练习在本地计算机上安装 SQL Server 2017 开发版。
2. 练习启动、暂停、关闭 SQL Server 2017 某一服务器的操作。
3. 附加一个 lianxi 数据库。
4. 在查询编辑器窗口中输入如下语句，并逐语句执行，观察查询结果。

```
USE lianxi
GO
SELECT *FROM student
GO
```

实验2（2课时）

【实验目的】

1. 掌握数据库创建的方法。
2. 掌握数据库扩容和收缩的方法。
3. 掌握查看数据库信息的方法。
4. 掌握数据库的分离和附加的方法。

【实验内容】

1. 创建一个 student 数据库，该数据库的主数据文件逻辑名称为 student1，物理文件名为 student1.mdf，初始大小为 10MB，最大尺寸无限制，增量为 10%；数据库的日志文件逻辑名称为 student1_log，物理文件名为 student1.ldf，初始大小为 4MB，最大大小为 8MB，增量为 1MB。

2. 对 student 数据库进行扩容，添加一个 5MB 的数据文件（student2.ndf）和一个 5MB 的事务日志文件（student2_log.ldf）。

3. 对数据库 student 进行修改，将事务日志文件的大小增大到 15MB，将数据文件

student1 和 student2 分别增大到 15MB 和 30MB。同时增加两个文件组，各包含一个数据文件，逻辑文件名为 student3 和 student4，物理文件名为 student3.ndf 和 student4.ndf，初始大小都为 15MB，最大大小为无限制，增量为 15%；增加一个 10MB 事务日志文件（student3_log.ldf），最大尺寸无限制，增长速度为 10%。

4. 移除刚增加的 2 个文件组（移除文件组前要先移除文件组中文件）。
5. 利用 SQL Server Management Studio 将 student 数据库名改为 newstudent。
6. 利用 sp_renamedb 将 newstudent 数据库名改为 student。
7. 将 student 数据库文件移动到 D 盘根目录下。
8. 查询更改后的数据库信息。

实验 3（4 课时）

【实验目的】

1. 掌握数据表的创建方法。
2. 掌握数据表约束的使用。
3. 掌握数据表的数据操作。

【实验内容】

1. 创建销售管理数据库。
2. 按照表 A-1～表 A-7 的结构创建数据表，使用 SQL Server Management Studio 创建 Department、Employee、Sell_Order；使用 Transact-SQL 语句创建 Purchase_Order、Product、Customer、Provider。

表 A-1　Department（部门）表

列　　名	数据类型	宽度	为空性	说　　明
DepartmentID	int			部门编号，关键字
DepartmentName	varchar	30		部门名称
Manager	char	8	√	部门主管
Depart_Desdription	varchar	50	√	备注，有关部门的说明

表 A-2　Employee（员工）表

列　　名	数据类型	宽度	为空性	说　　明
EmployeeID	int			员工号，关键字
EmployeeName	varchar	50		姓名
Sex	char	2		性别，取值为“男”或“女”
BirthDate	Smalldaetime		√	出生年月
HireDate	Smalldatetime		√	聘任日期
Salary	money		√	工资
DepartmentID	int			部门编号，来自“部门”关系的外部关键字

表 A-3　Sell_Order（销售订单）表

列　　名	数据类型	宽度	为空性	说　　明
SellOrderID	int			销售订单号，关键字
ProductID	int		√	商品编号，来自“商品”关系的外部关键字，描述该订单订购的商品
EmployeeID	int		√	员工号，来自“员工”关系的外部关键字，描述该订单由哪位员工签订
CustomerID	int		√	客户号，来自“客户”关系的外部关键字，描述该订单与哪位客户签订
SellOrderNumber	int		√	订货数量
SellOrderDate	smalldatetime		√	订单签订的日期

表 A-4　Purchase_Order（采购订单）表

列　　名	数据类型	宽度	为空性	说　　明
PurchaseOrderID	int			采购订单号，关键字
ProductID	int		√	商品编号，来自“商品”关系的外部关键字，描述该订单采购商品
EmployeeID	int		√	员工号，来自“员工”关系的外部关键字，描述该订单由哪位员工签订
ProviderID	int		√	供应商号，来自“供应商”关系的外部关键字，描述该订单与哪位供应商签订
PurchaseOrderNumber	int		√	采购数量
PurchaseOrderDate	smalldatetime		√	订单签订的日期

表 A-5　Product（商品）表

列　　名	数据类型	宽度	为空性	说　　明
ProductID	int			商品编号，主关键字
ProductName	varchar	50		商品名称
price	Decimal(18,2)		√	单价
ProductStockNumber	int		√	现有库存量
ProductSellNumber	int		√	已经销售的商品量

表 A-6　Customer（客户）表

列　　名	数据类型	宽度	为空性	说　　明
CustomerID	int			客户编号，主关键字
CompanyName	varchar	50		公司名称
ContactName	char	8		联系人的姓名
Phone	varchar	20	√	联系电话
address	varchar	100	√	客户的地址
EmailAddress	varchar	50	√	客户的 E-mail 地址

表 A-7 Provider（供应商）表

列　名	数据类型	宽度	为空性	说　明
ProviderID	int			供应商编号，主关键字
ProviderName	varchar	50		供应商名称
ContactName	char	8		联系人的姓名
ProviderPhone	varchar	15	√	供应商联系电话
ProviderAddress	varchar	100	√	供应商的地址
ProviderEmail	varchar	20	√	供应商的 E-mail 地址

3. 在部门表 Department 中，增加两列：部门人数列 PersonNum，数据类型为整型，允许为空；办公地点列 Office，数据类型为 varchar(50)，允许为空（用 Transact-SQL 语句实现）。

4. 在部门表 Department 中，将部门经理列 Manager 的数据类型改为 varchar(20)。

5. 在部门表 Department 中，将部门经理列 Manager 重命名为 ManagerName。

6. 在销售管理数据库中的部门表，为部门名称列添加唯一约束，保证部门名称不重复。创建后使用 Transact-SQL 语句删除此约束。

7. 在销售管理数据库中的商品表中，为了保证数据的质量，确保商品的价格为大于 0 的数，库存量和已销售量数据为非负数。

8. 在销售管理数据库中的客户表中，为了保证客户 Email 地址的正确性，要求客户 E-mail 地址符合 E-mail 地址格式，比如在地址中有@字符。

9. 在销售管理数据库中的员工表中，新员工如果不到特定部门工作，新员工全部到“销售部”工作。

10. 将销售订单表 Sell-Order 中，设置 SellOrderDate 的默认值为系统时间。

11. 使用 Transact-SQL 语句，向客户表中插入一条记录：客户编号为 39，公司名称为“温州大学瓯江学院”，联系人为“黄辉”。

12. 使用 Transact-SQL 语句，将客户表中公司名称为“温州大学瓯江学院”的客户的联系人改为“张辉”。

13. 使用 Transact-SQL 语句，从客户表中删除客户编号为 39 的记录。

14. 在销售管理数据库中，对每日销售金额进行统计，并存储在统计表中。

15. 在销售管理数据库中，将商品表中所有的商品的价格上调 20%。

16. 将商品表 Product 中所有库产量小于 10 的商品的库存量置为 0。

17. 在商品表 Product 中删除所有库存量为 0 的商品。

实验 4（6 课时）

【实验目的】

1. 掌握 SELECT 语句的语法格式。

2. 掌握单表查询和多表连接查询。

3. 了解相关子查询，掌握不相关子查询。

【实验内容】

在销售管理数据库中完成下列查询操作。

1. 查询每个员工的姓名和性别，并在每人的姓名标题上显示“员工姓名”。

2. 从客户表中检索所有的客户的公司名称、联系人姓名、地址。只要求显示前 5%的客户信息。

3. 查询所有员工的工资提高10%后的信息，显示字段为“员工编号”“员工姓名”“员工原工资”和“提高后工资”。

4. 使用 INTO 子句创建一个包含员工姓名和工资，并命名为 new_employee 的新表。

5. 找出所有不姓“李”的员工信息。

6. 在销售管理数据库的员工表 Employee 中，查询工资在 3400 元以下的女性员工姓名和工资信息。

7. 在销售管理数据库的销售订单表 Sell_Order 中，查询员工编号为 1、5 和 7 的员工接受订单信息。

8. 查询所有工资在 3000～3500 元的员工的姓名和雇用日期，并按雇用日期的先后排列。

9. 统计公司有多少名员工。

10. 按工资降序显示员工的姓名和工资，工资相同时按姓名升序排序。

11. 查询男女员工的平均工资。

12. 在销售表 Sell_Order 表中，统计目前各种商品的订单总数。

13. 在销售表 Sell_Order 表中，查询目前订单中订购总数量超过 1000 的商品编号及订购总数量。

14. 查询订购了 1 号商品或订购了 8 号商品的客户编号。

15. 查询既订购了 1 号商品又订购了 8 号商品的客户编号。

16. 查询订购了 1 号商品但没有订购 8 号商品的客户编号。

17. 查询客户名称为“杭州旺旺服饰有限公司”的公司的订购信息（订购商品名称、数量）。

18. 查询每一种商品的订购情况，列出商品名称及订单信息。

19. 查询已订购了商品的公司名称、联系人姓名和所订购的商品名称和数量。

20. 查询所有订购了“墨盒”的公司名称和联系方式。

21. 查找订购了“路由器”的客户订购的全部产品的信息。

22. 查找订单表中单个订单的订购数量超过 1000 的客户信息，包括客户编号、公司名称和联系人。

23. 查询所有员工接受销售订单的情况，包括员工的姓名和订单信息，没有销售订单的员工订单信息留空。

24. 查询所有客户和所有商品的订购信息，包括客户名称、联系人姓名、商品名称、订购的数量和订购日期。

25. 查询工资超过平均水平的员工的姓名。

26. 查询年龄最大的员工的姓名及所在部门。

27. 查找年龄最小的员工姓名、性别和工资。

28. 查询订购“圆珠笔”的客户的名称和联系地址。

实验 5（2 课时）

【实验目的】

1. 掌握变量的使用方法。
2. 掌握函数的使用方法。
3. 掌握各种控制语句的使用方法。

【实验内容】

1. 打印“采购部主管”姓名。
2. 以消息的方式返回销售管理数据库中员工人数（显示格式为：“销售管理中员工数量为：xx”。）
3. 在销售管理数据库中，查询员工的平均工资是否超过 5000 元，并显示相关信息。
4. 计算并输出 2+4+6+8+…+100 表达式的和。
5. 查询是否有“USB 鼠标”的订单，并显示相关信息。
6. 使用 CASE 语句，查询所有的员工姓名、性别、出生年月和所在部门信息。
7. 在销售管理数据库的员工表中，获取各员工的工龄信息。
8. 在销售管理数据库中，查询是否有商品对应的总销售量超过 1000，如果有，则输出该商品所有订单信息；如果没有，则输出“不存在总销售量超过 1000 的商品！”。
9. 使用游标，打印出每个客户的客户编号，客户名称和订单总数量，显示结果如图 A-1 所示。

```
消息
客户编号:1,客户名称:杭州艺鑫进出口有限公司,订单总数量:5
客户编号:2,客户名称:杭州爱科软件有限公司,订单总数量:3
客户编号:3,客户名称:中国杭州CMC公司,订单总数量:4
客户编号:4,客户名称:杭州高联成套教育设备有限公司,订单总数量:5
客户编号:5,客户名称:艾欧素服饰（深圳）有限公司,订单总数量:8
客户编号:6,客户名称:上海永阳防水工程有限公司,订单总数量:3
客户编号:7,客户名称:九重天编织工艺品有限公司,订单总数量:4
客户编号:8,客户名称:浙江瑞德建筑五金有限公司,订单总数量:1
客户编号:11,客户名称:台州市进出口有限公司,订单总数量:1
客户编号:12,客户名称:云和县乐子文化传播有限公司,订单总数量:1
客户编号:13,客户名称:杭州旺旺服饰有限公司,订单总数量:2
客户编号:15,客户名称:吉柏信息科技有限公司,订单总数量:2
客户编号:16,客户名称:厦门卓越生物质能源有限公司  ,订单总数量:1
客户编号:17,客户名称:斯迈特国际贸易有限公司(杭州) ,订单总数量:1
客户编号:20,客户名称:杭州绿叶纸制品厂,订单总数量:4
客户编号:21,客户名称:厦门诚诚医疗用品有限公司,订单总数量:2
客户编号:24,客户名称:陕西多彩企业集团,订单总数量:4
客户编号:26,客户名称:国银贸易有限公司,订单总数量:1
客户编号:29,客户名称:浦江县信宇制锁厂,订单总数量:1
客户编号:31,客户名称:方圆窗业有限公司,订单总数量:1
客户编号:33,客户名称:清华大学出版社,订单总数量:1
客户编号:38,客户名称:徐州市东达国际贸易有限公司,订单总数量:1
```

图 A-1　打印的客户信息

实验 6（2 课时）

【实验目的】

1. 掌握视图的创建、修改和重命名的方法。

2. 掌握视图中数据的操作。

3. 了解索引的作用。

4. 掌握索引的创建方法。

【实验内容】

1. 在销售管理数据库中，创建一个男职工视图，包括员工的编号、姓名、性别、雇用日期等信息（使用 SQL Server Management Studio）。

2. 在销售管理数据库中，经常要查询有关客户的订单情况，创建一个客户订单信息视图，包括客户名称、订购的商品、单价和订购日期，并对创建视图文本进行加密（使用语句 WITH ENCRYPTION）。

3. 在销售管理数据库中，经常要查询员工接收的订单详细情况，创建一个订单详细信息视图，包括员工姓名、订购商品名称、订购数量、单价和订购日期（用两种方法）。

4. 在销售管理数据库中，经常要统计各员工接收的订单情况，创建一个统计员工订单信息视图，包括员工编号、订单数目和订单总金额（用两种方法）。

5. 在销售管理数据库中，经常要统计商品销售情况，创建一个统计商品销售信息视图，包括商品名称、订购总数量。

6. 利用视图，在销售管理数据库中查询“牙刷”的订购数量。

7. 在供应商姓名上建立唯一性索引。

8. 查看供应商表的索引信息。

实验 7（2 课时）

【实验目的】

1. 掌握存储过程的概念、了解存储过程的类型。

2. 掌握存储过程的创建方法。

3. 掌握存储过程的执行方法。

4. 掌握存储过程的查看、修改、删除的方法。

【实验内容】

1. 创建一个名为 C_infor 的存储过程，用于查询所有客户的信息并执行（不带参数）。

2. 创建一个名为 C_jct_Order 的存储过程，用于查询“九重天编织工艺品有限公司”的联系人姓名、联系方式以及该公司订单明细表（包括订单号、商品编号、数量和日期）并执行（不带参数）。

3. 创建一个存储过程，实现根据订单号获取该订单的信息的功能（输入参数）。

4. 在销售管理数据库中，创建一个名 c_order 的存储过程，用于获取指定客户的信息，包括联系人姓名、联系方式以及该公司订购产品的明细表，包括订单编号、产品名称、数量和订购日期等（输入参数）。

5. 创建名为 list_Emp 的存储过程，其功能为：在员工表 Employee 中查找符合性别和超过指定工资条件的员工详细信息（输入参数）。

6. 使用 4 中创建的存储过程 c_order，获取“上海永阳防水工程有限公司”的信息，包括联系人姓名、联系方式以及该公司订购产品的明细表（包括订单编号、产品名称、数量和订购日期）。

7. 按参数名执行存储过程 list_emp，查找工资超过 3500 元的男员工和工资超过 3000 元女员工的详细信息。

8. 按位置传递执行存储过程 list_emp，查找工资超过 3500 元的男员工和工资超过 3000 元女员工的详细信息。

9. 创建一个带有通配符参数的存储过程 name_emp，用于查询指定姓氏的员工信息。

10. 删除 1 所创建的存储过程。

11. 查看 9 中所定义的存储过程。

实验 8（2 课时）

【实验目的】

1. 掌握触发器的概念，了解触发器的类型。
2. 掌握触发器的创建方法。
3. 掌握触发器的执行方法。
4. 掌握查看、修改、删除触发器的方法。

【实验内容】

1. 创建名为 rpp 的触发器，当用户向部门 Department 表中插入一条部门记录时，向客户端发送一条提示消息“插入一条记录！”。

2. 在 Employee 表上，创建一个名为 emp_deleted 的触发器，其功能为：当对 Employee 表进行删除操作时，首先检查要删除的员工是否为人事部门的员工，如果不是，则删除该员工的消息；否则撤销此删除，并显示无法删除的信息。

3. 创建一个触发器，用于实现的功能：当在 Department 表中删除记录时，不允许删除表中的数据，并给出信息提示。

4. 创建了一个修改触发器，防止用户修改 Employee 表中员工的部门编号。

5. 创建一个触发器，用于防止用户删除或更改销售管理数据库中的任一数据表。

6. 在销售管理数据中，当员工接收到订单时，也就意味对应商品的已销售量的增加。在 Sell_Order 表上创建一个触发器，实现在订单表上添加一条记录时，对应的商品在商品表的已销售量数据同时更新。

7. 删除 emp_deleted 触发器。

实验 9（2 课时）

【实验目的】

1. 掌握 SQL Server 的身份验证模式。
2. 掌握创建和管理登录名的方法。
3. 掌握创建和管理数据库用户的方法。
4. 掌握创建和管理权限的方法。

【实验内容】

1. 在销售管理数据库所在的服务器上，创建登录名为 David，密码为 123456，默认数据库为“销售管理”。

2. 创建 Windows 用户 ddd，让其能够连接到销售管理数据库。注意，最好先创建个管理员用户，以防进不了系统。

3. 将创建的登录名 SQL_user2 映射到销售管理数据库的用户（用 SQL 实现）。

4. 授予 David 能查询员工表（并且可以转授他人）、供应商表，并能够在员工表中添加新的员工。

5. 授予 David 能创建数据表的权限。

6. 新建登录名和数据库用户 ahua，让 David 把自己对员工表的查询权限转授给 ahua，请描述过程。

7. 收回 David 的对象权限，这时测试 ahua 的对象权限。

8. 开通自己的 SQL Server 的远程访问，创建远程访问账号（amao）并赋予适当权限，尝试链接并记录过程。

9. 创建角色 role1，使得该角色能够访问所有表，并能够修改员工表。创建用户 login1、login2，使之成为角色的用户，尝试 login1、login2 的权限。

10. 使用拒绝权限，让 login1 不能修改员工表。

11. 删除角色 role1，重新尝试 login1 和 login2 的权限。

实验 10（2 课时）

【实验目的】

1. 了解数据库备份的作用。
2. 掌握还原数据库的方法。
3. 掌握设计备份的原则。
4. 掌握 SQL Server 2017 数据的导入、导出。

【实验内容】

1. 回答常用的数据备份类型。
2. 创建销售管理数据库的完整备份。
3. 插入一个新员工（如自己的名字），然后进行一次差异备份。
4. 删除刚添加的新员工信息，再进行一次日志备份。
5. 恢复所有备份文件一次，把结果截图。
6. 恢复完全备份+差异备份，把结果截图。
7. 将销售管理数据库的表导出为 Excel 文件。
8. 创建 new_sales 数据库，将在 7 中导出的 Excel 文件导入 new_sales 数据库。

实验 11（4 课时）

【实验目的】

1. 掌握开发数据库应用程序的步骤。
2. 掌握从数据库中读取和更新数据库的操作。

【实验内容】

1. 创建一个 SQL Server 数据库连接，并将连接字符串显示于页面上。
2. 创建一个带有异常处理的数据连接。
3. 使用 SqlCommand 对象的 ExecuteNonQuery()方法删除数据，在页面上建立一个文本框和一个命令按钮，在文本框中输入员工姓名，使用“删除”按钮删除员工的订单信息。

4. 使用一个文本框、一个按钮和一个 gridview 控件，设计一个可以查询指定员工销售订单详情的程序（使用 DataAdapter）。

5. 改进程序 4，使得员工姓名可以选择。

6. 设计一个包含两个 DropDownList 和一个 gridview 的页面，如图 A-2 所示，可以实现从指定数据库中自己班级选择自己的姓名，并展示自己签到情况的网页。

学号	姓名	签到日期	座位	班级
18219110445	陈仕炫	9月09日	5	jsj3
18219110445	陈仕炫	9月16日	5	jsj3
18219110445	陈仕炫	9月23日	6	jsj3
18219110445	陈仕炫	9月30日	61	jsj3
18219110445	陈仕炫	10月12日	6	jsj3
18219110445	陈仕炫	10月14日	6	jsj3
18219110445	陈仕炫	10月21日	6	jsj3
18219110445	陈仕炫	10月28日	61	jsj3
18219110445	陈仕炫	11月06日	16	jsj3
18219110445	陈仕炫	11月11日	4	jsj3
18219110445	陈仕炫	11月18日	56	jsj3
18219110445	陈仕炫	11月25日	5	jsj3
18219110445	陈仕炫	12月02日	5	jsj3

图 A-2　签到页面的效果展示

实验 12（2 课时）

【实验目的】

1. 掌握数据库规划的步骤。

2. 掌握数据库需求分析、概念结构设计、逻辑结构设计和物理结构设计等重要步骤。

【实验内容】

为某学校设计一个图书管理数据库（绘制出 E-R 图）。在图书馆中为每位读者保存的信息包括读者编号、姓名、性别、年级、系别、电话、已借数目；每本图书的信息包括书名、作者、价格、图书的类型、库存量、出版社等。其中，读者分为教师和学生两类，教师可以借 20 本书，学生可以借 10 本书，一本图书可以被多位读者借阅，每本借出的图书都保存了读者编号、借阅日期和应还日期。

参 考 文 献

[1] 郑冬松，王贤明，邓文华，等．数据库应用技术教程[M]．北京：清华大学出版社，2016．

[2] 王珊，萨师煊．数据库系统概论[M]．4 版．北京：高等教育出版社，2006．

[3] 何玉洁．数据库原理与应用[M]．2 版．北京：机械工业出版社，2011．

[4] 何玉洁，麦中凡．数据库原理及应用[M]．北京：人民邮电出版社，2008．

[5] 钱冬云，周雅静．SQL Server 2005 数据库应用技术[M]．北京：清华大学出版社，2010．

[6] 李小威．SQL Server 2017 从零开始学（视频教学版）[M]．北京：清华大学出版社，2019．

图书资源支持

感谢您一直以来对清华版图书的支持和爱护。为了配合本书的使用，本书提供配套的资源，有需求的读者请扫描下方的“书圈”微信公众号二维码，在图书专区下载，也可以拨打电话或发送电子邮件咨询。

如果您在使用本书的过程中遇到了什么问题，或者有相关图书出版计划，也请您发邮件告诉我们，以便我们更好地为您服务。

我们的联系方式：

地　　址：北京市海淀区双清路学研大厦 A 座 714

邮　　编：100084

电　　话：010-83470236　010-83470237

客服邮箱：2301891038@qq.com

QQ：2301891038（请写明您的单位和姓名）

资源下载：关注公众号“书圈”下载配套资源。

资源下载、样书申请

书圈

获取最新书目

观看课程直播